本书配套学习资源

光盘超值赠送：① 赠送 2000 个 Word、Excel、PPT 办公应用模板；②赠送 12 集共 240 分钟的《新手视频学电脑办公》的教学视频；③ 赠送 10 集共 92 分钟的《电脑系统安装、重装、备份与还原》的教学视频。

一、赠送：2000 个 Word、Excel、PPT 办公应用模板

二、赠送：12集共240分钟《新手视频学电脑办公》视频教程

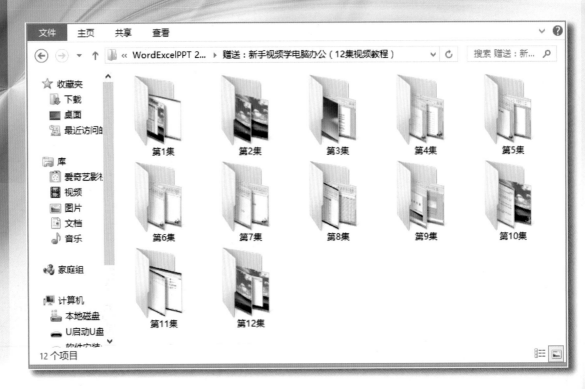

三、赠送：10集共92分钟《视频学电脑系统安装·重装·备份·还原》视频教程

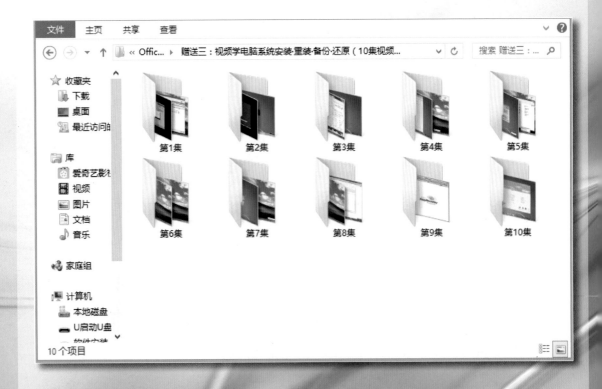

高效办公不求人

Word/Excel/PowerPoint 2016 办公应用从入门到精通

Office培训工作室　编著

机械工业出版社

CHINA MACHINE PRESS

本书全面、详细地讲解了 Word/Excel/PowerPoint 2016 商务办公应用的基本方法、疑难问题与操作技巧。本书在讲解上图文并茂，重视操作技巧的传授，并在图片中清晰地标注出进行操作的位置与操作内容，并为重点、难点操作配有视频教程，以求读者能高效、完整地掌握本书内容。

本书内容包括：Office 2016 全新体验、使用 Word 2016 进行文档编排、在 Word 2016 中制作办公表格、在 Word 2016 中编排图文并茂的文档、Word 2016 的高级排版、Word 2016 文档的审阅及邮件合并，使用 Excel 2016 创建数据表格、Excel 公式与函数的使用、Excel 2016 图表与透视表/图的应用、Excel 2016 数据的管理与分析，使用 PowerPoint 2016 制作演示文稿、PowerPoint 2016 演示文稿的动画与放映设置、PowerPoint 2016 演示文稿的放映与输出，Word/Excel/PowerPoint 在文秘与行政办公、人力资源管理、市场营销管理工作中的应用等，介绍了公司考勤制度文件、访客出入登记簿、企业规章制度培训PPT、员工档案表、人员结构分析表、人员管理查询表、年度工作总结、营销策划书、产品销售数据表、销售技巧培训等常用办公文档的制作方法。

本书既适合零基础又想快速掌握 Word、Excel、PowerPoint 办公应用技能的读者自学使用，也可作为广大职业院校、电脑培训班师生的教学用书。

图书在版编目（CIP）数据

Word/Excel/PowerPoint 2016 办公应用从入门到精通 / Office 培训工作室编著.
—北京：机械工业出版社，2016.10
（高效办公不求人）
ISBN 978-7-111-55273-4

Ⅰ. ①W… Ⅱ. ①O… Ⅲ. ①文字处理系统②表处理软件③图形软件
Ⅳ. ①TP391

中国版本图书馆 CIP 数据核字（2016）第 257575 号

机械工业出版社（北京市百万庄大街 22 号　邮政编码 100037）
策划编辑：王海霞　　责任编辑：王海霞
责任校对：张艳霞　　责任印制：李　洋
三河市宏达印刷有限公司印刷
2017 年 1 月第 1 版·第 1 次印刷
184mm×260mm·26.25 印张·2 插页·643 千字
0001—4000 册
标准书号：ISBN 978-7-111-55273-4
定价：65.00 元

凡购本书，如有缺页、倒页、脱页，由本社发行部调换

电话服务 网络服务
服务咨询热线：（010）88361066 机 工 官 网：www.cmpbook.com
读者购书热线：（010）68326294 机 工 官 博：weibo.com/cmp1952
　　　　　　　（010）88379203 教育服务网：www.cmpedu.com
封面无防伪标均为盗版 金 书 网：www.golden-book.com

前　　言

2015 年 9 月，微软正式发布了 Office 2016，用以替代之前的 Office 2013。新版的 Office 2016 套装进行了多方面的改进，并具有一系列新特性。

Word、Excel 与 PowerPoint（简称 PPT）是微软 Office 办公软件中较常用的 3 个组件。根据市场调研和用户调查，虽然目前用 Word、Excel、PowerPoint 的人很多，但真正精通的人却很少。

为了让用户快速掌握 Word、Excel、PowerPoint 在办公中的应用，我们精心策划并编写了本书，旨在让读者朋友快速掌握 Office 2016 办公应用的基本技能，更重要的是，让读者掌握一些办公应用的相关技巧与实战经验。本书具有以下特点。

● **软件版本新，内容实用**

本书以微软最近发布的 Office 2016 版本写作，以 Word、Excel、PowerPoint 三个组件为例，详细讲解了 Office 2016 在商务办公中的相关操作技巧与应用。全书内容在安排上，遵循"常用、实用"的原则，力求让读者"看得懂、学得会、用得上"。

● **内容系统全面，案例丰富，操作性强**

为了方便初学者学习，图书采用"图解操作+步骤引导"的写作方式进行讲解，省去了烦琐而冗长的文字叙述。真正做到简单明了直观易学。具体内容如下：

第 1 章　Office 2016 全新体验
第 2 章　使用 Word 2016 进行文档编排
第 3 章　在 Word 2016 中制作办公表格
第 4 章　在 Word 2016 中编排图文并茂的文档
第 5 章　Word 2016 的高级排版
第 6 章　Word 2016 文档的审阅及邮件合并
第 7 章　使用 Excel 2016 创建数据表格
第 8 章　Excel 2016 公式与函数的使用
第 9 章　Excel 2016 图表与透视表/图的应用
第 10 章　Excel 2016 数据的管理与分析
第 11 章　使用 PowerPoint 2016 制作演示文稿
第 12 章　PowerPoint 演示文稿的动画与放映设置
第 13 章　PowerPoint 2016 演示文稿的放映与输出
第 14 章　实战应用——Word/Excel/PPT 在文秘与行政办公中的应用
第 15 章　实战应用——Word/Excel/PPT 在人力资源管理中的应用
第 16 章　实战应用——Word/Excel/PPT 在市场营销管理中的应用

● **商务办公技巧与实战，全书一网打尽**

本书以"学以致用"为最终目标，在书中精心安排了 49 个 Office 办公应用技巧、77 个"新手注意"提示内容、85 个"专家点拨"栏目，以及 22 个"上机实战"应用案例，快速帮助读者从书中学到技巧与经验、应用与实战的相关知识，真正让读者达到"从入门到精通"的学习境界。

● **超值配套资源，学习更轻松**

为了方便读者学习，本书还配了丰富的教学资源。内容包括：❶本书同步的素材文件与结果文件；❷380 分钟的同步教学视频文件；❸2 000 个 Word、Excel、PPT 办公应用模板，读者在商务办公中即可借鉴参考使用；❹12 集共 240 分钟《新手视频学电脑办公》视频教程；❺10 集共 92 分钟《电脑系统安装·重装·备份·还原》视频教程。

本书适合 Office 办公应用的初、中级用户阅读，也可以作为从事行政文秘、人力资源、市场销售、财务会计、管理统计等工作的办公人员的使用手册，还可作为大、中专职业院校、电脑培训班相关专业的教学参考用书。

参与本书编写的人员具有丰富的实战经验和一线教学经验，并已出版过多本计算机相关书籍，他们是马东琼、胡芳、奚弟秋、刘倩、温静、汪继琼、赵娜、曹佳、文源、马杰、李林、王天成、康艳。在此向他们表示感谢！

最后，真诚感谢购买本书的每一位读者。您的支持是我们不断努力的最大动力，我们将为您奉献更多、更优秀的图书！由于计算机技术发展日新月异，加上编者水平有限，错误之处在所难免，敬请广大读者和同行批评指正。

编　者
2016 年 10 月

目 录

第 1 章　Office 2016 全新体验

本章导读

　　Office 是人们日常办公的首选软件，微软公司推出的 Office 2016 是目前的最新版本。与 Office 早期版本相比，Office 2016 又进行了多方面升级，包括文档共同创作、新的 Tell Me 导航支持、与 Power BI 的集成，以及更多的权限管理功能等。本章主要帮助初学者认识 Office 2016，并熟悉其常用的三大组件的界面，以及三大组件的共性操作知识，这些内容对于初学者来说是非常重要的。

知识要点

➢ 掌握安装 Office 2016 的方法

➢ 认识 Office 2016 的新功能

➢ 熟悉 Office 2016 主要组件的用途

➢ 熟悉三大组件界面的功能分布

➢ 掌握自定义 Office 2016 操作界面的方法

➢ 掌握三大组件的基本操作

➢ 掌握如何使用帮助功能

●效果展示

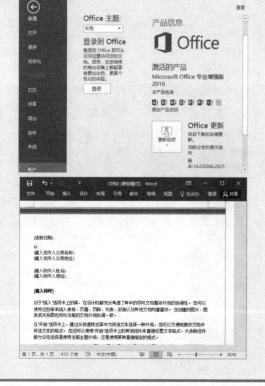

▷▷ 1.1 课堂讲解——Office 2016 简介

现在，提到办公系列软件恐怕没有人会不知道 Office 系列套件。Office 2016 是针对 Windows 10 操作系统环境全新开发的应用软件，在 PC、平板电脑、手机等各种设备上有着一致的用户体验。

1.1.1 安装 Office 2016

Office 2016 增强了多方面的功能，如果想尝试一下它的新功能，可以下载安装。现在，很多网站都提供 Office 2016 简体中文 64 位和 32 位预览版的下载，下载的时候选择合适的版本就行。

Office 2016 官方下载版采用的是全新的在线安装方式，也就是必须联网下载安装包才能安装。安装过程很简单，左下图所示为 Office 2016 中文版的安装启动界面。稍等片刻就会开始下载完整的安装包，如右下图所示。耐心等待，期间无需任何干预，就会自动完成安装。Office 2016 的安装时间取决于下载网速，一般 30～60min 就能完成安装。

Office 2016 安装完毕后，即可使用其中的各个组件了。不过，首次运行 Word、Excel、PowerPoint 等任意一个 Office 2016 组件时，Office 2016 都会弹出提示对话框要求用户输入激活密钥，这时将购买的激活密钥输入就能激活使用了，如左下图所示。如果要查看软件是否被激活，可以在"文件"菜单中选择"账户"命令查看。激活后的界面如右下图所示。

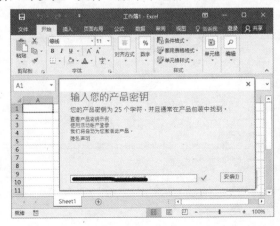

新手注意

Office 2016 简体中文官方下载版目前已经全面支持 Windows 7 以上的操作系统，不再支持 Windows XP 操作系统。

1.1.2 Office 2016 的新特色

Office 作为办公软件的"霸主"，在功能特性上早已经发展得"炉火纯青"，加上其高度的专业性，已很难在整体上有太大颠覆性的改变了。下面先介绍 Office 2016 配合 Windows 10 的改变，然后介绍与 Office 2016 中的三大常用组件 Word、Excel 和 PowerPoint 相关的一些新功能。

1. 配合 Windows 10 的改变

随着 Windows 10 的推出，Office 系列也迎来了三年一更新的节点。微软在 Windows 10 上针对触控操作有了很多改进，而 Office 2016 也随之进行了适配。

Office 2016 是针对 Windows 10 操作系统环境从零全新开发的通用应用（Universal App）。无论从界面、功能还是应用上，Office 2016 都和 Windows 10 保持着高度一致，它在 PC、平板电脑、手机等各种设备上的用户体验是完全一致的。尤其是针对手机和平板电脑的触摸操作进行了全方位的优化，并保留了 Ribbon 界面元素，是第一个可以真正用于手机的 Office 版本。PC 和手机上的 Office 2016 效果如下图所示。

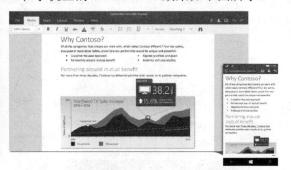

如果说 Office 2016 有机地将 PC、平板电脑、手机等各种设备的用户体验融为一体是一个巨大改变，那么再加上云端同步功能，就堪称革命性的进步了。

举个最简单的例子，用户正在 Windows 10 计算机上阅读某个文档，但突然有事需要外出，路上便可以拿出 Windows 10 手机，接入 OneDrive，继续阅读该文档，而且就是从刚才离开的地方继续阅读。阅读体验也是近乎完全一致的，只有屏幕大小不同而已，这就是通用应用的威力！

◆ 专家点拨——本书中的 Office 2016

　　Office 2016 还在大规模地向 iOS、Android、Mac OS X 平台挺近，尤其是在移动平台上，第一次真正有了移动办公的样子。不过，微软方面表示"除了触屏版本之外，Office 2016 将会维持用户一直以来非常熟悉的 Office 操作体验，它依然最适合配有键盘和鼠标的 PC 平台"。所以，本书还是以 PC 版的 Office 2016 来进行讲解。

2. 便利的组件主界面

　　运行任意一个 Office 2016 组件，可以看到打开的主界面充满了浓厚的 Windows 风格，这个主界面会让 Office 老用户们觉得很熟悉。左侧是最近使用的文件列表，而右侧更大的区域则罗列了各种类型文件的模板供用户直接选择，这种设计更符合普通用户的使用习惯。左下图所示为 Word 2016 的主界面。

3. 新增彩色和深灰色主题色

　　Office 2016 在主题色方面新增加了可选项，包括彩色、深灰色和白色 3 种主题。其中，彩色是默认的，深灰色的主题比较素雅，白色主题和 2013 版本的效果类似，彩色主题看上去与系统更加和谐。右下图所示为 PowerPoint 2016 在设置为不同主题色时的效果。

4. 界面扁平化，新增触摸模式

　　在新建文件后可以发现，Office 2016 各组件的主编辑界面与之前的变化并不大，老用户应该都非常熟悉，而功能区上的图标和文字与整体的风格则更加协调，依然充满了浓厚的 Windows 风格，同时将扁平化的设计进一步加重，按钮、复选框都彻底扁了。

　　为了与 Windows 10 操作系统相适配，Office 2016 在顶部的快速访问工具栏中增加了一个手指标志按钮，用于鼠标模式和触摸模式的切换。不同界面的显示效果略有不同，如下图所示。

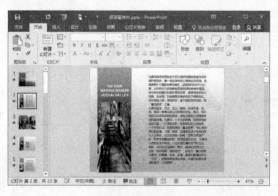 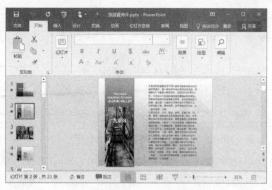

不难发现，右上图的触摸模式下，功能区中各按钮之间的间隔更大，更利于使用手指直接操作；而左上图所示的鼠标模式下，功能区中各按钮之间的间隔则更窄，显得更加紧凑，这样也为编辑区域节省了更多的空间，更利于阅读。

5. Clippy 助手回归——Tell Me 搜索栏

十多年前，如果你用过 Office，一定会记得那个"大眼夹"——Clippy 助手，如左下图所示。它虽然以小助手的身份出现，但是能真正帮忙的地方却少之又少，显得多余不说，有的时候甚至是很烦人的（不过这并不妨碍它的 Q 萌形象深入人心），所以在 Office 2007 中便取消了该功能。

在 Office 2016 中，微软带来了 Clippy 的升级版——Tell Me。Tell Me 是全新的 Office 助手，它就是选项卡右侧新增的那个输入框，如中下图所示。Tell Me 其实不像看起来那么简单，它提供了一种全新的命令查找方式，非常智能。它可在用户使用 Office 的过程中提供多种不同的帮助，比如将图片添加至文档，或是解决其他故障问题等。

6. Insights for Office 功能

功能方面，微软在 Word、Outlook 中加入了与 Bing（必应）搜索紧密结合的 Insights for Office 功能。有了这个功能，用户无须离开文档，就可以直接调用搜索引擎在在线资源中智能查找相关内容（如选择人物或地点等关键字，任务面板内就会自动出现相关网络搜索内容），甚至可以在文档内部提供基于上下文环境的网络内容（如可以根据上下文分清楚 President 指的是总统还是总裁），结果也会直接显示在文档中。

Insights for Office 功能是由 Bing 搜索提供的支持，已经整合到了快捷菜单中。若要在文档中查看或搜索内容，只需在任何单词或短语上单击鼠标右键，并在弹出的快捷菜单中选择"智能查找"命令，如右下图所示，Insights 就可以为用户提供这个单词或者短语的相关信息。

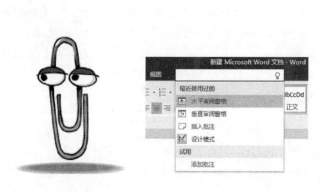 

专家点拨——第三方应用支持

通过全新的 Office Graph 社交功能，开发者可将自己的应用直接与 Office 数据建立连接，这样 Office 套件将可通过插件接入第三方数据。例如，用户今后可以通过 Outlook 日历使用 Uber 叫车，或是在 PowerPoint 中导入和购买来自 PicHit 的照片。

7. Office 2016 的"文件"菜单

单击"文件"菜单，即可进入自 Office 2007 以来便重点推广的 BackStage 后台。这次的 Office 2016 版本重点对"打开"界面和"另存为"界面进行了改良。如下图所示，存储位置排列，以及浏览功能、当前位置和最近使用的排列都变得更加清晰。

在"打开"界面和"另存为"界面中，原来 Word 2013 的"计算机"更改成了"这台计算机"。并且将原本位于"计算机"之下的"浏览"模块转移到了左侧的最下方，也就是将二级菜单提升为一级菜单了。由于大部分用户习惯将文档保存在本地计算机中，这样的做法可以直接浏览本地位置，减少了一次选择，所以提高了易用性，也更符合用户日常的使用习惯。

8. 简化文件分享操作

Office 2016 将共享功能和 OneDrive 进行了整合。在"文件"菜单的"共享"界面下，可以将文件直接保存在 OneDrive 中，然后邀请他人一起来查看、评论和编辑文档。除了 OneDrive 之外，用户还可以通过电子邮件、联机演示或直接发送到博客的方式共享给其他人，如下图所示。

 **专家点拨——推荐使用云存储方式**

保存或另存为新文档时，OneDrive 的存储路径依旧放在了首要的位置，然后是网络位置，接下来才是本地。这和当下流行的云存储相吻合，微软也在极力推荐用户使用云存储的方式，不用再借助任何第三方介质进行文件的传输。用户只要将文档保存在云端，便可以非常方便地在任何设备上随时随地登录个人账户从而编辑浏览自己的文档了。

在"打开"界面中也可以直接打开 OneDrive 下的文件了。可以说，在 Office 2016 中，微软对与 OneDrive 的整合已经到了非常贴心的程度。

9. 手写公式

在 Office 老版本中，用户可以插入公式，也可以手动输入一组自定义的公式，但是自定义的公式需要经过很多步骤才能完成，这样就会影响工作效率。在 Office 2016 中添加了一个相当强大而又实用的功能——墨迹公式。使用这个功能可以快速地在编辑区手写输入数学公式，并能够将这些公式转换成系统可识别的文本格式，如左下图所示。

10. 预测工作表

在 Excel 2016 中提供了一个非常好的功能，让用户可以对一个时间段内的相应数据进行分析，预测出一组新的数据。可以根据已知数据的平均值、最大值、最小值、统计和求和等数值来预测。预测的图表可以是折线图，也可以是柱形图，用户可以根据自己的需要选择图表的显示类型。右下图所示的一组数据是以平均值预测的。

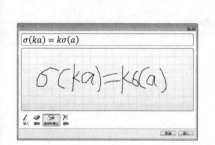

如果工作表中有一部分数据丢失或者失效，而数据本身是有一定规律的，通过创建预测工作表，就能在很大程度上恢复数据了。

11. 增加了新的图表样式

图表创建和分析本是 Excel 的专长，在 2016 版中该功能又得到了增强。Excel 2016 为用户新增了 6 款全新的图表，包括 Waterfall（瀑布图）、Histogram（柱状图）、Pareto（柏拉图）、Box & Whisker（箱形图）、Treemap（树状图）和 Sunburst（旭日图）。其中瀑布图和树状图的效果图如下图所示。

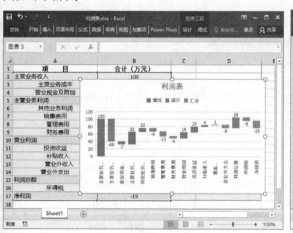
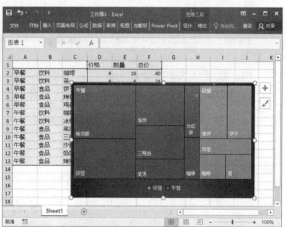

瀑布图   树状图

12. 插入三维地图

在 Excel 2013 中可以借助一款叫作 Power Map 的插件制作 3D 地图,该功能一推出便颠覆了所有人对"基本办公软件"的理解。生成的数据地图不仅有 3D 效果,录入时间数据之后,还能将数据的录入过程像播放视频一样播放出来。

新发布的 Office 2016 中则自带了 Power Map 插件,用户只需要根据软件的提示下载 Microsoft.NET Framework 4.5 插件,安装后即可插入三维地图。使用方法和 2013 版差不多,另外,它还能在播放的时候将二维地图和三维地球完美对接,造成电影镜头里拉伸的高端效果。

13. 管理数据模型

数据模型是 Excel 中与数据透视表、数据透视图、Power View 报表结合使用的嵌入式相关表格数据。数据模型是从关系数据源导入多个相关表格或创建工作簿中单个表格之间的关系时在后台创建的。Office RT 不支持数据模型。在 Excel 2016 中可以通过管理数据模型导入 Access 数据,不过会自动跳转到 Power Pivot for Excel 窗口中,效果如下图所示。在这个窗口中,用户可以根据自己的需要对表格进行编辑与分析操作。

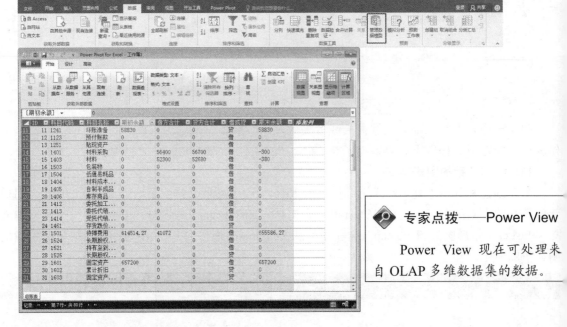

> ◆ 专家点拨——Power View
>
> Power View 现在可处理来自 OLAP 多维数据集的数据。

14. 新增强大的 Power Query 功能

Excel 2016 的商务智能工具也得到了升级。在 2013 版中需要单独安装的 Power Query 插件,如今已经成为 Excel 2016 的内置功能而非插件。

Power Query 查询可以发现、连接、合并多个不同源(文件、数据库、Azure 云端等)的数据,然后进行调整和优化。

在"数据"选项卡中可以发现新增了一个"获取和转换"组,它就是 Power Query 功能的体现,其中有"新建查询""显示查询""从表格"和"最近使用的源"4 个按钮。单击"新建查询"按钮,在弹出的下拉列表中可以看到其中包含的内容和功能非常丰富,如"从文件""从数据库""从 Azure""从其他源""合并查询"等功能,如左下图所示。在每一项的子级菜单中还包含很多选项。

15. 改进后的设计方案

现如今，PPT 幻灯片是对外展示的不二之选，同时也造就了大批专门从事制作 PPT 的人。PowerPoint 2016 没有一味地增加更多模板，而是调整了展示方式，首次启动的时候会弹出一些最常用的模板等的贴心提示，并给出各自的不同色调样式，让用户能直接开始演示文稿的制作。

另外，在选择幻灯片的主题后，还可以通过"设计"选项卡下"变体"组中的选项和命令来调整模板的整体效果，如右下图所示。

 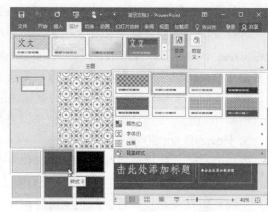

16. 全新的演示者视图

PowerPoint 2016 加入了全新的演示者视图，也就是当用户要进行展示时需要打开的视图。在演示者视图下，幻灯片的内容可以被正常投射到屏幕上，但是在演示者的计算机上却可以出现更多的提示区域，用来添加备注和信息，让演讲者在演示过程中查看事先准备好的内容，边看边讲，这样可以减少出现错误的概率，同时也降低了演讲难度。

17. 墨迹书写功能

墨迹书写功能是 PowerPoint 2016 新增加的一个功能，它可以让 PPT 实现一些画图软件的功能，而且绘制完的"墨迹"还能转化为形状。这就方便了用户手动绘制不规则图形等。

1.1.3　Office 2016 主要组件及其用途

Microsoft Office 是微软公司开发的一套办公软件套装，最初的 Office 版本中只有 Word、Excel 和 PowerPoint，目前这 3 个组件在办公应用中仍最为常用。本书中也只介绍这 3 个组件的具体用法。为了让用户在后面的操作中得心应手，本小节先来认识一下这 3 个组件的功能。

1. Word 2016

Word 在文字处理方面的功能十分强大，是目前使用最广泛的文字处理与编辑软件。Word 2016 不但具有一整套编写工具，还具有易于使用的界面，可以轻松创建出具有专业水准的文档，快速生成精美的图示，快速美化图片和表格等对象，甚至还能直接发表 blog、创建书法字帖，也可以快速打印输出文档。

2. Excel 2016

Excel 是 Office 系列软件中的另一个重要组件。很多人认为 Excel 就是做表格的，实际上，Excel 是一个集电子表格制作、信息分析、管理和共享于一身的功能强大的软件。

各种来源的数据，包括 SQL Server、ODBC、Web 页面中的数据，都可以导入到 Excel 中。通过 Excel 中内置的多种函数，可以对这些数据进行分析和计算；Excel 中还包含了分类、排序等辅助工具，可以快速对数据进行整理、筛选、分析、汇总、辅助决策。随着 Excel 的不断发展，现在还增强了数据的分析和呈现方式，改进了数据透视图/表的创建方法，并增强了数据地球仪的制作功能，可以让数据分析的结果以更为专业的图形和图表形式展现出来。

3. PowerPoint 2016

PowerPoint 是微软公司开发的一款制作专业演示文稿的软件。PowerPoint 2016 拥有强大的制作和播放控制功能，利用它可以快速创建动态演示文稿，用于会议或培训时轻松共享信息。用户不仅可以在投影仪或者计算机上进行演示，也可以将演示文稿打印出来，制作成胶片，以便应用到更广泛的领域中。

利用 PowerPoint 不仅可以创建演示文稿，还可以在互联网上召开面对面会议、远程会议或通过网络向观众展示演示文稿。

1.1.4 认识 Office 2016 的操作界面

在使用 Office 之前，首先需要熟悉各组件的界面。各组件的界面大体上是一样的，只是有些细节部分不一样。下面主要对 Word 2016、Excel 2016 和 PowerPoint 2016 的界面进行介绍。

1. Word 2016 界面介绍

启动 Word 2016 后，即可看到其工作界面，主要由快速访问工具栏、标题栏、功能区、编辑区、状态栏和视图栏等部分组成，如下图所示。下面分别对每个区域的名称和作用进行说明，如下表所示。

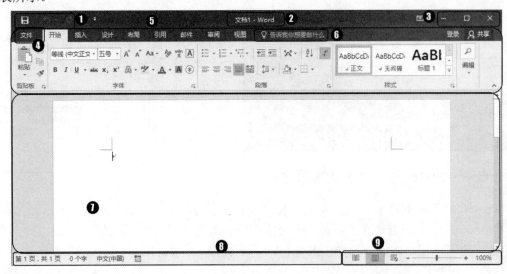

序 号	名 称	作 用
❶	快速访问工具栏	默认情况下，快速访问工具栏位于 Word 窗口的左上角，其中包括一些常用的工具按钮。默认包括"保存"按钮■、"撤销"按钮↩和"恢复"按钮↪等，单击即可执行相应的操作，用户还可以根据需要在快速访问工具栏中添加其他按钮
❷	标题栏	位于 Word 窗口的顶部，其中显示了当前文档的名称和程序名称
❸	窗口控制按钮组	包括"功能区显示选项""最小化""最大化"和"关闭"4 个按钮，用于对文档窗口的内容、大小和关闭进行相应控制
❹	"文件"菜单	"文件"菜单中包括"打开""保存"等常用命令
❺	功能区	功能区中集合了各种重要功能，是 Word 的控制中心。功能区由选项卡、组和命令 3 部分组成。功能区中的命令是最常用的命令。Word 2016 会根据执行的操作显示一些可能用到的命令，而不是一直显示所有命令。默认情况下，功能区顶部有 8 个选项卡，每个选项卡代表 Word 执行的一组核心任务，单击不同的选项卡将打开不同的功能区。功能区被分为不同的组，组将执行特定类型任务时可能用到的命令放到一起，并在执行任务期间一直处于显示状态，保证可以随时使用
❻	Tell Me 功能助手	通过 Tell Me（"告诉我你想要做什么"）功能助手的快速检索功能，用户不用再到选项卡中寻找某个命令就可以快速实现相应操作
❼	编辑区	编辑区是 Word 窗口中最大的区域，它是输入和编辑文件内容的区域，用户对文件进行的各种操作结果都显示在该区域中
❽	状态栏	用于显示文件编辑的状态信息，默认显示了文档当前页数、总页数、字数和文档检错结果及输入法状态等内容。状态栏中显示的信息可根据用户的需要增加和减少
❾	视图栏	包括视图按钮组 ⊞ ≣ ⊠，单击不同的视图按钮可切换到不同的视图模式下查看文件内容，其中还包括当前显示比例和调节页面显示比例的缩放标尺，用于对编辑区的显示比例和缩放尺寸进行调整，缩放后，标尺左侧会显示出缩放的具体数值

2. Excel 2016 界面介绍

Excel 2016 与 Word 2016 的界面既有相似之处，也有不同之处。如下图所示，Excel 2016 也有快速访问工具栏、标题栏等组成部分，不同之处在于编辑栏和编辑区等组成部分。下面对 Excel 2016 界面独特的组成部分进行介绍，如下表所示。

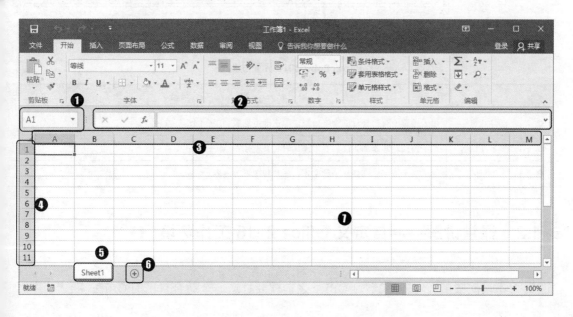

序 号	名 称	作 用
❶	名称框	用于显示或定义所选择单元格或者单元格区域的名称
❷	编辑栏	用于显示或编辑所选择单元格中的内容
❸	列标	用于显示工作表中的列，以 A、B、C、D……的形式进行编号
❹	行号	用于显示工作表中的行，以 1、2、3、4……的形式进行编号
❺	工作表标签	用于显示当前工作簿中的工作表名称，默认情况下，标签标题显示为 Sheet1、Sheet2、Sheet3……，用户可以进行更改
❻	"新工作表"按钮	单击该按钮即可插入新工作表
❼	工作区	用于对表格内容进行编辑，每个单元格都以虚拟的网格线进行界定

3. PowerPoint 2016 界面介绍

PowerPoint 2016 的工作界面包括编辑区、幻灯片窗格、备注栏等部分，如下图所示。窗口中各部分的作用如下表所示。

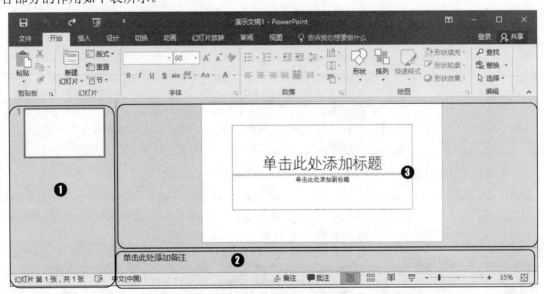

PowerPoint 2016 界面功能表

序 号	名 称	作 用
❶	幻灯片窗格	用于预览所有幻灯片的缩略效果，单击即可切换到相应的幻灯片中
❷	备注栏	用于为幻灯片添加备注内容，添加时将文本插入点定位在其中直接输入即可
❸	编辑区	用于显示或编辑幻灯片中的文本、图片和图形等内容

▷▷ 1.2 课堂讲解——自定义 Office 2016 工作环境

"磨刀不误砍柴工"，在正式学习 Office 之前就要打造一个适合自己的 Office 工作环境。通过这些设置，可以帮助用户更好地使用 Office 2016 进行学习和工作，避免发生一些不必要的麻烦。下面以 Word 为例介绍相关的自定义操作。

1.2.1 设置 Microsoft 账户

在使用任何 Microsoft 服务之前，需要创建一个 Microsoft 账户，即一个邮件地址和密码，用来登录所有的 Microsoft 网站和服务，包括 Outlook.com、Hotmail、Messenger 和 SkyDrive。利用 Microsoft 账户还可以进入其他 Microsoft 网站，如 Xbox LIVE、Zune 和 Office Live。

在设备和服务上设置 Microsoft 账户后，用户最关心的内容（如人员、文档、照片和设置）在用户使用的任何设备上均保持不变。Microsoft 账户支持在各任务间自由移动，它不仅使用户能访问 Microsoft 服务，而且使这些服务以个性化方式工作。下面来看看如何注册和登录 Microsoft 账户。

 同步文件

视频文件：视频文件\第 1 章\1-2-1.mp4

Step01: 登录 Microsoft 账户注册网址 https:// login.live.com/，单击"立即注册"超链接，如下图所示。

Step02: 进入"创建账户"页面。❶填写注册信息；❷单击"创建账户"按钮，如下图所示。

Step03: 注册成功后，进入"Microsoft 账户"页面，此时即可查看注册的账户信息，如下图所示。

Step04: 运行 Word 2016 软件，❶在"文件"菜单中选择"账户"命令；❷单击"登录"按钮，如下图所示。

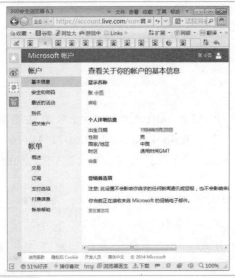

Step05: 进入"登录"界面，❶在文本框中输入用户名；❷单击"下一步"按钮，如下图所示。

Step06: ❶在文本框中输入密码；❷单击"登录"按钮，如下图所示。

Step07: 验证通过后即可登录 Microsoft 账户，如下图所示。

新手注意

用户可以将任何电子邮件地址(包括来自 Outlook.com、Yahoo!或 Gmail 的地址)作为新的 Microsoft 账户的用户名。如果已登录到 Windows PC、平板电脑或手机、Xbox Live、Outlook.com 或 OneDrive，使用注册的账户就可进行登录。

1.2.2 自定义快速访问工具栏

快速访问工具栏作为一个命令按钮的容器，通常用于放置最常用的操作命令和按钮。不过，默认情况下只包含"保存""撤销"和"重复"3 个按钮。用户可以根据需要将其他需要的工具添加到快速访问工具栏中，具体操作方法如下。

 同步文件

视频文件：视频文件\第 1 章\1-2-2.mp4

Step01： ❶单击快速访问工具栏右侧的下拉按钮；❷选择需要添加到快速访问工具栏中的命令，如选择"打开"，如下图所示。

Step02： 经过上一步的操作，即可在快速访问工具栏中添加"打开"按钮，效果如下图所示。

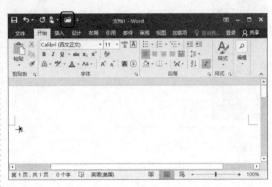

 专家点拨——设置快速访问工具栏的其他操作

如果要将功能区中那些使用频率很高的功能按钮添加到快速访问工具栏中，可以直接在需要添加的按钮上单击鼠标右键，在弹出的快捷菜单中选择"添加到快速访问工具栏"命令；在快速访问工具栏的下拉菜单中选择"其他命令"命令，将打开"Word 选项"对话框的"快速访问工具栏"选项卡，在其中可以选择添加更多的命令按钮；如果要删除快速访问工具栏中的命令按钮，单击快速访问工具栏右侧的下拉按钮，在弹出的下拉菜单中再次选择相应命令，取消命令前的勾标记即可。

1.2.3　设置功能区

在使用 Office 2016 进行文档编辑时，用户可以根据自己的操作习惯，对功能区中的功能按钮进行添加或删除，也可以为经常使用的命令按钮创建一个独立的选项卡或工具组。下面以在 Word 2016 中添加"我的工具"组为例介绍自定义功能区的方法，具体操作方法如下。

 同步文件

视频文件：视频文件\第 1 章\1-2-3.mp4

 专家点拨——在功能区中新建选项卡

在"Word 选项"对话框的"自定义功能区"选项卡中，在右侧单击"新建选项卡"按钮即可在功能区中新建选项卡。

Step01： ❶单击"文件"菜单；❷选择"选项"命令，如下图所示。

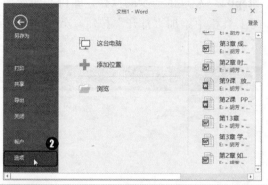

Step02： 打开"Word 选项"对话框，❶展开"自定义功能区"选项卡；❷在右侧的"自定义功能区"列表框中选择工具组要添加到的具体位置，这里选择"开始"选项；❸单击"新建组"按钮，如下图所示。

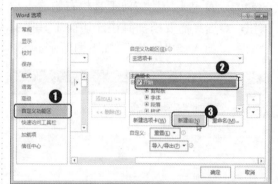

Step03： 经过前面的操作，即可在"自定义功能区"列表框中"开始"选项下"编辑"选项的下方添加"新建组（自定义）"选项。单击"重命名"按钮，如下图所示。

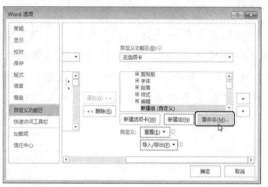

Step04： 打开"重命名"对话框，❶在"符号"列表框中选择要作为新建组的符号标志；❷在"显示名称"文本框中输入新建组的名称"我的工具"；❸单击"确定"按钮，如下图所示。

Step05： ❶在"常用命令"列表框中依次选择需要添加到新建组中的按钮；❷单击"添加"按钮将其添加到新建组中；❸添加完毕后单击"确定"按钮，如下图所示。

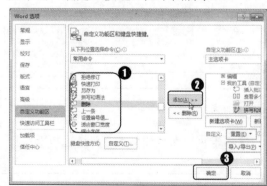

Step06： 完成自定义功能区的操作后返回Word 窗口中，在"开始"选项卡"编辑"组中将显示新建的"我的工具"组，在其中可看到添加的自定义功能按钮，如下图所示。

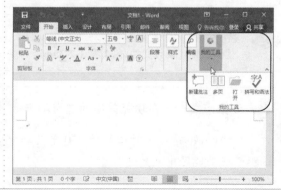

> 专家点拨——删除功能组区中的功能组

　　如果需要删除功能区中的组，可在"Word选项"对话框的"自定义功能区"选项卡中，在"自定义功能区"列表框中选择需要删除的组，单击"删除"按钮即可。

▷▷ 1.3　课堂讲解——三大组件的共性操作

　　由于 Office 应用程序逐渐整合，各组件间共同的功能都统一了操作方式，特别是各组件的基本操作都类似了。本节就以 Word 2016 为例，介绍三大组件的常用共性操作。

1.3.1　新建文档

　　在 Office 2016 版本中，启动任何一个组件都不会像老版本一样直接以空白文档的方式启动，需要在软件的启动界面中根据需要选择启动类型，如新建空白文档或根据内置的模板文件新建。如果在启动组件时选择的文档类型不符合需要，或是在后期需要建立新的文档，也可以继续新建文件。下面以在 Word 2016 中新建空白文档并创建模板文档为例进行介绍，具体操作方法如下。

同步文件
视频文件：视频文件\第 1 章\1-3-1.mp4

Step01: ❶单击"开始"按钮；❷在弹出的菜单中选择"所有程序"命令，如下图所示。

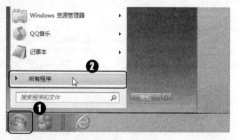

Step02: 在打开的程序列表中选择需要启动的 Office 组件 名称，这里选择"Word 2016"，如下图所示。

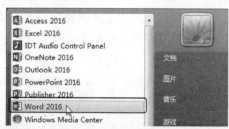

Step03: 进入到 Word 新建界面中，单击"空白文档"选项，如下图所示。

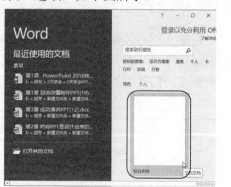

Step04: 经过前面的操作，即可创建空白文档，如下图所示。

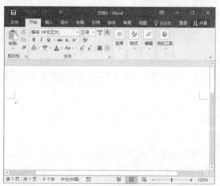

Step05: ❶在"文件"菜单中选择"新建"命令；❷在右侧选择需要的模板，这里选择"信函"选项，如下图所示。

Step06: 经过上一步的操作，将打开一个提示对话框，在其中可以预览该模板的效果，单击"创建"按钮，如下图所示。

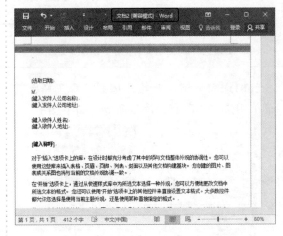

Step07: Word 便开始下载该模板，等模板下载完成后将基于该模板新建一个文档。默认情况下创建的文档会自动以"文档 1""文档 2""文档 3"……进行命名，如右图所示。

 新手注意

在模板方面，微软的确下了一番功夫，无论是 Word、Excel 还是 PowerPoint，都为用户提供了大量简单易用却功能强大的模版。对于普通的办公一族和企业管理者来说，这些模板基本上可以满足所有的需求。用户要做的就是针对自己的要求进行一些修改，填上具体的内容即可。

1.3.2 保存文档

保存文档是编辑文档中一个很重要的操作，因为新建的文档必须执行保存操作后才能存储到硬盘或云端固定位置中，方便以后进行阅读和再次编辑。否则，在关闭文档后，编辑的文档内容将会丢失。第一次对新建文档进行保存时，需要选择文档的保存类型和保存位置。具体操作方法如下。

 同步文件

视频文件：视频文件\第 1 章\1-3-2.mp4

专家点拨——另存文档

如果对已经保存过的文档内容进行了修改，需要保存新内容时，单击快速访问工具栏中的"保存"按钮或按〈Ctrl+S〉组合键即可快速保存文档。如果需要将文档以新文件名保存或保存到新的路径，可在"文件"菜单中选择"另存为"命令，在打开的"另存为"对话框中修改文档的名称或保存位置，还可以更改文档的保存类型为模板等其他格式。

Step01: 单击快速访问工具栏中的"保存"按钮，如下图所示。	**Step02:** 进入到"文件"菜单的"另存为"界面中，在中间部分选择"这台计算机"选项，如下图所示。

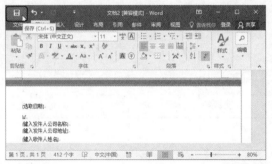

Step03: 打开"另存为"对话框，❶选择文档的保存位置；❷输入文件名称；❸选择文挡保存类型；❹单击"保存"按钮，如下图所示。	**Step04:** 打开提示对话框，单击"确定"按钮。返回文档窗口可看到标题栏中的"[兼容模式]"字样已经消失，文档标题也变化了，如下图所示。

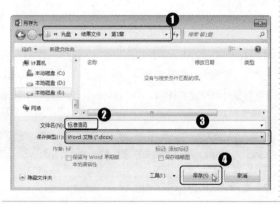
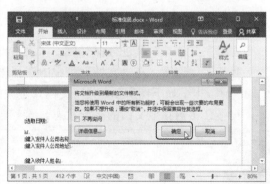

1.3.3　打开文档

如果需要打开已有的 Word 文档，可以双击该文档的文件图标，还可以在 Office 程序中执行文档的打开操作。不同的 Office 组件可以打开的文档格式也不同。例如，Word 2016 就可以打开多种格式的文档，如网页格式、Word 格式和写字板格式等。打开文档的具体操作方法如下。

同步文件

视频文件：视频文件\第 1 章\1-3-3.mp4

Step01: ❶在"文件"菜单中选择"打开"命令；❷在中间部分中选择"浏览"选项，如下图所示。	**Step02:** 打开"打开"对话框，❶选择文档的保存位置；❷选择需要打开的文档；❸单击"打开"按钮即可，如下图所示。

 专家点拨——打开文档的技巧

　　按〈Ctrl+O〉组合键可快速打开"打开"对话框，在"打开"对话框中按住〈Shift〉或〈Ctrl〉键的同时选择多个文档，然后单击"打开"按钮，可同时打开多个文档。在"打开"界面的中间部分中选择"最近"选项，在右侧列表中将列出最近使用的文档名称，选择相应文档名称即可快速打开该文档。

1.3.4　关闭文档

　　当编辑完文档并对其进行保存后，如果不再编辑就应该将其关闭，以节省计算机的内存空间，提高其运行速度。在"文件"菜单中选择"关闭"命令，或单击窗口右上角的"关闭"按钮均可关闭文档，如下图所示。关闭文档只是关闭当前选择的文档窗口，并不会退出整个 Office 程序，也不会影响其他文档的打开状态。

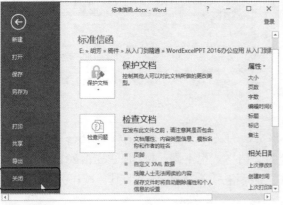

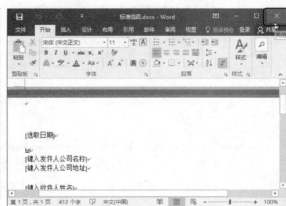

新手注意

　　如果没有对文档进行保存就执行了关闭操作,程序会打开相应的提示对话框询问用户是否对文档进行保存操作。单击"保存"按钮,可保存文档的更改并关闭文档;单击"不保存"按钮,则不保存对文档进行的更改并关闭文档;单击"取消"按钮,则表示取消文档的关闭操作。

1.3.5　打印文档

　　文档主要用于记录和传递信息,虽然目前电子邮件和 Web 文档极大地促进了无纸化办公的快速发展,有时电子版的文档不利于阅读和使用,还是需要输出为纸质版的文件。所以,打印文档的操作也很常用。在 Office 2016 中可以对部分打印参数进行设置,从而改变打印的质量和效果。

　　在打印文档前,一般需要先预览打印效果,对不满意的地方再进行修改和调整。在 Word 2016 中,预览 Word 文档的打印效果非常方便,只需要在"文件"菜单中选择"打印"命令,即可在右侧查看到打印效果。

　　对文档进行预览后,如果对其整体效果满意并确认文档无需再进行修改就可以将其打印输出了。若要按当前设置打印文档的全部内容,只需在"打印"界面中单击"打印"按钮即可;若只需打印文档的部分内容或要采用其他打印方式,则还须进行打印设置。设置打印选项的界面如下图所示。

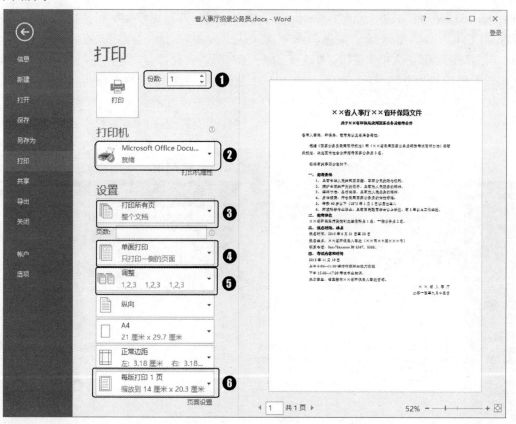

打印选项的作用如下表所示。

序　号	名　称	作　用
❶	份数	用于设置要将文档打印的份数
❷	打印机	用于设置要使用的打印机
❸	打印所有页	用于设置文档中要打印的页面
❹	单面打印	用于设置将文档打印到一张纸的一面，或手动打印到纸的两面
❺	调整	当需要将多页文档打印为多份时，用于设置打印文档的排序方式
❻	每版打印 1 页	用于设置在一张纸上打印一页或多页文档内容的效果

1.3.6　保护文档

一些重要的文档在编辑完成后，为了防止其他人对文档进行更改或随意查看，可以对文档进行保护。保护文档主要可以通过限制编辑权限和添加密码进行保护两种方法来实现。

同步文件

视频文件：视频文件\第 1 章\1-3-6.mp4

1. 设置权限

文档编辑完成后，要发给其他用户查看，但为了防止其他人误改文档，可使用限制编辑功能限制其他用户的编辑权限，如限制对限定的样式设置格式，仅允许对文档进行修订、批注，不允许进行任何修改等。如果用户自己需要对文档进行编辑，可以取消文档保护，然后再进行编辑。

Step01： 打开素材文件"员工手册.docx"，❶在"文件"菜单中选择"信息"命令；❷单击中间的"保护文档"按钮；❸选择"限制编辑"选项，如下图所示。

Step02： 打开"限制编辑"任务窗格，❶勾选"限制对选定的样式设置格式"复选框；❷勾选"仅允许在文档中进行此类型的编辑"复选框；❸在下方的下拉列表框中选择"批注"选项，表示他人打开文档时只能进行批注，不能修改文档内容和样式；❹勾选"每个人"复选框；❺单击"是，启动强制保护"按钮，如下图所示。

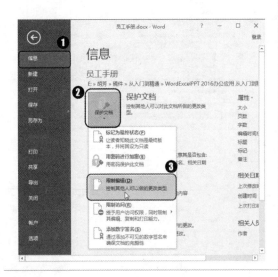

Step03: 打开"启动强制保护"对话框。❶在"新密码勾选"和"确认新密码"文本框中均输入密码"123";❷单击"确定"按钮;❸单击快速访问工具栏中的"保存"按钮,如右图所示。此时,对文档进行任何编辑都没有反应,而且在"限制编辑"任务窗格中会提示用户"只能在此区域中插入批注"。

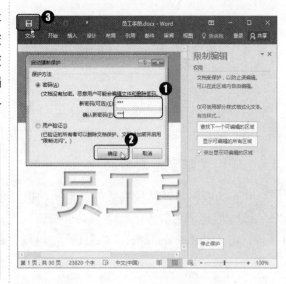

> ◆ 专家点拨——取消文档的强制保护
>
> 　如果要取消文档的强制保护,在"限制编辑"任务窗格中单击"停止保护"按钮,再在打开的"取消保护文档"对话框的"密码"文本框中输入之前设置的密码,单击"确定"按钮即可。

2. 文档加密

当用户的文档需要保密时,为了防止别人看到机密的内容,可以通过设置密码为文档设置保护,这样每次打开该文档时会打开一个对话框要求输入设置的密码,用户只有正确输入密码才能打开文档,从而减小了文档内容外泄的概率。为文档设置密码的具体操作方法如下。

Step01: 打开素材文件"工程标书.docx",❶在"文件"菜单中选择"信息"命令;❷单击右侧的"保护文档"按钮;❸选择"用密码进行加密"命令,如下图所示。

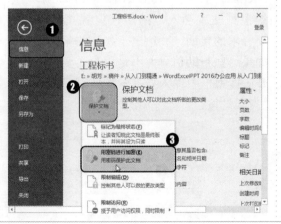

Step02: 打开"加密文档"对话框,❶在"密码"文本框中输入密码"123";❷单击"确定"按钮;❸打开"确认密码"对话框,在"重新输入密码"文本框中输入密码"123";❹单击"确定"按钮,如下图所示。

> ◆ 专家点拨——取消密码保护
>
> 　如果要取消密码保护,使用前面介绍的方法选择"用密码进行加密"命令,打开"加密文档"对话框,在"密码"文本框中清除之前设置的密码,单击"确定"按钮即可。

▷▷ 1.4　课堂讲解——使用帮助

学习就是一个不断摸索进步的过程，在学习使用 Office 的过程中，如果遇到了一些自己不常用或者不会的问题，可以使用 Office 提供的联机帮助来获取解决相应问题的方法。

1.4.1　使用关键字搜索帮助

Office 的联机帮助是最权威、最系统，也是最实用的 Office 知识的学习资源之一。但是，Office 2016 取消了老版本中的"帮助"按钮，用户只能在"文件"页面中才能看到该按钮。通过该按钮进入 Office 的联机帮助界面后，可以直接输入关键字搜索需要的帮助内容。具体操作方法如下。

同步文件

视频文件：视频文件\第 1 章\1-4-1.mp4

新手注意

在操作与使用 Office 时，在打开某些操作对话框而不知道其中选项的具体含义时，可单击对话框中的"帮助"按钮，这样也可以及时有效地获取帮助信息。另外，还可以通过随时按〈F1〉键打开"帮助"窗口。

Step01: 单击"文件"页面上方的"帮助"按钮，如下图所示。

Step02: 打开"Word 2016 帮助"窗口，系统根据文本插入点的所在位置猜测用户需要寻求的帮助，并给出了相应的帮助信息。如果这些帮助信息并不是用户需要的，只须❶在搜索框中输入要搜索的关键字；❷单击"搜索"按钮，如下图所示。

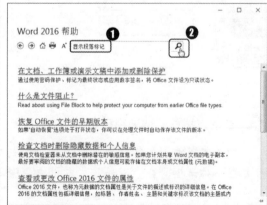

Step03: 在窗口中将显示搜索到的所有相关信息，单击需要查看的超链接，如下图所示。

Step04: 经过上一步的操作，即可显示出详细的帮助内容，查看完具体的内容后单击"关闭"按钮关闭"Word 2016 帮助"窗口，如下图所示。

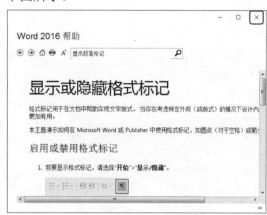

1.4.2　Office 2016 的辅助新功能

Office 2016 虽然在操作界面上取消了老版本的"帮助"按钮，但其实已将该功能融合在 Tell Me 功能中，而且 Tell Me 的功能更强大，它比以往任何时候都能让用户更轻松地找到所需要的信息。

众所周知 Office 具有十分强大的功能，其中一些不常用的命令不容易找到，有了 Tell Me 输入框之后，只需要在输入框中输入简洁的词语作为关键字，即可得到一组操作命令结果，在最下方还可以看到相关的帮助。具体操作方法如下。

同步文件

视频文件：视频文件\第 1 章\1-4-2.mp4

Step01: ❶在 Tell Me 输入框中输入"表格"；❷在弹出的下拉列表中选择"共享我的文档"选项，如下图所示。

Step02: 再次在"Tell Me"下拉列表中选择"获取有关'共享我的文档'的帮助"命令，如下图所示。

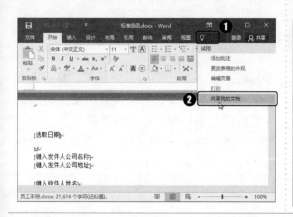

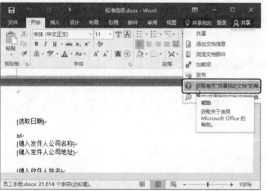

Step03: 打开"Word 2016 帮助"窗口，单击需要查看的超链接，如下图所示。

Step04: 在窗口中即可查看到相应的具体内容，看完后单击"关闭"按钮关闭"Word 2016 帮助"窗口，如下图所示。

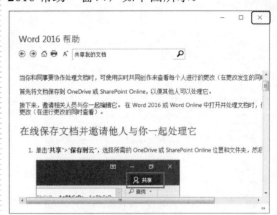

▷▷ 高手秘籍——实用操作技巧

通过对前面知识的学习，相信读者朋友已经掌握了 Office 2016 三大组件的新增功能，熟悉了各组件的界面及三大组件的共性操作等基础知识。下面结合本章内容介绍一些实用的操作技巧。

> **同步文件**
> 视频文件：视频文件\第 1 章\高手秘籍.mp4

 技巧 01 将文档保存为模板

现在大部分的企事业单位都使用 Word 编辑日常办公文件，为了避免在汇总文件时因文件风格各异、混乱不堪导致汇总工作的工作量增大，公司一般会将经常需要处理的内部文档都设置成模板，这样员工就可以在相应的模板上进行加工，从而让整个公司制作的同类型文档的风格都是一致的，既方便了查阅者的使用，又节省了制作的时间，有利于提高工作效率。

模板其实是 Word 的一种文件类型，制作起来很简单。具体操作方法如下。

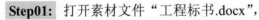

Step01: 打开素材文件"工程标书.docx"，❶在"文件"菜单中选择"另存为"命令；❷在中间部分选择"这台计算机"选项，如下图所示。

Step02: 打开"另存为"对话框，❶设置文档保存的位置；❷在"文件名"文本框中输入模板的名称；❸在"保存类型"下拉列表框中选择"Word 模板（*.dotx）"选项；❹单击"保存"按钮，如下图所示。

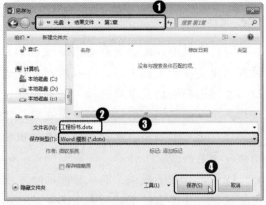

◈ 新手注意

　　在制作模板文件时，需要考虑到不同用户在使用该模板时可能遇到的一些问题，并尽量让内容简洁明了，在经过详细的调研后再决定模板的呈现方式。为了让模板更加完善，在制作时还应定义一些合适的样式集合，注意命名的规则、不同段落样式的相互关系、格式的统一性等问题。

 显示和隐藏窗口元素

　　默认情况下，Office 组件窗口中并不会显示所有的窗口元素，如 Word 窗口中的导航窗格、标尺等元素都是隐藏的。如果需要显示某些窗口元素，可以通过下面的方法让其显示出来。

Step01: 打开素材文件，在"视图"选项卡的"显示"组中勾选"标尺"复选框，即可显示出标尺，如下图所示。

Step02: 在"视图"选项卡的"显示"组中勾选"导航窗格"复选框，即可在窗口左侧显示出"导航"任务窗格，如下图所示。

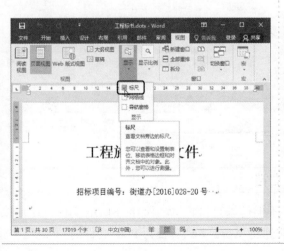
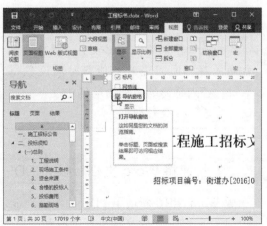

专家点拨——显示或隐藏功能区

当用户在输入或者查看 Office 文档内容时，如果想在有限的窗口中增大可用空间，以便显示出更多的文档内容，可以对功能区进行折叠。只需在功能区的空白位置单击鼠标右键，在弹出的快捷菜单中选择"折叠功能区"命令即可。折叠功能区后，单击选项卡仍然可以显示出功能区中的按钮，只是在完成操作后会将功能区再次折叠起来。若要展开功能区，可在选项卡上单击鼠标右键，在弹出的快捷菜单中再次选择"折叠功能区"命令，取消该命令前的"√"标记。

Office 2016 还提供了隐藏功能区的方法，单击窗口控制按钮组中的"功能区显示选项"下拉按钮，在弹出的下拉列表中选择"自动隐藏功能区"选项，即可隐藏功能区并切换到全屏阅读状态。要再次显示出功能区，可以将鼠标指针移动到窗口最上方，显示出标题栏，单击右侧的 ⋯ 按钮。

技巧 03　让 Office 每间隔一定时间自动保存文档

为尽量减轻突然断电或死机等意外情况所造成的数据损失，用户在编辑文档时不仅要养成经常保存文档的好习惯，还应善用 Office 2016 提供的自动保存功能，让 Office 程序自动在指定的时间间隔对文档进行保存。这样即使发生意外情况，重启 Office 后还可恢复自动保存的内容，减小数据丢失的概率。

例如，要设置 Word 每隔 8min 就自动保存一次，具体操作方法如下。

Step: 按照前面介绍的方法打开"Word 选项"对话框，❶选择"保存"选项；❷在"保存自动恢复信息时间间隔"数值框中输入需要设置的时间间隔"8"；❸单击"确定"按钮，如右图所示。

 新手注意

如果计算机的内存比较小，则在设置自动保存时间间隔时不能将时间设置得太短，否则将影响文档的编辑进度，一般设置为 5～15 分钟即可。

技巧 04　快速将 Word 文档转换为 PDF 文档

新版 Word 2016 新增了 PDF 的编辑功能，不但可以直接将文档保存为 PDF 文件，还可以对排版简单的 PDF 文件直接进行读取和编辑。快速将 Word 文档转换为 PDF 文件的具体操作方法如下。

专家点拨——PDF 文件与 Word 文档直接的切换

除了可以将 Word 文档另存为 PDF 文件，还可以使用 Word 软件打开 PDF 文件。目前，最适用编辑功能的 PDF 还是那些直接由 Word 转换成的 PDF 文件，不管是纯文字，还是文加图，Word 2016 都能有效辨识出来，再次编辑也非常方便。

Step01: 打开素材文件，打开"另存为"对话框，选择合适的保存位置，❶在"保存类型"下拉列表框中选择"PDF（*.pdf）"选项；❷单击"保存"按钮，如下图所示。

Step02: ❶选中 PDF 文件，并在其上单击鼠标右键；❷在弹出的快捷菜单中选择"打开方式"→"Word（桌面）"命令，即可用 Word 打开 PDF 文件，如下图所示。

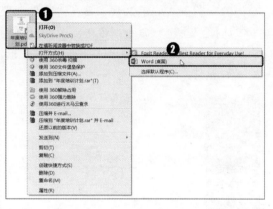

≫ 上机实战——根据模板新建报表文档

≫ 上机介绍

Word 2016 本身自带了多个预设的实用模板，如简历、产品说明、报表设计、课程提纲、书法字帖等。用户还可以在模板搜索框中输入关键词搜索更多的在线模板，以快速创建专业的 Word 文档，提高工作效率。例如，根据"项目状态报告"模板新建文档，最终效果如下图所示。

同步文件

结果文件：结果文件\第 1 章\项目状态报告
视频文件：视频文件\第 1 章\上机实战.mp4

步骤详解

本实例的具体操作步骤如下。

Step01： 打开 Word 2016。❶在"文件"菜单中选择"新建"命令；❷在模板搜索框中输入关键词"报表"；❸单击"搜索"按钮，如下图所示。

Step02： 此时即可搜索出更多关于报表的在线模板，选择"项目状态（红色）"模板，如下图所示。

Step03： 此时将打开该模板的提示对话框，单击"创建"按钮，如下图所示。

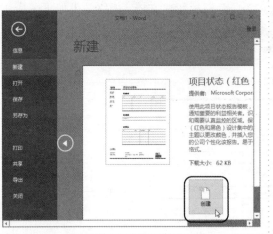

Step04： 模板下载完成后，即可打开"项目状态报告"模板，生成新的模板文件，如下图所示。

新手注意

模板又称为样式库,它是一群样式的集合,并包含各种版面设置参数(如纸张大小、页边距、页眉和页脚位置等)。一旦开始通过模板创建新文档,便载入了模板中的版面设置参数和所有样式设置,用户只需在其中填写具体的数据即可。Word 2016 更新了模板搜索功能,用户可以更直观地在 Word 文件内搜索工作、学习、生活中需要的模板,而不必去浏览器上搜索下载,大大提高了工作效率。

Step05: ❶在"文件"菜单中选择"另存为"命令;❷在中间部分选择"浏览"选项,如下图所示。

Step06: 打开"另存为"对话框,❶选择文件的保存位置;❷输入文件名称为"项目状态报告";❸单击"保存"按钮,如下图所示。

▷▷ 本章小结

本章的重点在于掌握 Office 2016 三大组件的共性操作,主要包括自定义工作环境、创建文档、保存文档、打开/关闭文档、打印和保护文档等。通过本章的学习,希望读者能够熟练地掌握 Office 2016 文档的基本操作,能够使用联机帮助解决实际工作中遇到的问题,学会使用 Office 在线模板创建专业文档,学会保存文档的方法和技巧,灵活应用保护文档的方法保障文档安全。

第 2 章　使用 Word 2016 进行文档编排

本章导读

　　在工作中，我们经常需要使用 Word 处理各种文字资料。所以，要熟练掌握 Word 2016 的基本操作，包括视图的选择、输入和编辑文档内容。此外，因为在文档中输入的文本内容会采用 Word 默认的字体和段落格式，为了使文本层次分明、主题突出，还常常需要对文本的字体和段落进行格式设置。Word 2016 提供了专业的编辑工具，只要进行简单的操作即可完成一篇文档的制作，本章就来学习文档编排的基本操作。

知识要点

➢ 选择合适的视图模式
➢ 录入文档内容
➢ 编辑文档内容
➢ 设置字体格式
➢ 设置段落格式
➢ 应用项目符号和编号
➢ 设置边框和底纹
➢ 插入页眉和页脚
➢ 设置文档的背景效果
➢ 打印文档
➢ 设置特殊格式

效果展示

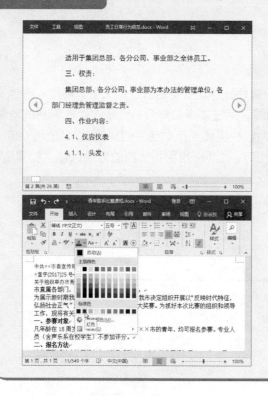

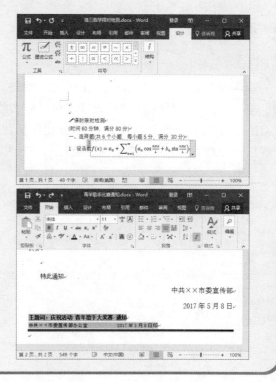

▷▷ 2.1　课堂讲解——选择合适的视图模式查看文档

在日常工作中，要浏览文档的具体内容或查看文档的整体效果，也需要掌握一定的方法。Word 2016 中提供了多种视图模式供用户选择，包括页面视图、阅读视图、Web 版式视图、大纲视图和草稿视图 5 种视图模式。这些视图模式的作用各异。读者在实际使用中可以根据要查看的文档内容来选择合适的视图模式。

2.1.1　页面视图

页面视图为默认的文档视图模式，可以显示文档的打印效果，主要包括页眉、页脚、图形对象、分栏设置、页面边距等元素页面视图是最接近最终打印效果的视图模式，如下图所示。页面视图适用于浏览整个文章的总体效果。

2.1.2　阅读视图

在 Word 2016 中加入了全新的阅读视图模式，该模式只显示文档内容和少量必要工具。通过该视图查看文档会直接以全屏方式查看，类似于观赏幻灯片的效果。由于视觉效果好，眼睛不会感到疲劳，所以最适合阅读长篇文章。如果字数多，则会自动分成多屏，单击页面左侧或右侧的箭头按钮可完成翻屏，还可自由调节页面显示比例，更改页面颜色，但不允许对文档进行编辑。

要使用阅读视图，可以在"视图"选项卡中的"阅读视图"按钮或在状态栏中单击视图按钮来进行切换。具体操作方法如下。

同步文件

视频文件：视频文件\第 2 章\2-1-2.mp4

Step01: 打开素材文件"员工日常行为规范.docx",单击"视图"选项卡"视图"组中的"阅读视图"按钮,如下图所示。

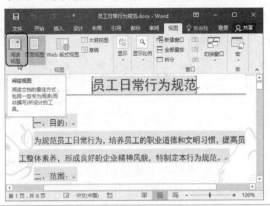

Step02: 进入阅读视图状态,单击左侧或右侧的箭头按钮即可向前或向后翻屏,如下图所示。

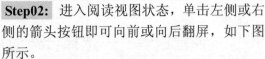
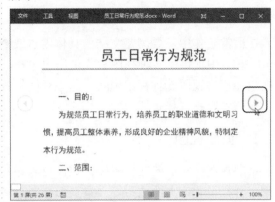

Step03: ❶单击"视图"选项卡;❷在弹出的下拉菜单中选择"页面颜色"→"褐色"命令,如下图所示。

Step04: 此时,页面颜色就变成了褐色,预览完毕按〈Esc〉键退出即可,如下图所示。

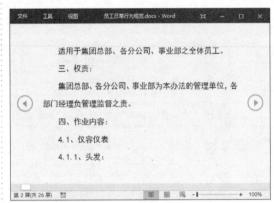

◆ **专家点拨——Word 2016 全新的阅读视图**

在阅读视图下,功能区会被隐藏,只保留"文件""工具"和"视图"选项卡,这样做的好处是扩大显示区且方便用户查阅。在阅读视图下,用户还可以单击"工具"和"视图"选项卡使用各种阅读工具。Word 2016 的阅读模式提供了 3 种页面背景色:白底黑字、褐色背景,以及适合黑暗环境的黑底白字,方便用户在各种环境中进行舒适阅读。

2.1.3 Web 版式视图

Web 版式视图以网页的形式显示 Word 文档,可以预览具有网页效果的文本。在这种视图模式下,原来以两行显示的文本,重新排列后会在一行中就全部显示出来。这是因为要与浏览器的效果保持一致。使用 Web 版式视图可快速预览当前文本在浏览器中的显示效果,便于做进一步的调整。同时,Web 版式视图中不会显示页码和章节号信息,超链接显示为带下画线的文本。Web 版式视图适用于发送电子邮件和创建网页,如下图所示。

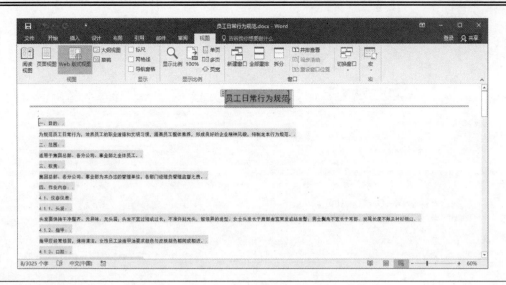

◆ 新手注意

　　用户可以在"视图"选项卡中选择需要的文档视图模式，也可以在 Word 2016 文档窗口右下方的状态栏中单击视图按钮切换到相应的视图模式以查看文档内容。

2.1.4　大纲视图

　　在大纲视图中，能查看标题的层级结构，还可以通过拖动标题来移动、复制和重新组织文本，因此它特别适合编辑那种含有大量章节的长文档，能让文档的层次结构显示得清晰明了，并可根据需要进行调整，如下图所示。在查看时可以通过折叠文档来隐藏正文内容而只看主要标题，或者展开文档以查看所有的正文。另外，大纲视图中不显示页边距、页眉和页脚、图片和背景。

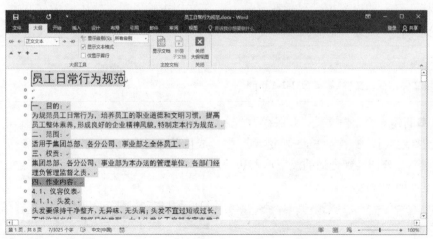

2.1.5　草稿视图

　　草稿视图取消了页面边距、分栏、页眉、页脚和图片等元素，仅显示标题和正文，是最节省系统资源的视图方式，如下图所示。当然，现在计算机系统的硬件配置都比较高，基本上不存在由于硬件配置低而使 Word 运行遇到障碍的问题。

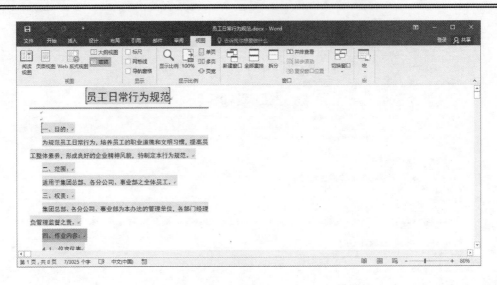

▷▷ 2.2 课堂讲解——输入文档内容

Word 在创建各种专业的文档方面具有非常出色的能力。使用它编辑文档首先需要输入文档内容，包括文本的输入，符号、公式等的插入。掌握 Word 文档内容的输入方法，是编辑各种格式文档的前提。

2.2.1 输入普通文本

输入文本就是在 Word 文档编辑区的文本插入点处输入所需的内容。在新建的 Word 文档中可看到一个不断闪烁的光标"▶"，这就是文本插入点。当用户在文档中输入内容时，文本插入点会自动后移，输入的内容也会显示在屏幕上。在文档中输入英文文本、中文文本、数字等普通文本的方法很简单，具体操作方法如下。

同步文件

视频文件：视频文件\第 2 章\2-2-1.mp4

Step01: ❶新建一个空白文档，并保存为"论文封面"；❷连续按 3 次〈Enter〉键，产生 3 个空白段落；❸切换到合适的汉字输入法；❹输入文本，如下图所示。

Step02: 依次输入需要的其他文本即可，完成后的效果如下图所示。

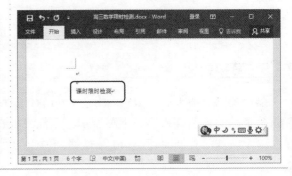

新手注意

当输入的文本到达文档编辑区的右边界时，Word 会自动换行且文本插入点也随之移动到下一行的开始处。输入一页内容后，文本插入点将自动移到下一页的开始处。若需要结束当前段落的文本输入，可以按〈Enter〉键分段，此时文档中会自动产生一个段落标记符¶。如果需要在一行内容没有输入满时强制另起一行，但又不是划分为两个段落，可按〈Shift+Enter〉组合键来完成。

在 Word 2016 中，除了可以顺序输入文本外，还可以在文档的任意空白位置处输入文本，即使用即点即输功能进行输入。将鼠标指针移动到文档编辑区中需要输入文本的任意空白位置并双击，即可将文本插入点定位在该位置，然后输入需要的文本内容即可。

2.2.2 插入特殊符号

在输入文档内容时，经常需要输入一些特殊符号。常见的有数学符号、拼音字母、数字序号等，这些都可以使用输入法的软键盘来输入。对于其他一些特殊符号，如"☺""√""×"等，则需要利用"符号"对话框输入。具体操作方法如下。

 同步文件

视频文件：视频文件\第 2 章\2-2-2.mp4

Step01： ❶将文本插入点定位在需要插入特殊字符的位置；❷单击"插入"选项卡"符号"组中的"符号"按钮；❸选择"其他符号"选项，如下图所示。

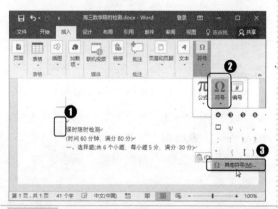

Step02： 打开"符号"对话框，❶在"字体"下拉列表框中选择需要应用的字符所在的字体集；❷在下方的列表框中选择需要插入的符号；❸单击"插入"按钮；❹单击"关闭"按钮，如下图所示。

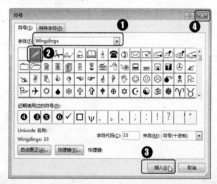

Step03： 经过前面的操作，即可在文档中插入相应的特殊符号，效果如右图所示。

 新手注意

在没有关闭"符号"对话框时，插入符号后，还可以将文本插入点定位在其他需要插入特殊符号的位置，继续选择并插入特殊符号。

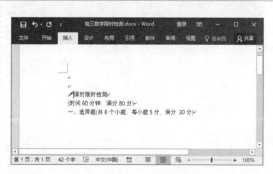

2.2.3 输入公式

编辑数学、物理和化学等自然科学文档时，常常需要输入大量的公式。这些公式不仅结构复杂，而且还含有大量的特殊符号，这些一般需要通过 Word 2016 中的"公式"命令来实现输入。根据实现方法的不同可以分为以下几种方法。

同步文件
视频文件：视频文件\第 2 章\2-2-3.mp4

1. 使用预置公式

Word 中内置了一些常用的公式样式，如果用户要输入的公式是常见的，就可以直接选择所需的公式样式快速插入对应的公式，再进行相应的修改即可。具体操作方法如下。

Step01: ❶单击"插入"选项卡"符号"组中的"公式"按钮；❷选择与所要插入公式结构相似的内置公式样式，这里选择"傅立叶级数"选项，如下图所示。

Step02: 此时，会在文档中插入一个小窗口，即公式编辑器，在其中会按照默认的参数创建一个公式，如下图所示。

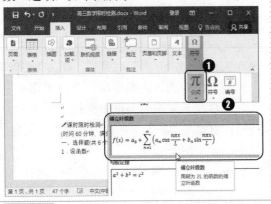

Step03: 在刚刚插入的公式中选择多余的内容，按〈Delete〉键将其删除。❶单击"公式工具-设计"选项卡"结构"组中的"分数"按钮；❷选择"分数（竖式）"选项，如下图所示。

Step04: 公式编辑器中会插入一个空白的分数模板。❶分别在分数模板的上下位置输入需要的数字，将文本插入点移动到分数模板右侧，输入"x-"；❷单击"结构"组中的"极限和对数"按钮；❸选择"自然对数"选项，如下图所示。

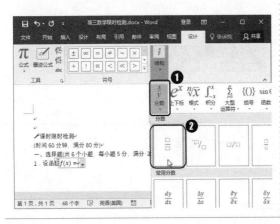

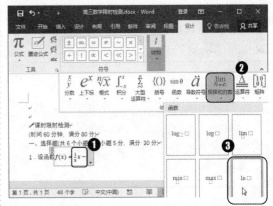

Step05: 公式编辑器中会插入一个空白的自然对数模板。❶在对数模板右侧输入"x"，将文本插入点移动到对数模板的右侧；❷单击"结构"组中的"括号"按钮；❸选择"小括号"选项，如下图所示。

Step06: 公式编辑器中会插入一个括号模板，在括号内输入"x>0"，如下图所示。

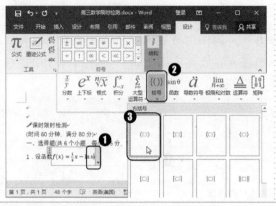

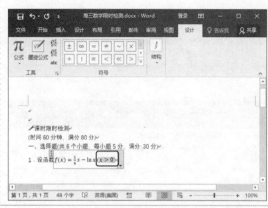

 专家点拨——编辑公式

如果需要编辑已经创建好的公式，只需在文档中双击该公式，就可以再次进入公式编辑器中进行修改了。

2. 自定义输入公式

Word 中提供的公式编辑器非常实用。如果内置公式中没有需要的公式样式，用户可以通过公式编辑器自行创建公式。由于公式往往都有各自独特的形式，所以其编辑过程比起普通的文档要复杂得多。使用公式编辑器输入公式，首先需要在"公式工具-设计"选项卡中选择所需公式符号，在插入对应的公式符号模板后，分别在相应的位置输入数字和文本即可。下面只简单介绍自定义输入公式的操作方法。

Step01: ❶单击"插入"选项卡"符号"组中的"公式"按钮；❷选择"插入新公式"命令，如下图所示。

Step02: 经过上一步的操作后，文档中会插入一个空白的公式编辑器。根据公式内容，使用前面介绍的方法依次输入各参数，完成后的效果如下图所示。

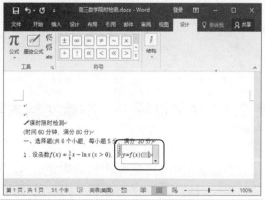

3. 手写输入公式

在 Word 2016 中，还新增了手写输入公式的功能——墨迹公式。该功能可以识别手写的数学公式，并将其转换成标准形式插入文档。这对于手持设备的用户来说非常人性化。尤其对于教育、科研工作者来说，这是个非常棒的功能。使用墨迹公式功能创建公式的具体操作方法如下。

Step01: ❶单击"插入"选项卡"符号"组中的"公式"按钮；❷选择"墨迹公式"选项，如下图所示。

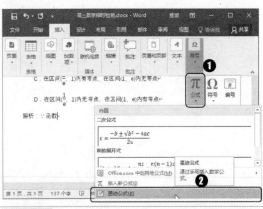

Step02: 弹出"数学输入控件"对话框，❶通过触摸屏或鼠标开始公式的手写输入；❷输入完成并确认无误后，单击右下角的"插入"按钮，如下图所示。

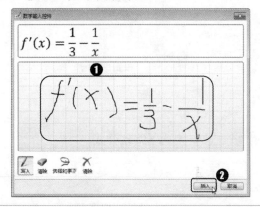

Step03: 经过前面的操作，即可将制作的公式插入到文档中，继续输入其他内容，效果如下图所示。

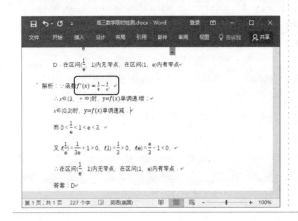

专家点拨——修改公式

如果在使用墨迹公式功能书写公式的过程中出现了识别错误，可以单击对话框下方的"选择和更正"按钮，然后单击公式中需要更正的字迹，此时 Word 将在弹出的下拉列表中提供与字迹接近的其他候选符号供选择修正。若没有提供合适的修正方案，可选择"关闭"命令后单击下方"写入"按钮右侧的"清除"按钮，对准要擦除的字迹单击、拖动，擦除相应的字迹，再单击"写入"按钮重新输入公式内容，最后单击"插入"按钮 即可。

▷▷ 2.3 课堂讲解——编辑文档内容

大多数的文档都不是一次性制作完成的，难免出现输入出错或需要添加内容的情况，此时需要运用一些编辑文档的方法来对内容进行修改、移动或删除。本节就来介绍编辑文档内容的方法。

2.3.1　选择文本

要想对文档内容进行编辑，首先需要选择编辑的对象——文本。利用鼠标或键盘即可进行文本选择。根据所选文本的多少和是否连续，可将选择方式分为以下 5 种。

1. 选择任意数量的文本

要选择任意数量的文本，只需在文本的开始位置按住鼠标左键不放并拖动，直到文本结束位置释放鼠标左键，即可选择文本开始位置与结束位置之间的文本，被选择的文本区域一般都呈蓝底显示，效果如下图所示。

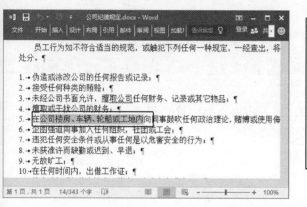

> 🔍 **专家点拨——选择任意数量连续文本的快捷方法**
>
> 将文本插入点定位到要选择文本的开始位置，按住〈Shift〉键的同时，单击文本结束位置即可快速选择内容较多的任意数量连续文本。

2. 选择一行或多行文本

要选择一行或多行文本，可将鼠标指针移动到文档左侧的空白区域，即选定栏，当鼠标指针变为 ⇗ 形状时，单击即可选择该行文本，效果如左下图所示。按住鼠标左键不放并向下拖动鼠标即可选择多行文本，效果如右下图所示。

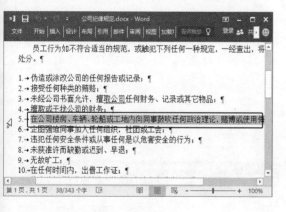
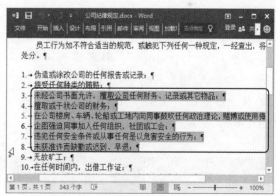

3. 选择不连续的文本

选择不连续的文本时，可以先选择一个文本区域，再按住〈Ctrl〉键不放，并拖动鼠标选择其他所需的文本即可，效果如左下图所示。如果需要选择矩形区域的文本，可以在按住〈Alt〉键的同时拖动鼠标，在文本区内选择从定位处到其他位置的任意大小的矩形选区，如右下图所示。

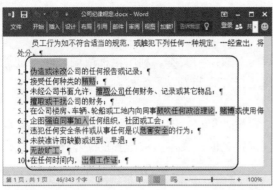
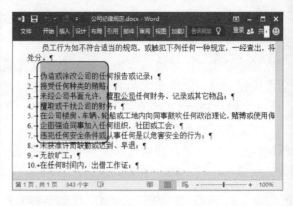

4. 选择一段文本

如果要选择一段文本，可以通过拖动鼠标进行选择；也可以将鼠标指针移动到选定栏，当其变为⯭形状时双击选择；还可以在段落中的任意位置连续单击鼠标左键 2 次进行选择。

5. 选择整篇文档

按〈Ctrl+A〉组合键可快速选择整篇文档；或者将鼠标指针移动到选定栏，当其变为⯭形状时，连续单击鼠标左键 3 次也可以选择整篇文档。

2.3.2 复制文本

在编辑文档的过程中，若需要将其他文档中的文本内容复制到当前编辑的文档中，或需要在文档中的多处输入重复的内容，可采用粘贴复制的方法进行输入，从而加快文本输入速度。例如，在文档中复制相关文本，具体操作方法如下。

同步文件

视频文件：视频文件\第 2 章\2-3-2.mp4

Step01： 打开素材文件"2016 年全国创意策划代表大会.docx"，❶选择需要复制的"《金牌策划》入榜中国十大策划专家"文本；❷单击"开始"选项卡"剪贴板"组中的"复制"按钮，如下图所示。

Step02： ❶将文本插入点定位在需要粘贴文本的位置；❷单击"开始"选项卡"剪贴板"组中的"粘贴"按钮，如下图所示。

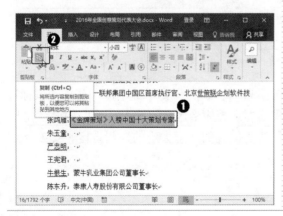
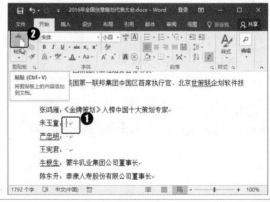

Step03: 经过前面的操作，即可将所复制的
内容粘贴到文本插入点的后面。使用相同的
方法，继续将复制的文本粘贴到其他位置，
效果如右图所示。

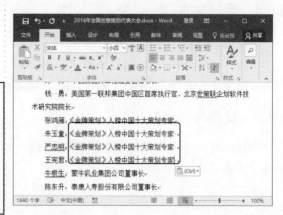

 新手注意

复制操作的组合键为〈Ctrl+C〉，粘贴
操作的组合键为〈Ctrl+V〉。在文档中，可
以作为编辑对象的有字、词、段落、表格和
图片等，它们的基本编辑方法都相同。

2.3.3　移动文本

移动文本是使文本内容的位置发生变化，既可以在同一个文档中进行，也可以在多个文档
间进行操作。当发现文本的位置不正确，需要将文本从文档的一个位置移到另一个位置时，可
使用移动文本功能进行操作。具体操作方法如下。

 同步文件

视频文件：视频文件\第 2 章\2-3-3.mp4

Step01: ❶选择要移动的文本；❷按住鼠标
左键不放将其拖动到下方要移动到的正确的
位置，如下图所示。

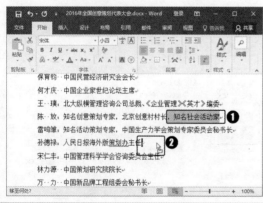

Step02: 释放鼠标左键后，即可完成所选文
本的移动操作，效果如下图所示。

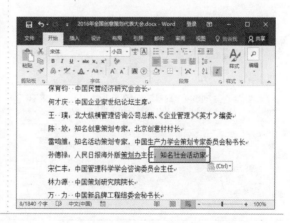

专家点拨——移动和复制文本的快捷方法

选择文本后，在按住〈Ctrl〉键的同时按住鼠标左键进行拖动，可以将选择的文本复制
到目标位置。该方法一般适用于在同一个文档中复制文本。选择要移动的文本后，单击"开
始"选项卡"剪贴板"组中的"剪切"按钮，或按〈Ctrl+X〉快捷键，可以将文本剪切到
粘贴板中，再通过粘贴操作，也可完成文本的移动。

2.3.4 删除文本

在编辑 Word 文档的过程中，若发现由于疏忽输入了错误或多余的文本，这时就可以将其删除。按〈Backspace〉键可以删除文本插入点之前的文本；按〈Delete〉键可以删除文本插入点之后的文本；选择要删除的文本后按〈Backspace〉键或〈Delete〉键，也可以完成删除操作。

2.3.5 查找与替换文本

查找与替换操作在编辑文档的过程中也经常使用，该功能大大简化了某些重复的编辑过程，提高了工作效率。

同步文件
视频文件：视频文件\第 2 章\2-3-5.mp4

1. 查找文本

使用查找功能可以在文档中查找任意字符，包括中文、英文、数字和标点符号等，查找指定的内容是否出现在文档中并定位到该内容在文档中的具体位置。例如，在文档中查找"金牌策划"文本，具体操作方法如下。

Step01: 单击"开始"选项卡"编辑"组中的"查找"按钮，如下图所示。

Step02: 打开"导航"任务窗格，❶在搜索文本框中输入要查找的文本"金牌策划"，Word 会自动以黄色底纹显示查找到的文本内容；❷在下方选择要定位的查找项，即可快速定位到该查找项所在的位置，如下图所示。

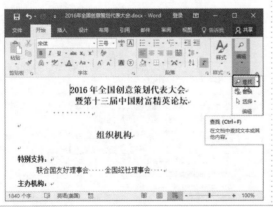
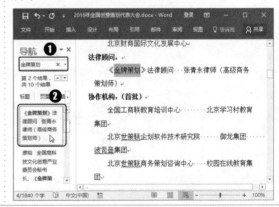

专家点拨——对文本进行详细查找的方法

单击"查找"下拉按钮，在弹出的下拉列表中选择"高级查找"选项，将弹出"查找和替换"对话框，在"查找"选项卡中单击"更多"按钮，可以设置详细的查找参数。

2. 替换文本

如果需要查找存在相同错误的地方，并将查找到的错误内容替换为正确的文本，可以使用替换功能有效地修改文档。该方法特别适用于在长文档中修改错误的文本。例如，将文档中的部分"知名"文本修改为"著名",具体操作方法如下。

Step01:　❶将文本插入点定位在文档开始处;❷单击"开始"选项卡"编辑"组中的"替换"按钮,如下图所示。

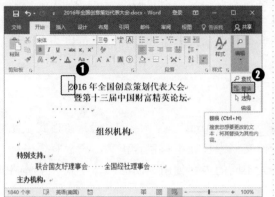

Step02:　打开"查找和替换"对话框,❶在"查找内容"文本框中输入需要替换的文本"知名";❷在"替换为"文本框中输入需要替换为的文本"著名";❸单击"查找下一处"按钮,如下图所示。

Step03:　经过前面的操作,即可跳转到查找到的第一处文本。单击"替换"按钮,替换当前查找到的内容为设置的替换内容,同时会跳转到第二处查找到的位置,如下图所示。

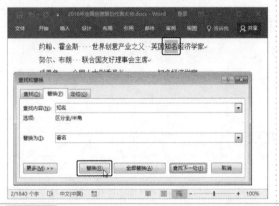

Step04:　使用相同的方法替换其他查找到的内容,若跳转到不需要替换的位置,可单击"查找下一处"按钮,忽略并继续查找下一处内容的位置,如下图所示。

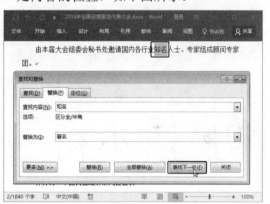

Step05:　当查找到文档的末尾处,将打开提示对话框提示已经搜索完毕,❶单击"确定"按钮;❷返回"查找和替换"对话框,单击"关闭"按钮,即可完成替换操作,如下图所示。

◈ 新手注意

　　如果需要将文档中的某个文本全部替换为另一个文本,可在"查找和替换"对话框中直接单击"全部替换"按钮,实现一次性替换操作。

　　编辑文本时,Word 会自动记录执行过的操作,在执行了错误的操作后,可以按〈Ctrl+Z〉组合键撤销最近一步操作,或连续按〈Ctrl+Z〉组合键依次撤销最近进行的多步操作。如果误撤销了某些操作,还可按〈Ctrl+Y〉组合键进行恢复。

▷▷ 2.4　课堂讲解——设置文本与段落格式

　　在文档中输入的文本和段落有一个固定的外观效果，这是因为它们采用了 Word 默认的字体和段落格式。为了帮助用户创建更美观和更具可读性的文档，Word 2016 提供了一系列专业的编辑工具，只要进行简单的操作即可对文本的字体和段落进行格式设置，还可以为段落添加项目符号和编号，使文本层次分明、主题突出。

2.4.1　设置文本格式

　　在 Word 2016 文档中输入的文本默认字体为等线体（Arial），字号为 11 磅。该格式是比较大众化的设置，一般作为正文格式来使用。但一份文档中往往不只包含正文，还会有很多标题或提示类文本，一篇编排合理的文档，往往需要为不同的内容使用不同的字体格式。字体格式主要包括字体的形状、大小、颜色等，下面分别进行讲解。

1. 设置字体和字号

　　字体是文字的外在形式特征之一，是文字的风格，也是文字的外观。平常所说的楷书、草书即是指不同的书写字体（也称书体）。在文档排版时，常用字体有微软雅黑、宋体、黑体、楷体和隶书等。如下图中的 5 组文字，从左到右分别应用了微软雅黑、宋体、黑体、楷体和隶书。

文档编排　　文档编排　　**文档编排**　　文档编排　　文档编排

　　字号是指字符的大小，在 Word 中可用数字和文字来表示，当用文字"一号""二号"……表示时，数值越大，文字显示得越小；当用数字 12、14……表示时，数值越大，文字显示得也越大。不同字号的大小可参考下图。

初号　小初　一号　小一　二号　小二　三号

小三　四号　小四　五号　小五　六号　小六　七号 八号　　5 6 7 8 9 10 11 12 13 14 15 16 17 18

　专家点拨——字体和字号的选择

　　在设置文本的字体时，应根据文档的使用场合、阅读群体和阅读体验进行设置。尤其是文字大小是阅读者体验中的一个重要部分，用户须在日常生活和工作中留意不同文档对文字格式的要求。单从阅读舒适度上来看，宋体是中文各字体中阅读起来最轻松的一种，尤其在编排长文档时使用宋体可以让读者的眼睛负担不那么重。这也是宋体被广泛应用于书籍、报刊等出版物的正文的缘故。

2. 设置字形

　　字形是指文字表现的形态，Word 中的字形主要分为正常显示、加粗显示和倾斜显示。通常可以用不同的字形表示文档中不同内容的不同含义或起到强调的作用。不同字形的表现效果如下图所示。

正常效果　　　**加粗效果**　　　*倾斜效果*　　　***加粗并倾斜***

除此之外，Word 2016 中还预设了一些文本效果。使用这些效果可以为文本应用图像效果（如阴影、凹凸、发光和映像），也可以为文本应用格式设置，以便与文档中的图像实现无缝混排，如下图所示。使用编号样式、连字和样式集功能还可以制作出一些特殊的效果。

阴影　　　　凹凸　　　　发光　　　　映像

3. 设置字体颜色

字体颜色也就是文字的颜色，为文字设置颜色是修饰和美化文字的重要方式。由于色彩可以体现心情，不同的色彩也具有不同的心理暗示功能。例如，红头文件中会使用醒目的、代表权威的、让人敬畏的红色作为文件头部的文字颜色。

字体颜色的设置在字符格式设置中起着重要的作用。在文字上应用不同的颜色时，需要十分谨慎，要从文字的意思、颜色的意义及使用颜色后文字的整体效果等各方面进行考虑，切忌滥用颜色。

4. 设置边框和底纹

在编辑文档内容时，对于暂时不能确定的内容或需要重点显示的内容，可以为其添加边框和底纹，以便日后可以很容易地找到这些内容。

为文字添加边框主要是通过设置"字符边框"功能来实现，效果如下左一图所示。此外，也可以在文字下方添加线条，即下画线。Word 中提供了多种类型的下画线，用户可根据实际情况来选用，如下面右侧 4 个小图所示为文字加上不同下画线的效果。

字符边框　常规下划线　双下划线　波浪线　点-短线下划线

为文字添加底纹主要是通过设置字符底纹功能来为所选文字添加深灰色的效果，如下左一图所示。当然，Word 中还提供了以不同亮色作为文字底色的功能，使用该功能可以突出显示底色上方的文字内容，如下面右侧 4 个小图所示。

常规字符底纹　黄色底纹　鲜绿底纹　青绿底纹

5. 设置字符间距

字符间距是指字符之间相互间隔的距离。字符间距影响了一行或者一个段落的文字的密度。在 Word 中可以通过缩放、间距和位置 3 种方式来改变字符间距。

- 缩放是在字符原来大小的基础上缩放字符尺寸（即设置文字水平方向上的缩放比例）。

  如下图中的 3 组文字，从左到右分别是正常情况下、缩放 50%、缩放 150% 的效果。

  设置字符间距　　设置字符间距　　设置字符间距

- 间距用于设置字符与字符之间的空隙距离，如下图中的 3 组文字，从左到右分别是正常情况下、加宽 2 磅、紧缩 2 磅的效果。

  设置字符间距　　设 置 字 符 间 距　　设置字符间距

- 位置用于调整文字向上或向下偏移（也就是相对于标准位置，提高或降低字符的位置）。如下图中的 3 组文字，从左到右分别是正常情况下、提升 5 磅、降低 5 磅的效果。

  设置字符间距　　设置字符间距　　设置字符间距

下面为"青年歌手比赛通知"文档中的文字设置字体格式，具体操作方法如下。

 同步文件
视频文件：视频文件\第 2 章\2-4-1.mp4

Step01： 打开素材文件"青年歌手比赛通知.docx"，❶选择要设置字体格式的所有正文文本；❷单击"开始"选项卡"字体"组中的"字体"下拉按钮；❸选择"宋体"选项，如下图所示。

Step02： ❶保持文本的选择状态，单击"字号"下拉按钮；❷选择"小四"选项，如下图所示。

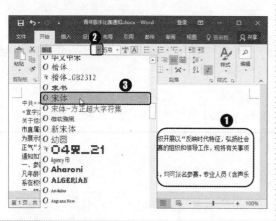

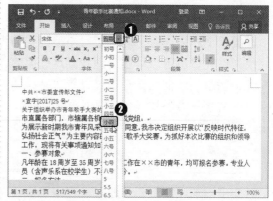

Step03： ❶选择多处标题文本；❷单击"加粗"按钮 **B**，如下图所示。

Step04： ❶选择第 1 行文本；❷单击"字体颜色"下拉按钮；❸选择需要的颜色，如下图所示。

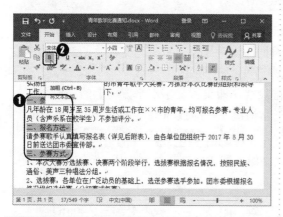

Step05： ❶选择第 3 行文本；❷单击"字体"组中的"文本效果和版式"下拉按钮；❸选择需要的文本效果样式，如下图所示。

Step06： ❶选择前 3 行文本；❷多次单击"字体"组中的"增大字号"按钮，逐步增加字体的大小，如下图所示。

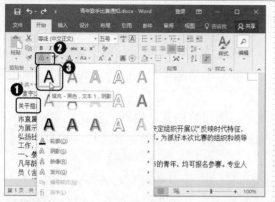

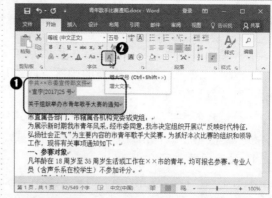

Step07: ❶分别选择各行文本,连续单击"增大字号"按钮,直到字号大小合适为止;❷选择第 1 行文本;❸单击"加粗"按钮,如下图所示。

Step08: ❶选择需要突出显示的文本;❷单击"以不同颜色突出显示文本"下拉按钮;❸选择需要的底色,如下图所示。

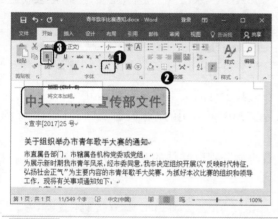

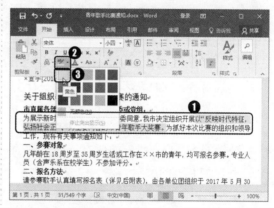

Step09: ❶选择其中的年龄文本"18";❷单击"字体"组中的"下画线"按钮;❸选择需要的下画线样式,如下图所示。

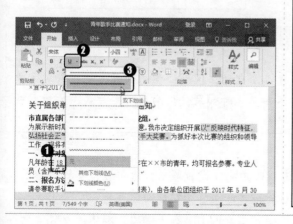

◈ 新手注意

文字排列组合的好坏,直接影响文档版面的视觉传达效果。因此,在制作一些比较专业的文档时,文本的格式设置需要注意整体的一致性。有的用户可能会认为将文档中的所有标题、正文和段落设置相同的格式即可,其实,这里所说的整体一致性还不完全是"一成不变"的意思。在实际排版过程中,也可以根据版面情况,在不易察觉的范围内,选择容易排版的方式进行微调。笔者认为,满足区域一致性比要求全体一致性来得重要。

2.4.2 设置段落格式

段落是指一个或多个包含连续主题的句子。在输入文字时按〈Enter〉键，Word 会自动插入一个段落标识，并开始一个新的段落。段落是一个独立的信息单位，由一定数量的字符和其后面的段落标识组成。

字符格式表现的是文档中局部文本的格式化效果，而段落格式的设置则将帮助设计文档的整体外观。段落格式包括设置段落的对齐方式、段落缩进、段间距、行间距、段落边框与底纹。

1. 设置段落对齐方式

采用不同的段落对齐方式，将直接影响文档的版面效果。常见的段落对齐方式有以下几种。

- 左对齐：是指把段落中每行文本一律以文档的左边界为基准向左对齐，如左下图所示。
- 居中对齐：是指文本位于文档左右边界的中间，如中下图所示。
- 右对齐：是指文本以文档右边界为基准向右对齐，如右下图所示。

段落就是以回车键（即"Enter"键）结束的一段文字，它是独立的信息单位。字符格式表现的是文档中局部文本的格式化效果，而段落格式的设置则将帮助设计文档的整体外观。段落格式包括设置段落的对齐方式、段落缩进、段与段之间的间距、行间距、段落边框与底纹，以及段落编号与项目符号等格式。	段落就是以回车键（即"Enter"键）结束的一段文字，它是独立的信息单位。字符格式表现的是文档中局部文本的格式化效果，而段落格式的设置则将帮助设计文档的整体外观。段落格式包括设置段落的对齐方式、段落缩进、段与段之间的间距、行间距、段落边框与底纹，以及段落编号与项目符号等格式。	段落就是以回车键（即"Enter"键）结束的一段文字，它是独立的信息单位。字符格式表现的是文档中局部文本的格式化效果，而段落格式的设置则将帮助设计文档的整体外观。段落格式包括设置段落的对齐方式、段落缩进、段与段之间的间距、行间距、段落边框与底纹，以及段落编号与项目符号等格式。

- 两端对齐：是把段落中除了最后一行文本外的其余行的文本的左右两端分别以文档的左右边界为基准向两端对齐。这种对齐方式是文档中最常用的，平时看到的书籍的正文都是采用这种对齐方式，如左下图所示。
- 分散对齐：是把段落的所有行的文本的左右两端分别以文档的左右边界为基准向两端对齐，如右下图所示。

段落就是以回车键（即"Enter"键）结束的一段文字，它是独立的信息单位。字符格式表现的是文档中局部文本的格式化效果，而段落格式的设置则将帮助设计文档的整体外观。段落格式包括设置段落的对齐方式、段落缩进、段与段之间的间距、行间距、段落边框与底纹，以及段落编号与项目符号等格式。	段落就是以回车键（即"Enter"键）结束的一段文字，它是独立的信息单位。字符格式表现的是文档中局部文本的格式化效果，而段落格式的设置则将帮助设计文档的整体外观。段落格式包括设置段落的对齐方式、段落缩进、段与段之间的间距、行间距、段落边框与底纹，以及段落编号与项目符号等格式。

 新手注意

对于中文文本，左对齐方式与两端对齐方式没有什么区别。但是如果文档中有英文单词，左对齐将会使得英文文本的右边缘参差不齐，此时如果使用两端对齐方式，右边界就可以对齐了。

2. 设置段落缩进

段落缩进是指段落相对左右边界向页内缩进一段距离。设置段落缩进可以使文档内容的层次更清晰，更方便阅读。缩进分为左缩进、右缩进、首行缩进和悬挂缩进 4 种。

- 左（右）缩进：整个段落中所有行的左（右）边界向右（左）缩进，效果分别如下图所示。左缩进和右缩进合用可产生嵌套段落，通常用于引用的文字。

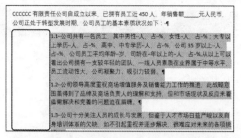
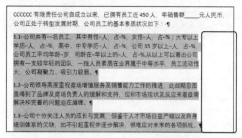

● 首行缩进：首行缩进是中文文档中最常用的段落格式，即从一个段落首行第一个字符开始向右缩进，使之区别于前面的段落。一般会设置为首行缩进两个字符，这样以后按〈Enter〉键分段后，下一个段落会自动应用相同的段落缩进格式，如左下图所示。

● 悬挂缩进：是指段落中除首行以外的其他行相对于页面左边距向右缩进。悬挂缩进常用于一些较为特殊的场合，如报刊和杂志等，如右下图所示。

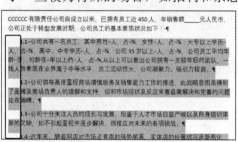
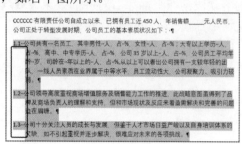

3. 设置段落间距

段落间距是指相邻两个段落之间的距离，包括段前距、段后距及行间距（段落内每行文字间的距离）。相同的字体格式在不同的字距和行距下的阅读体验也不相同，只有让字体格式和所有间距设置成协调的比例，才能有最佳的阅读体验。用户在制作文档时，不妨多尝试几种搭配效果，最后选择最满意的效果进行编排。下图所示为同一个文档内容在设置成不同段落间距情况下的阅读效果。

4. 设置段落的边框和底纹

使用 Word 进行特殊排版的时候，会为文档加上一些底纹和边框，使文档看起来更美观，同时还能增加文档的生动性。为段落设置边框和底纹只是一种辅助效果，在设置时要注意不要让颜色和线条样式喧宾夺主，否则就适得其反了。

下面为"青年歌手比赛通知"文档中的段落设置合适的段落格式，具体操作方法如下。

 同步文件

视频文件：视频文件\第 2 章\2-4-2.mp4

Step01： ❶选择要设置对齐方式的标题段落；❷单击"开始"选项卡"段落"组中的"居中"按钮，如下图所示。

Step02： 经过上一步的操作，即可看到文档中的标题段落在页面居中对齐的效果。❶选择要设置对齐方式的落款段落；❷单击"段落"组中的"右对齐"按钮，如下图所示。

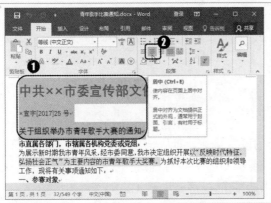

Step03： 经过上一步的操作，即可看到文档中的落款段落在页面靠右对齐的效果。❶选择文档中的所有正文段落；❷单击"段落"组中的对话框启动按钮，如下图所示。

Step04： 打开"段落"对话框，❶在"缩进"选项组的"特殊格式"下拉列表框中选择"首行缩进"，并在其后的"缩进值"数值框中输入"2 字符"；❷在"间距"选项组的"段前"数值框中输入"0.5 行"；❸在"行距"下拉列表框中选择"多倍行距"选项，并在其后的"设置值"数值框中输入间距倍数；❹单击"确定"按钮，如下图所示。

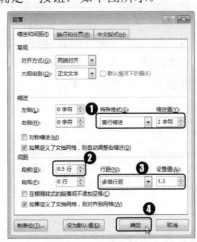

新手注意

段落格式是以"段"为单位的。因此，要设置某一个段落的格式时，可以将文本插入点定位在该段落中的任意位置，再进行相关操作即可。要同时设置多个段落的格式时，就需要先选中这些段落，再进行格式设置。

Step05： 经过上一步的操作，即可看到文档中所选段落的首行都缩进了 2 个字符，同时增加了段前间距和段落间距的效果。❶选择称呼段落；❷单击"段落"组中的"行和段落间距"按钮；❸选择"3.0"选项，如

Step06： 经过上一步的操作，即可看到调整该段落间距的效果。❶保持段落的选择状态，再次单击"行和段落间距"按钮；❷选择"增加段落前的空格"选项，如下图所示。

下图所示。

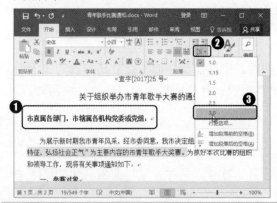

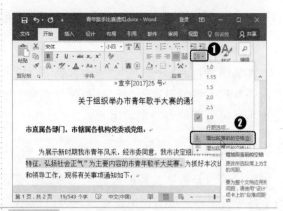

Step07: ❶选择要设置底纹颜色的段落；❷单击"段落"组中的"底纹"按钮；❸选择需要填充的底纹颜色，如下图所示。

Step08: 保持段落的选择状态，❶单击"段落"组中的"边框"下拉按钮；❷选择"边框和底纹"选项，如下图所示。

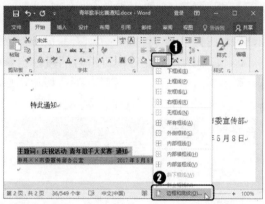

Step09: 打开"边框和底纹"对话框，❶在"边框"选项卡的"样式"列表框中选择需要的边框样式；❷在"预览"选项组中预览效果的底部单击，为该侧添加边框效果；❸单击"确定"按钮，如下图所示。

Step10: 返回文档中，即可看到添加的段落边框效果，如下图所示。

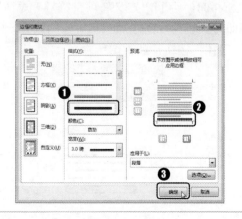

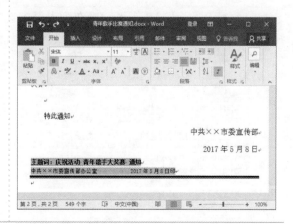

▷▷ 2.5　课堂讲解——使用项目符号与编号

在编辑文档时，为了使文档内容具有"要点明确、层次清楚"的特点，还可以为处于相同层次或并列关系的段落添加编号和项目符号。在对篇幅较长且结构复杂的文档进行编辑处理时，设置项目符号和编号特别实用。

2.5.1　插入项目符号

项目符号是放在文档的段落前用来表示强调效果的符号，即在各项目前所标注的📖、●、★、■等符号。如果文档中存在一组并列关系的段落，可以在每个段落前添加项目符号。例如，在"心理健康小知识"文档中为相应文本手动设置编号，具体操作方法如下。

同步文件

视频文件：视频文件\第 2 章\2-5-1.mp4

Step01： 打开素材文件"心理健康小知识.docx"，❶选择要设置项目符号的段落；❷单击"段落"组中的"项目符号"下拉按钮；❸选择"定义新项目符号"选项，如下图所示。

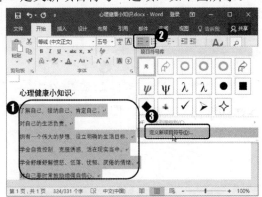

Step03： 打开"符号"对话框，❶在列表框中选择一个符号作为项目符号；❷单击"确定"按钮，如下图所示。

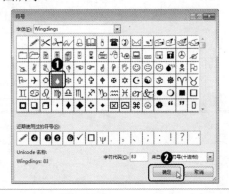

Step02： 打开"定义新项目符号"对话框，单击"符号"按钮，如下图所示。

Step04： 返回"定义新项目符号"对话框，即可预览为段落添加项目符号的效果，单击"字体"按钮，如下图所示。

Step05: 打开"字体"对话框，❶在"字号"列表框中设置项目符号的大小；❷在"字体颜色"下拉列表框中设置项目符号的颜色；❸单击"确定"按钮，如下图所示。

Step06: 返回"定义新项目符号"对话框中，单击"确定"按钮，如下图所示。

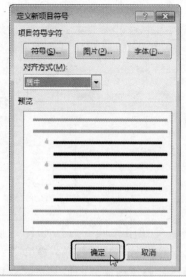

Step07: 返回文档中，即可看到为所选段落添加项目符号的效果，如右图所示。

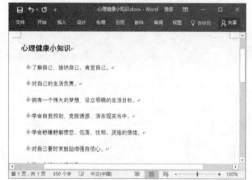

 专家点拨——将图片作为项目符号的方法

在"定义新项目符号"对话框中单击"图片"按钮，可在弹出的"图片项目符号"对话框中选择图片作为项目符号。

2.5.2　插入编号

设置编号是指在段落开始处添加阿拉伯数字、罗马序列字符、大写中文数字、英文字母等样式的连续字符。如果一组同类型段落有先后关系，或者需要对并列关系的段落进行数量统计，则可以使用编号功能。

Word 2016 具有自动添加编号的功能，避免了手动输入编号的烦琐，还便于后期修改与编辑。例如，在以"第一，""1.""A."等文本开始的段落末尾按〈Enter〉键，在下一段文本开始时将自动添加"第二，""2.""B."等文本。

设置段落自动编号一般在输入段落内容的过程中进行添加。如果在段落内容完成后需要统一添加编号，可以进行手动设置。例如，为"计算机教室规章制度"文档中的相应段落手动设置编号，具体操作方法如下。

 同步文件

视频文件：视频文件\第 2 章\2-5-2.mp4

Step01: 打开素材文件"计算机教室规章制度.docx"，❶选择要设置编号的所有正文段落；❷单击"段落"组中的"编号"下拉按钮；❸选择需要的编号样式，即可为所选段落设置编号效果，如下图所示。

Step02: ❶选择要设置为其他编号样式的部分段落；❷单击"编号"下拉按钮；❸选择需要的编号样式，即可为所选段落设置编号效果，如下图所示。

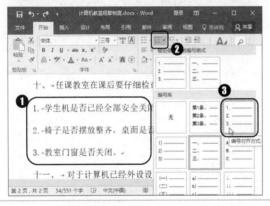

Step03: ❶使用相同的方法选择其他需要设置为单独编号样式的段落；❷单击"编号"下拉按钮；❸选择需要的编号样式，即可为所选段落设置编号效果，如下图所示。

🔍 新手注意

使用自动编号功能为段落设置编号时，在"编号"下拉列表中提供的编号样式比较少。如果需要设置的编号样式在编号库中没有提供而需要自行定义编号样式，可选择"定义新编号格式"选项，在弹出的对话框中进行设置。

如果为不连续的几个段落设置了同一个编号样式，这些编号会不间断进行编号。如果需要让某个段落重新从1开始进行编号，可以在该段落的编号上单击鼠标右键，在弹出的快捷菜单中选择"重新开始于1"命令。

🔍 专家点拨——编辑自动编号

自动添加编号时会在文本旁边出现一个智能图标🔲，单击该图标，在弹出的下拉列表中选择相应的选项可以撤销自动编号或停止自动创建编号列表等。

▷▷ 高手秘籍——实用操作技巧

通过对前面知识的学习，相信读者朋友已经掌握了 Word 2016 文档的基本操作了。下面结合本章内容介绍一些实用的操作技巧。

同步文件

视频文件：视频文件\第 2 章\高手秘籍.mp4

技巧 01　快速输入上、下标内容

在编辑一些专业的数学或化学文档时，可能需要输入大量类似于"X^2""H_2O"的文本内容，即需要对文本应用上标和下标格式。此时，可通过设置字体格式来完成。例如，为"试题"文档中的相应字符设置上标与下标格式，具体操作方法如下。

Step01: 打开素材文件"试题.docx"，❶选择要应用上标的文本"x"；❷单击"开始"选项卡"字体"组中的"上标"按钮，如下图所示。

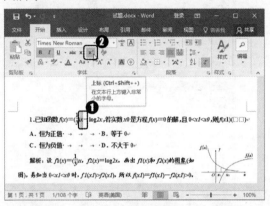

Step02: 经过上一步的操作后，即可将所选文本设置为上标。❶选择要应用下标的文本"2"；❷单击"开始"选项卡"字体"组中的"下标"按钮，如下图所示。

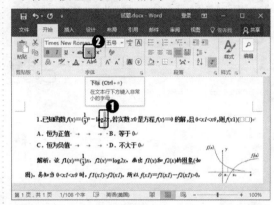

Step03: 经过上一步的操作后，即可将所选文本设置为下标。使用相同的方法为文档中其他需要设置为上标或下标的文本进行设置，效果如下图所示。

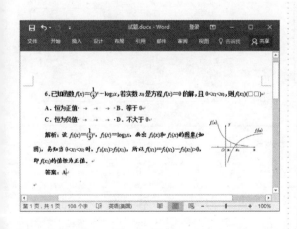

新手注意：

在"字体"对话框的"效果"选项组中勾选"上标"或"下标"复选框，也可快速设置上标与下标。另外，按〈Ctrl+Shift+ +（主键盘上的+）〉组合键可以在上标与普通文本格式间切换，按〈Ctrl+ +（主键盘上的+）〉组合键可以在下标与普通文本格式间切换。

如果已经为某些文本设置了格式，又要为其他文本使用相同的格式，可使用格式刷快速复制格式。方法是先选择需要复制格式的文本，然后单击"剪贴板"组中的"格式刷"按钮。当鼠标指针变为扫帚形状时，拖动选择要应用该格式的文本即可。

技巧 02 **快速输入日期和时间**

在制作合同、信函、报告、通知之类的文档时，通常需要在文档末尾处输入当前的日期与时间。而手动输入如"二〇一六"中的"〇"字符时很不方便，通常输入的是"O"或"0"，不仅看起来别扭，还与国家标准不符。此时，可以使用 Word 2016 中提供的"日期和时间"命令来快速插入日期与时间，并且还能选择日期格式。例如，在"通知书"文档的末尾处插入当前日期，具体操作方法如下。

Step01: 打开"素材文件通知书.docx"，❶将文本插入点定位在需要插入日期数据的文档末尾处；❷单击"插入"选项卡"文本"组中的"日期和时间"按钮，如下图所示。

Step02: 打开"日期和时间"对话框，❶在"语言（国家/地区）"下拉列表框中选择"中文（中国）"选项；❷在"可用格式"列表框中选择所需的日期或时间格式；❸单击"确定"按钮，如下图所示。

Step03: 经过前面的操作，即可在文档中查看到插入日期和时间的效果，如右图所示。

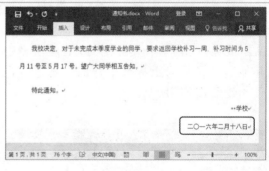

> 🔍 **新手注意**
>
> 如果勾选"日期与时间"对话框中的"自动更新"复选框，那么在每次打开该文档时，插入的日期或时间都会按当前的时间进行显示。

技巧 03 **查找和替换文档中的文字格式**

Word 中的查找和替换命令除了可以查找和替换文本内容外，还可以查找和替换文字格式。例如，将文档中所有引号内的内容使用突出显示格式，具体操作方法如下。

Step01: 打开素材文件"关于表彰先进的决定.docx"，单击"开始"选项卡"编辑"组中的"替换"按钮，如下图所示。

Step02: 打开"查找和替换"对话框，❶单击"更多"按钮展开全部设置；❷勾选"使用通配符"复选框；❸在"查找内容"文本框中输入""*""，如下图所示。

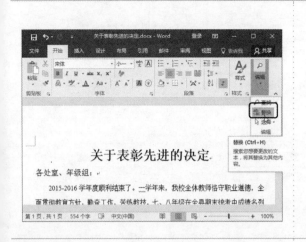

Step03： ❶将文本插入点定位于"替换为"文本框中；❷单击"格式"按钮；❸在弹出的下拉列表中选择"突出显示"选项；❹单击"全部替换"按钮，如下图所示。

Step04： 弹出提示对话框，单击"确定"按钮。经过前面的操作，文章中所有带引号的文字内容均应用了"突出显示"格式，如下图所示。

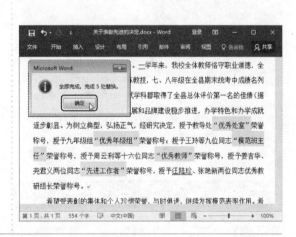

≫ 上机实战——制作培训须知文档

≫ 上机介绍

　　Word 2016 提供了很多实用的 Word 文档模板，如简历、报表设计、课程提纲、书法字帖等。另外，用户还可以在模板搜索框中输入关键字搜索更多的在线模板，来满足自己对模板的需求，快速创建专业的 Word 2016 文档，提高工作效率。最终效果如下图所示。

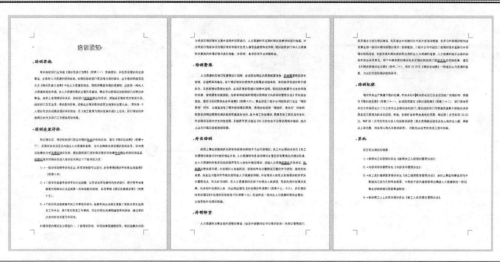

同步文件

结果文件：结果文件\第 2 章\培训须知.docx
视频文件：视频文件\第 2 章\上机实战.mp4

步骤详解

本实例的具体操作步骤如下。

Step01： ❶新建一个空白文档，并保存为"培训须知.docx"；❷单击"视图"选项卡"视图"组中的"大纲视图"按钮，进入大纲视图状态，如下图所示。

Step02： ❶在文本插入点后输入一级标题；❷按〈Enter〉键换行，新建一个一级标题段落；❸在"大纲"选项卡"大纲工具"组中的下拉列表框中选择"2 级"选项，设置该段落为二级样式，如下图所示。

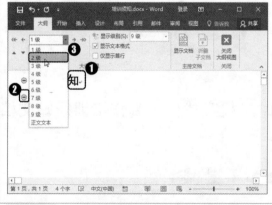

Step03： ❶在文本插入点后输入二级标题；❷按〈Enter〉键换行，新建其他二级标题段落，并输入相应的标题内容；❸单击"大纲"选项卡"关闭"组中的"关闭大纲视图"按钮，如下图所示。

Step04： ❶在各级标题下输入相应的内容；❷选择文档标题文本；❸单击"开始"选项卡中"字体"组中的"文本效果和版式"下拉按钮；❹选择需要的效果，如下图所示。

第 2 章　使用 Word 2016 进行文档编排

Step05: ❶在"字体"组中设置合适的字体和字号；❷单击"段落"组中的"居中"按钮，如下图所示。

Step06: ❶选择所有正文文本；❷单击"开始"选项卡"段落"组中的对话框启动按钮，如下图所示。

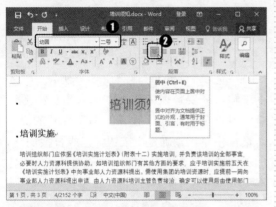

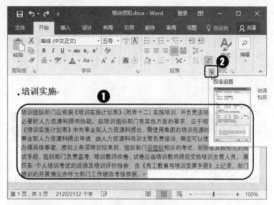

Step07: 打开"段落"对话框，❶在"缩进"选项组的"特殊格式"下拉列表框中选择"首行缩进"选项，并在其后的数值框中设置"2字符"；❷在"间距"选项组中设置段前和段后的间距值均为"0.5 行"；❸在"行距"下拉列表框中选择"1.5 倍行距"选项；❹单击"确定"按钮，如下图所示。

Step08: ❶选择各二级标题文本；❷在"字体"组中设置合适的字体和字号；❸单击"字体颜色"下拉按钮；❹选择需要设置的字体颜色，如下图所示。

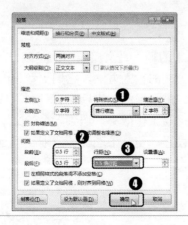

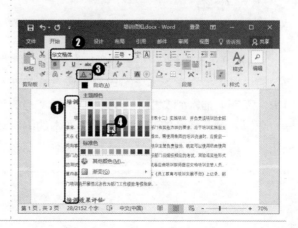

Step09: ❶选择要设置编号的段落；❷单击"段落"组中的"编号"下拉按钮；❸选择需要的编号样式，即可为所选段落设置编号效果，如下图所示。

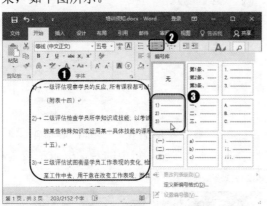

Step10: 使用相同的方法为文档中的其他段落设置编号样式，完成后的效果如下图所示。

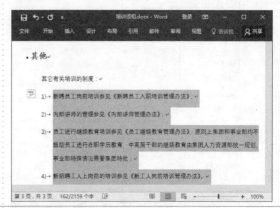

Step11: ❶选择整个文档的文本；❷单击"开始"选项卡"编辑"组中的"替换"下拉按钮，如下图所示。

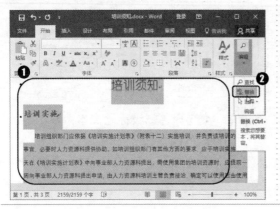

Step12: 打开"查找和替换"对话框，❶在"查找内容"文本框中输入需要替换的文本"事业部人力资源科"；❷在"替换为"文本框中输入需要替换为的文本"人力资源部"；❸单击"全部替换"按钮；❹在打开的提示对话框中单击"确定"按钮，完成替换操作，如下图所示。

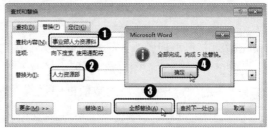

▷▷ 本章小结

   Word 的基本功能就是在文档中输入和编辑文本。文本的输入是文档操作的基础，当然方法也很简单，大家在学习本章节时主要应掌握特殊符号和公式的输入方法，它们更像是一些特殊对象，需要时插入到文档中即可；在编辑文档的过程中，最常用的编辑操作有复制、移动和删除。使用复制、移动的方法可以加快文本的编辑速度，提高工作效率，遇到多余的文本可以直接删除；内容编辑完成后，往往还需要对文档格式进行设置，使其条理更加清晰、重点更加突出。对文本和段落的基本设置也是大家必须要掌握的操作。

第 3 章　在 Word 2016 中制作办公表格

本章导读

　　表格是将信息进行归纳和整理，通过条理化的方式呈现给阅读者。与大篇的文字相比，这种方式更易被人理解。本章将讲解如何在文档中创建并美化表格，以及对表格中的数据进行运算及排序。

知识要点

- ➢ 创建表格
- ➢ 编辑表格
- ➢ 美化表格样式
- ➢ 对表格中的数据进行计算
- ➢ 对表格中的数据进行排序

● 效果展示

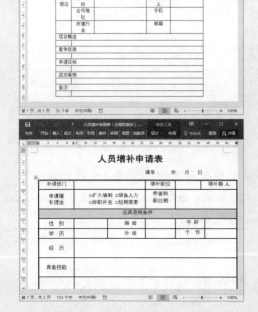

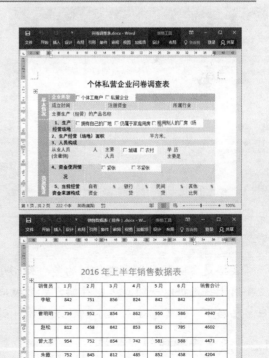

▷▷ 3.1　课堂讲解——创建表格

Word 2016 为用户提供了较为强大的表格处理功能，可以方便地在文档中创建表格。创建表格的方法通常有 3 种，分别是：使用虚拟表格快速插入 10 列 8 行以内的表格；使用"插入表格"对话框插入指定行列数的表格；手动绘制表格。每种方法都有各自的优点，用户可以根据需要使用适当的方法。

3.1.1　拖动行列数创建表格

如果要创建的表格的行与列很规则而且在 10 列 8 行以内，就可以通过在虚拟表格中拖动的方法来选择创建。例如，要插入一个 6 列 4 行的表格，具体操作方法如下。

同步文件
视频文件：视频文件\第 3 章\3-1-1.mp4

Step01： ❶将文本插入点定位到文档中要插入表格的位置，单击"插入"选项卡；❷单击"表格"组中的"表格"按钮；❸在虚拟表格中拖动选择所需的行数和列数，如下图所示。

Step02： 释放鼠标左键后即可在文档中插入与在虚拟表格中拖动的行列数相同的表格，效果如下图所示。

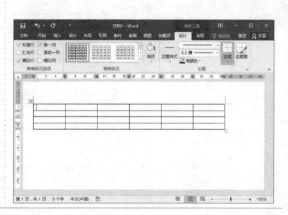

新手注意

表格是由以行和列方式排列的多个矩形小方框组合而成的，这些小方框称为单元格，主要用于将数据以一组或多组存储方式直观地表现出来，方便用户对数据进行比较与管理。在单元格中不但可以输入文本、数字，还可以插入图片。

3.1.2　指定行列数创建表格

通过拖动行列数的方法创建表格虽然很方便，但创建表格的列数和行数都有限制。当需要插入更多行数或列数的表格时，就需要通过"插入表格"对话框来完成了。例如，要创建一个

12 行 6 列的表格，具体操作方法如下。

同步文件
　视频文件：视频文件\第 3 章\3-1-2.mp4

Step01: ❶将文本插入点定位到文档中要插入表格的位置，单击"插入"选项卡；❷单击"表格"组中的"表格"按钮；❸选择"插入表格"选项，如下图所示。

Step02: 打开"插入表格"对话框，❶在"列数"数值框中输入列数"6"；❷在"行数"数值框中输入行"12"；❸单击"确定"按钮，如下图所示。

Step03: 此时，Word 文档中会自动插入对应行列数的表格，如下图所示。

 新手注意

在"插入表格"对话框中选择"固定列宽"单选按钮，可让每个单元格保持当前尺寸；选择"根据内容调整表格"单选按钮，表格中的每个单元格将根据内容多少自动调整高度和宽度；选择"根据窗口调整表格"单选按钮，将根据页面大小而自动调整表格大小。

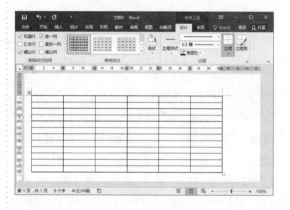

3.1.3　手动绘制表格

手动绘制表格是指用画笔工具绘制表格的边线，可以很方便地绘制出不规则表格，也可绘制一些带有斜线的表格，具体操作方法如下。

同步文件
　视频文件：视频文件\第 3 章\3-1-3.mp4

Step01: ❶将文本插入点定位到文档中要插入表格的位置，单击"插入"选项卡；❷单击"表格"组中的"表格"按钮；❸选择"绘制表格"选项，如下图所示。

Step02: 此时，鼠标指针会变成 ⁄ 形状，按住鼠标左键不放并拖动，将绘制出一个虚线框，该虚线框是表格的外边框，如下图所示。直到绘制出需要大小的外边框时释放鼠标左键。

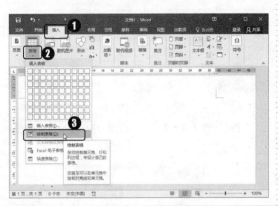

Step03: 在绘制好的表格外边框中横向拖动将绘制出表格的行线，如下图所示。

Step04: 在表格外边框中竖向拖动将绘制出表格的列线，如下图所示。

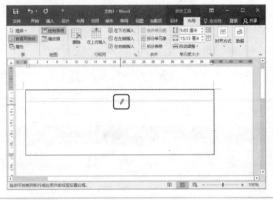

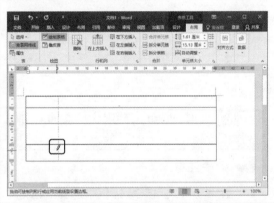

Step05: ❶将鼠标指针移动到第一个单元格中，向右下侧拖动绘制出该单元格内的斜线；❷将表格中的所有线条绘制完成后，在"表格工具-布局"选项卡的"绘图"组中单击"绘制表格"按钮，取消该按钮的选中状态，即可退出绘制表格状态，也可以按〈Esc〉键退出，如右图所示。

3.1.4 插入 Excel 表格

在 Word 中除了使用上述 3 种方法制作表格外，还可以利用 Office 组件的共性操作，插入 Excel 表格。在 Word 中插入 Excel 表格后，如果要对数据进行操作，可以双击该表格进入编辑状态。

同步文件

视频文件：视频文件\第 3 章\3-1-4.mp4

Step01: 打开素材文件"调查日报告.docx"，❶单击"表格"组中的"表格"按钮；❷选择"Excel 电子表格"选项，如下图所示。

Step02: 经过上一步的操作后，会在文档中的文本插入点处插入一张空白的 Excel 工作表并进入编辑状态。用户可以像在 Excel 中一样编辑数据。编辑完后，将光标移至 Word 任意处单击即可，如下图所示。

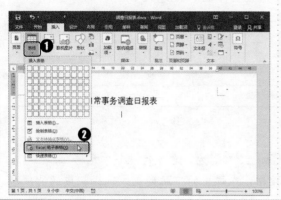 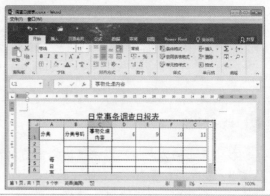

▷▷ 3.2 课堂讲解——编辑表格

创建表格框架后，就可以在其中输入表格内容了。在为表格添加文本内容时，很可能会由于文本内容的编排需要而要对表格进行重新组合和拆分，也就是对表格进行编辑操作。经常使用的编辑操作包括添加/删除表格对象、拆分/合并单元格、调整行高与列宽等。

3.2.1 选择操作区域

通常，表格并不是一次性制作完成的，在输入表格内容后一般还需要对表格进行编辑，而编辑表格就需要先选择编辑的对象。在选择表格中不同的对象时，其选择方法也不相同，一般有如下几种情况。

● 选择单个单元格：将鼠标指针移动到表格中单元格的左边框线上，待指针变为指向右方的黑色箭头 ➘ 时单击即可选择该单元格，效果如左下图所示。

● 选择连续的单元格：将文本插入点定位到要选择的连续单元格区域的第一个单元格中，按住鼠标左键不放并拖动至要选择连续单元格的最后一个单元格，或将文本插入点定位到要选择的连续单元格区域的第一个单元格中，按住〈Shift〉键的同时单击连续单元格的最后一个单元格，都可选择多个连续的单元格，效果如中下图所示。

● 选择不连续的单元格：按住〈Ctrl〉键的同时，依次选择需要的单元格即可选择不连续的单元格，效果如右下图所示。

时间	地点	人物	事件

时间	地点	人物	事件

时间	地点	人物	事件

● 选择行：将鼠标指针移动到表格左边框线的附近，待指针变为 ◁ 形状时单击即可选中该

行，效果如左下图所示。
- 选择列：将鼠标指针移动到表格的上边框线上，待指针变为 ↓ 形状时单击即可选中该列，效果如中下图所示。
- 选择整个表格：将鼠标指针移动到表格内，当表格的左上角出现 ⊞ 图标，右下角出现 □ 图标时，单击这两个图标中的任意一个即可快速选择整个表格，效果如右下图所示。

新手注意

按键盘上的方向键可以快速选择当前单元格上、下、左、右方的一个单元格。单击"表格工具-布局"选项卡"表"组中的"选择"按钮，在弹出的下拉列表中选择相应的选项也可完成对行、列、单元格及表格的选择。

3.2.2 输入表格内容

输入表格内容的方法与直接在文档中输入文本的方法相似，只需将文本插入点定位在不同的单元格内，再进行输入即可。例如，在"资金申请表"文档的表格中输入内容，具体操作方法如下。

同步文件

视频文件：视频文件\第 3 章\3-2-2.mp4

Step01： 打开素材文件"资金申请表.docx"，在表格中的第一个单元格中单击，将文本插入点定位在该单元格中，输入文本，如下图所示。

Step02： 将文本插入点定位在第 2 个单元格中，输入文本。使用相同的方法依次在表格的其他单元格中输入内容，完成后的效果如下图所示。

3.2.3 添加和删除表格对象

很多时候，在制作办公表格时并不能将表格的行、列及单元格数量一次性创建到位，用户可能还需要根据实际情况对表格进行调整。例如添加行、列及单独一个单元格，或者删除行、列及某个单元格。

同步文件

视频文件：视频文件\第 3 章\3-2-3.mp4

1. 插入表格对象

在编辑表格的过程中，有时可能因为表格制作前期考虑不周，或因为各种原因漏输了数据，需要重新调整表格的行数和列数。此时，可根据情况使用插入行和列的方法使表格内容满足需求。例如，对"资金申请表（添加和删除对象）"文档的表格进行行列调整，具体操作方法如下。

Step01: 打开素材文件"资金申请表（添加和删除对象）.docx"，❶将光标定位至最后一行；❷单击"表格工具-布局"选项卡；❸单击"行和列"组中的"在下方插入"按钮，如下图所示。

Step02: ❶将光标定位至"公司负责人"右侧的单元格中；❷单击"行和列"组中的"在右侧插入"按钮，如下图所示。

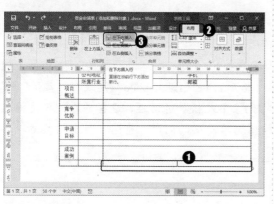

Step03: 经过上一步的操作，即可在最右侧插入一个空白列，如下图所示。

专家点拨——插入行/列的其他方法

插入行：将鼠标光标移动到要添加行的上边框线上，并单击显示出来的⊕按钮，即可在所选边框线的下方插入一行空白行。

插入列：将鼠标光标移动到要插入列的左侧边框线上，并单击显示出来的⊕按钮，即可在所选边框线的右侧插入一列空白列。

2. 删除表格对象

在编辑表格时，若需要在删除单元格数据的同时删除相应的单元格，用户可使用删除表格对象的功能来删除。例如，将"资金申请表（添加和删除对象）"文档中表格的最后一列删除，具体操作方法如下。

Step01: ❶选中需要删除的最后一列；❷单击"表格工具-布局"选项卡；❸在"行和列"组中单击"删除"下拉按钮；❹选择"删除列"选项，如下图所示。

Step02: 此时，即可将最后一列删除，效果如下图所示。

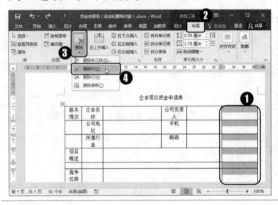
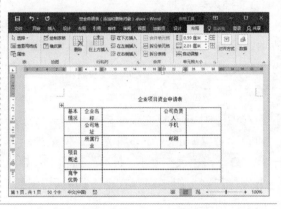

新手注意

在编辑表格内容时，按〈Delete〉键将只删除表格中的文本内容；而按〈Backspace〉键将删除包括表格框线在内的所有内容。选择单元格后，按〈Backspace〉键或在"删除"下拉列表中选择"删除单元格"选项，都将弹出"删除单元格"对话框，选择"右侧单元格左移"或"下方单元格上移"单选按钮，将在删除所选单元格的同时，将同一行中的其他单元格左移或同一列中的其他单元格上移。

3.2.4 拆分、合并单元格

在表现某些数据时，为了让表格更符合需求或效果更美观，需要对单元格进行合并或拆分。例如，将"资金申请表（拆分和合并单元格）"文档中表格的多个单元格合并，使表格排列更加符合需要，具体操作方法如下。

同步文件

视频文件：视频文件\第 3 章\3-2-4.mp4

Step01: 打开素材文件"资金申请表（拆分和合并单元格）.docx"，❶选择需要合并的单元格；❷单击"表格工具-布局"选项卡；❸单击"合并"组中的"合并单元格"按钮，如下图所示。

Step02: ❶选择"项目概述"及其下的所有单元格；❷单击"开始"选项卡；❸单击"段落"组中的"左对齐"按钮，如下图所示。

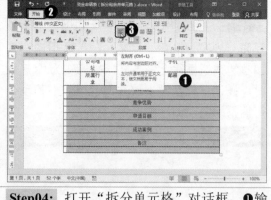

Step03: ❶将光标定位至"项目概述"的下一行；❷单击"表格工具-布局"选项卡；❸单击"合并"组中的"拆分单元格"按钮，如下图所示。

Step04: 打开"拆分单元格"对话框，❶输入拆分的行、列数；❷单击"确定"按钮，如下图所示。

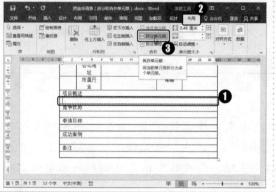

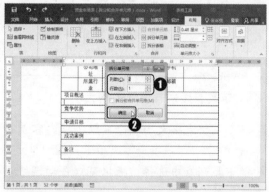

Step05: 重复操作第 3 步和第 4 步，对表格中的其他行进行拆分，然后调整列宽，最终效果如右图所示。

3.2.5 调整行高与列宽

　　默认情况下，当在表格中输入的内容超过单元格的宽度时，会保持单元格宽度不变且会自动调整单元格的高度，将内容在该单元格中换行显示。因此，当表格的行高或列宽不能满足用户的需要时，可以对其进行调整。

同步文件

　　视频文件：视频文件\第 3 章\3-2-5.mp4

Step01: 打开素材文件"资金申请表（调整行高与列宽）.docx"，将鼠标光标指向需要调整的列边框线上，当鼠标光标变为 ✛ 形状时，按住鼠标左键不放并向左或向右拖动，可调整列宽，如下图所示。

Step02: 将鼠标光标指向需要调整的行边框线上，当鼠标光标变为 ⇳ 形状时，按住鼠标左键不放并向上或向下拖动，可调整行高，如下图所示。

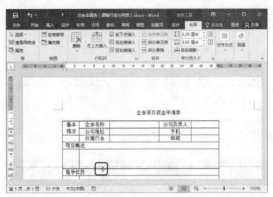

> **专家点拨——调整表格大小**
>
> 在调整表格大小时，可以根据内容或窗口大小来自动调整表格大小。选择整个表格，单击"表格工具-布局"选项卡，在"单元格大小"组中单击"自动调整"下拉按钮，在弹出的下拉列表中选择"根据窗口自动调整表格"选项，即可将表格宽度调整为与文档页面宽度一致。
>
> 将鼠标指针指向表格右下角的缩放标记"□"上，当其变为 ↘ 形状时按住鼠标左键并拖动即可调整整个表格的大小。

▷▷ 3.3　课堂讲解——美化表格

为了创建出更高水平的表格，需要对创建后的表格进行一些格式上的设置，包括表格内文本的位置、文字方向、表格的边框和底纹效果以及表格样式的设置等。

3.3.1　快速套用表格样式

Word 2016 提供了丰富的表格样式库，用户在美化表格的过程中，可以直接应用内置的表格样式快速完成表格的美化操作。例如，为"问卷调查表"应用内置表格样式，具体操作方法如下。

>
> **同步文件**
> 视频文件：视频文件\第 3 章\3-3-1.mp4

Step01: 打开素材文件"问卷调查表.docx"，❶选中表格，单击"表格工具-设计"选项卡；❷单击"表格样式"组中的下翻按钮 ；❸选择"网格表 5 深色-着色 4"样式，如下图所示。

Step02: 经过上一步的操作，即可应用"网格表 5 深色-着色 4"表格样式，效果如下图所示。

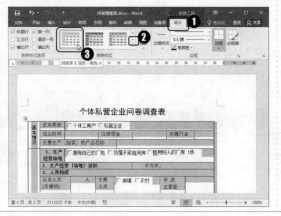

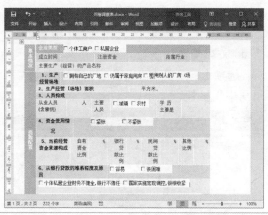

3.3.2　设置文字的方向

默认情况下，单元格中的文本使用的都是横向对齐方式。有时为了配合单元格的排列方向，使表格看起来更美观，需要设置文本在表格中的排列方向为纵向。例如，将"出差申请表"中的部分单元格文字设置为纵向，具体操作方法如下。

同步文件

视频文件：视频文件\第 3 章\3-3-2.mp4

Step01: 打开素材文件"出差申请表.docx"，❶选中"出差事由"文本；❷单击"表格工具-布局"选项卡；❸单击"对齐方式"组中的"文字方向"按钮，如下图所示。

Step02: 设置文字方向后，使用空格键调整文字间距，效果如下图所示。

3.3.3　设置表格中文本的对齐方式

表格中文本的对齐方式是指单元格中文本的垂直与水平对齐方式。用户可以根据自己的需要进行设置。例如，为"人员增补申请表"中的单元格设置合适的文本对齐方式，具体操作方法如下。

> **同步文件**
>
> 视频文件：视频文件\第 3 章\3-3-3.mp4

Step01: 打开素材文件"人员增补申请表.docx"，❶选中表格，单击"表格工具-布局"选项卡；❷单击"对齐方式"组中的"水平居中"按钮，如下图所示。

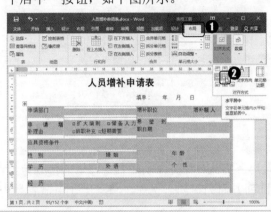

Step02: 经过上一步的操作，让表格中所有的文本内容水平居中，效果如下图所示。

由于表格是一种框架式的结构，因此文本在表格的单元格中所处的位置要比在普通文档中的更复杂多变。表格中文本的对齐方式有 9 种，如下表所示。

对齐方式	靠上两端对齐	靠上居中对齐	靠上右对齐	中部两端对齐	水平居中
效果	预算方案	预算方案	预算方案	预算方案	预算方案
对齐方式	中部右对齐	靠下两端对齐	靠下居中对齐	靠下右对齐	
效果	预算方案	预算方案	预算方案	预算方案	

3.3.4 设置表格的边框和底纹

Word 2016 默认的表格为无色填充，边框为黑色的实心线。为使表格更加美观，可以对表格进行修饰，如设置表格边框样式、添加底纹等。

> **同步文件**
>
> 视频文件：视频文件\第 3 章\3-3-4.mp4

Step01: 打开素材文件"人员增补申请表（边框和底纹）.docx"，❶选中表格，单击"表格工具-设计"选项卡；❷单击"边框"组中的"边框"下拉按钮；❸选择"边框和底纹"选项，如下图所示。

Step02: 打开"边框和底纹"对话框，❶选择"自定义"选项；❷选择样式和宽度；❸单击外边框线，如下图所示。

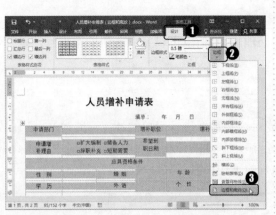

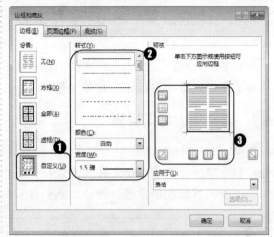

Step03: ❶选择样式和宽度；❷单击内边框线；❸单击"确定"按钮，如右图所示。

 新手注意

在"边框和底纹"对话框中，不仅可以设置边框样式和宽度，还可以根据不同的表格效果设置不同的颜色，如果是比较正式的表格，默认情况下都是使用黑色。

Step04: ❶选中"应具资格条件"文本；❷单击"表格样式"组中的"底纹"下拉按钮；❸选择"白色，背景 1，深色 15%"样式，如下图所示。

Step05: 重复操作第 4 步，为"人力资源部意见"和"总经理批示"文本所在的单元格设置"白色，背景 1，深色 15%"样式，效果如下图所示。

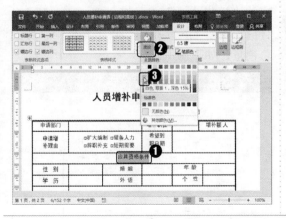

▷▷ 3.4 课堂讲解——处理表格数据

虽然 Word 没有 Excel 那么强大的数据分析和处理能力,但也可以完成普通的数据管理操作,包括对表格中的数据进行计算和排序等。

3.4.1 表格中的数据运算

在 Word 中制作的表格包含数据时,用户还能对这些数据进行简单的计算。虽然 Word 在数据分析和处理方面不像 Excel 那样专业,但是也能满足基本的计算需要。例如,对"销售数据表"中每个销售员的销量进行统计,然后计算每月的平均销量,具体操作方法如下。

 同步文件

视频文件:视频文件\第 3 章\3-4-1.mp4

Step01: 打开素材文件"销售数据表.docx",❶将光标定位至需要求和的单元格;❷单击"数据"组中的"公式"按钮,如下图所示。

Step02: 打开"公式"对话框,❶在"公式"文本框中会自动输入求和公式"=SUM(LEFT)";❷单击"确定"按钮,如下图所示。

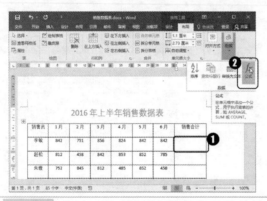

Step03: 此时,即可计算出该销售员的总销量,如下图所示。

Step04: 依次将光标定位至下一销售员对应的"销售合计"单元格,按〈Ctrl+Y〉组合键,重复上一步操作,得出其他销售员的总销量,如下图所示。

Step05: ❶将光标定位至 1 月平均值所在单元格；❷再次单击"公式"按钮；❸在弹出的"公式"对话框中将 SUM 修改为 AVERAGE；❹单击"确定"按钮，如下图所示。

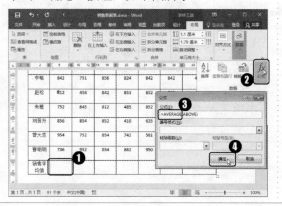

Step06: 此时，即可得到 1 月的平均销量值，依次将光标定位至其他月份单元格，按〈Ctrl+Y〉组合键，得出其他月份的平均销量，如下图所示。

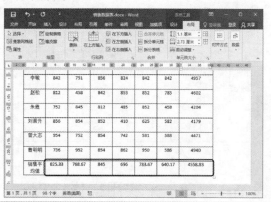

3.4.2　对数据进行排序

为了对表格中的数据进行进一步的了解或查看，经常会对表格数据进行排序。在 Word 中只能对列数据进行排序，而不能对行数据排序。对表格数据的排序分为升序和降序两种。例如，对"销售数据表（排序）"中的"销售合计"列进行降序排列，具体操作方法如下。

同步文件

视频文件：视频文件\第 3 章\3-4-2.mp4

Step01: 打开素材文件"销售数据表（排序）.docx"，❶将光标定位至表格中任一单元格；❷单击"数据"组中的"排序"按钮，如下图所示。

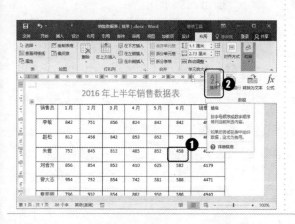

Step02: 排开"排序"对话框，❶在"主要关键字"下拉列表框中选择"销售合计"；❷在"类型"下拉列表框中选择排序规则，这里是对销量排序，因此选择"数字"；❸在右侧选择"降序"单选按钮；❹单击"确定"按钮，如下图所示。

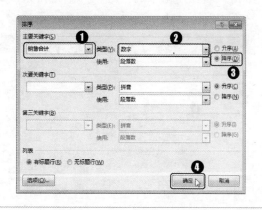

Step03: 此时，即可将销售数据表按销售员的销售合计值从高到低进行排列，如下图所示。

2016 年上半年销售数据表

销售员	1月	2月	3月	4月	5月	6月	销售合计
李敏	842	751	856	824	842	842	4957
曹明明	736	952	854	862	950	586	4940
赵松	812	458	842	853	852	785	4602
曾大志	954	752	854	742	581	588	4471
朱霞	752	845	812	485	852	458	4204
刘晋升	856	854	852	410	625	582	4179

 专家点拨——使用多个关键字排序

在实际运用中，有时需要设置多个条件对表格数据进行排序。选中表格后打开"排序"对话框，在"主要关键字"下拉列表框和"次要关键字"下拉列表框中设置排序依据及排序方式，设置完成后单击"确定"按钮即可。需要注意的是，在 Word 中对表格数据进行排序时，最多能设置 3 个关键字。

▷▷ 高手秘籍——实用操作技巧

通过对前面知识的学习，相信读者朋友已经掌握了 Word 2016 中表格的基本操作了。下面结合本章内容介绍一些实用的操作技巧。

 同步文件

视频文件：视频文件\第 3 章\高手秘籍.mp4

技巧 01 绘制斜线表头

在制作表格时，有时需要将表格中第 1 个单元格用斜线进行分割，并分别输入两个字段用于标识第 1 行和第 1 列的内容，这种表头可称为斜线表头。在 Word 中制作斜线表头的具体操作方法如下。

Step01: 打开素材文件"保健食品说明书.docx"，❶将光标定位至第 1 个单元格；❷单击"边框"组中的"边框"下拉按钮；❸选择"斜下框线"选项，如下图所示。

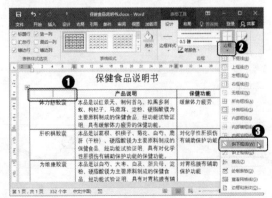

Step02: ❶在第 1 个单元格中输入内容并选中；❷单击"开始"选项卡"字体"组中的"加粗"按钮，如下图所示。

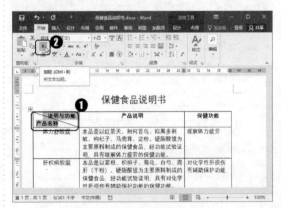

技巧 02 防止表格跨页断行

通常情况下，Word 允许将表格行中的文字跨页拆分，这就可能导致一个单元格的内容被拆分到不同的页面上，影响文档的阅读。这时可以通过禁止表格跨页断行功能解决这一问题。防止表格跨页断行的具体操作方法如下。

Step01: 打开素材文件"调查表.docx"，❶将光标定位至需要设置的单元格中；❷单击"表格工具-布局"选项卡；❸单击"表"组中的"属性"按钮 🔲，如下图所示。

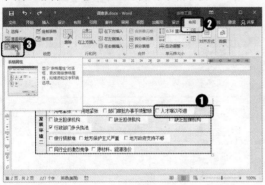

Step02: 打开"表格属性"对话框，❶单击"行"选项卡；❷在"选项"选项组中取消勾选"允许跨页断行"复选框；❸单击"确定"按钮即可，如下图所示。

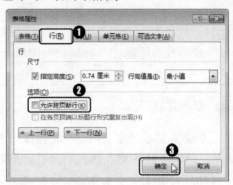

Step03: ❶选中断行的单元格；❷单击"合并"组中的"合并单元格"按钮，如下图所示。

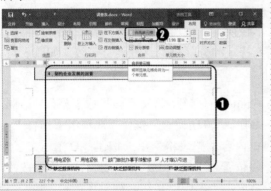

Step04: 经过前面的操作，禁止表格跨页断行的效果如下图所示。

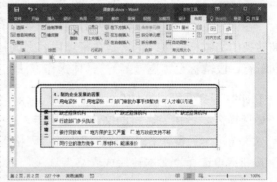

技巧 03 表格跨页时让表头自动在各页重复

默认情况下，同一表格占用多个页面时，表头只在首页显示，而其他页面均不显示，这样会影响表格数据的查看。此时，可通过设置实现表格跨页时表头自动重复，具体操作方法如下。

Step01: 打开素材文件"人员试用标准.docx"，❶选择需要重复的标题行；❷单击"表格工具-布局"选项卡；❸单击"表"组中的"属性"按钮 🔲，如下图所示。

Step02: 打开"表格属性"对话框，❶单击"行"选项卡；❷勾选"选项"选项组中的"在各页顶端以标题行形式重复出现"复选框；❸单击"确定"按钮即可，如下图所示。

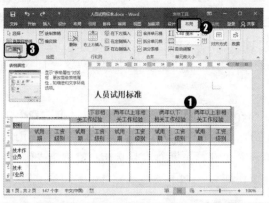

Step03: 经过前面的操作，在第2页表格中即可看到重复的标题行，效果如右图所示。

> **新手注意**
>
> 　在设置标题行重复时，不能直接选中表格，如果直接选中表格进行操作，是不会将标题行重复显示出来的。

技巧 04　如何将文字转换成表格

　　在 Word 中，也可以将一些有规律排列的文本转换为表格，将文本转换为表格时，需要将被转换的文本格式化，也就是在每项内容之间插入特定的分隔符，且分隔符一致（如制表符、回车符、段落标记、逗号等），具体操作方法如下。

Step01: 打开素材文件"员工通讯录.docx"，❶选择需要转换为表格的文本；❷单击"插入"选项卡；❸单击"表格"组中的"表格"按钮；❹选择"文本转换成表格"选项，如下图所示。

Step02: 打开"将文字转换成表格"对话框，❶在"'自动调整'操作"选项组中选择"根据内容调整表格"单选按钮；❷在"文字分隔位置"选项组中选择"制表符"单选按钮；❸单击"确定"按钮，如下图所示。

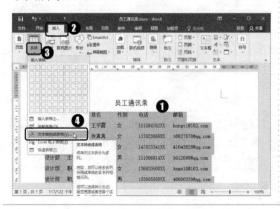

Step03: 经过前面的操作，即可将文字转换成表格，效果如下图所示。

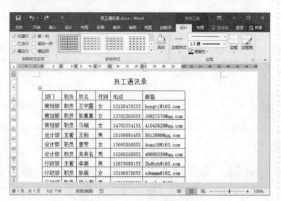

Step04: 将鼠标指针移至表格右下角，按住左键不放拖动调整表格大小，如下图所示。

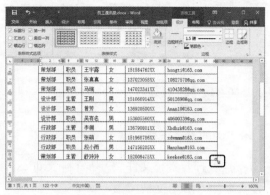

 专家点拨——如何选择文字分隔符

在对表格与文本进行互换时，都会对"文字分隔位置"选项组进行设置，用户需要根据文本中所使用的符号进行选择；如果是将表格转换为文本，则可以自定义分隔符。

▷▷ 上机实战——制作产品资料表

≫≫ 上机介绍

无论什么产品，生产出来后，都需要在市场上进行销售。因此，公司会定期对产品的销量进行统计。产品的销量对企业的发展起着至关重要的作用。

本案例主要是通过创建表格，将产品销售数量输入至表格中，为了使表格更加美观，对表格设置边框和底纹，再根据需要对数据进行计算，最后对产品销量进行排序操作最终效果如下图所示。

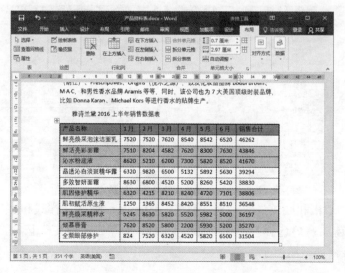

同步文件

素材文件：素材文件\第 3 章\产品资料表.docx
结果文件：结果文件\第 3 章\产品资料表.docx
视频文件：视频文件\第 3 章\上机实战.mp4

步骤详解

本实例的具体操作步骤如下。

Step01: 打开素材文件"产品资料表.docx"，将文本插入点定位到文档，❶单击"插入"选项卡；❷单击"表格"组中的"表格"按钮；❸在虚拟表格中拖动选择 8×3 的表格，如下图所示。

Step02: ❶在插入的表格中输入内容；❷将光标定位至最后一个单元格；❸单击"表格工具-布局"选项卡；❹单击"行和列"组中的"在下方插入行"按钮，如下图所示。

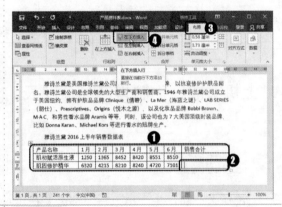

Step03: ❶添加行并输入需要的信息，选中整个表格；❷在"单元格大小"组中的"行高"数值框中输入"0.7"，如下图所示。

Step04: ❶选中表格，单击"表格工具-设计"选项卡；❷单击"边框"组中的"边框"下拉按钮；❸选择"边框和底纹"选项，如下图所示。

Step05: 打开"边框和底纹"对话框，❶选择"自定义"选项；❷选择样式和宽度；❸单击外边框线，如下图所示。

Step06: ❶选择样式和宽度；❷单击内边框线；❸单击"确定"按钮，如下图所示。

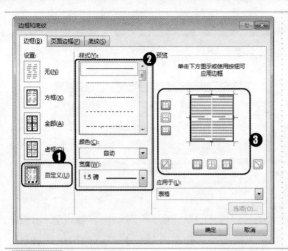

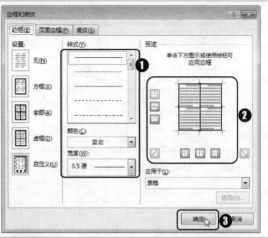

Step07： ❶选择第 1 行，单击"表格工具-设计"选项卡；❷单击"底纹"下拉按钮；❸选择"蓝色，个性色 1"，如下图所示。

Step08： ❶将光标定位至需要求和的单元格；❷单击"数据"组中的"公式"按钮，如下图所示。

Step09： 打开"公式"对话框，❶ 在"公式"文本框中会自动输入求和的公式"=SUM(LEFT)"；❷单击"确定"按钮，如下图所示。

Step10： 依次将光标定位至下一产品对应的"销售合计"单元格，按〈Ctrl+Y〉组合键，重复上一步操作，得出其他产品的总销量，如下图所示。

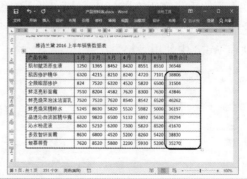

Step11： ❶按住〈Ctrl〉键并间断选择行；❷单击"表格工具-设计"选项卡中的"底纹"下拉按钮；❸选择"蓝色，个性色 1"，如下图所示。

Step12： 经过上一步的操作，设置的边框和底纹效果如下图所示。

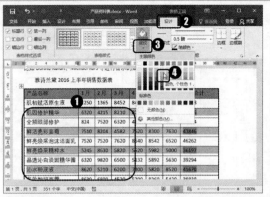
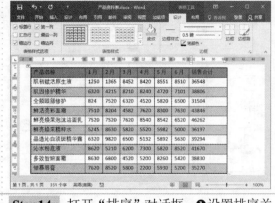

Step13: ❶将光标定位至表格中任意单元格；❷单击"数据"组中的"排序"按钮，如下图所示。

Step14: 打开"排序"对话框，❶设置排序关键字和类型；❷在右侧选择"降序"单选按钮；❸单击"确定"按钮，如下图所示。

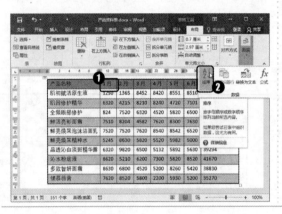

▷▷ 本章小结

本章的重点在于在 Word 文档中插入与编辑表格，主要包括创建表格、表格的基本操作、美化表格及对表格中的数据进行计算与排序等知识点。通过本章的学习，希望读者能够灵活自如地在 Word 中使用表格。

第 4 章　在 Word 2016 中编排图文并茂的文档

本章导读

　　在 Word 文档中插入图片、SmartArt 图形或艺术字等对象，可以让文档更具吸引力，更加赏心悦目。本章将主要讲解在文档中使用图片、自选图形、SmartArt 图形和艺术字等对象的相关知识。

知识要点

- ➢ 插入与编辑图片
- ➢ 绘制与编辑形状
- ➢ 插入与编辑 SmartArt 图形
- ➢ 插入与编辑文本框
- ➢ 插入与设置艺术字

● 效果展示

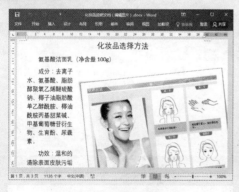

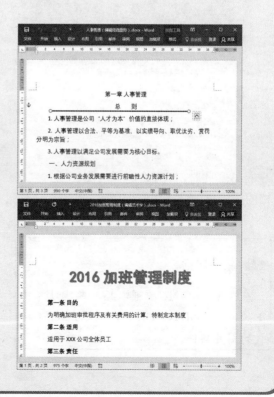

▷▷ 4.1 课堂讲解——插入与编辑图片

在制作图文混排的文档效果时，常常需要插入一些图片。为了使插入的图形更加符合需要，还可以设置图片的样式效果。

4.1.1 插入图片

在 Word 2016 中插入的图片，可以是自己拍摄或收集并保存在计算机中的图片，也可以是通过网络下载的图片，还可以是从某个页面或网站上截取的图片。例如，在"化妆品说明文档"文档中插入本地计算机中的图片，具体操作方法如下。

同步文件

视频文件：视频文件\第 4 章\4-1-1.mp4

Step01： 打开素材文件"化妆品说明文档.docx"，❶将光标定位至图片插入处；❷单击"插入"选项卡；❸单击"插图"组中的"图片"按钮，如下图所示。

Step02： 打开"插入图片"对话框；❶在地址栏中选择要插入图片所在的位置；❷选择图片；❸单击"插入"按钮，如下图所示。

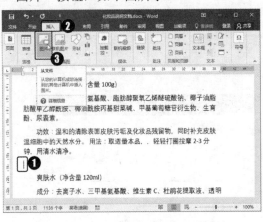

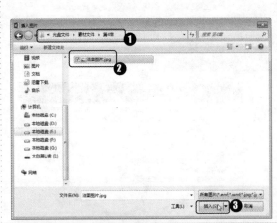

Step03： 此时，即可将选择的图片插入到文档的指定位置处，如右图所示。

 新手注意

在 Word 2016 中可以插入本地计算机中的 WMF、JPG、GIF、BMP、PNG 等格式的图片文件。

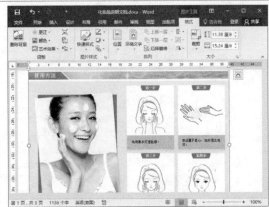

4.1.2 编辑图片

Word 2016 中加强了对图片的处理能力，应用基本的图像色彩调整功能，可以轻松将文档中的图片制作出专业图像处理软件的图片效果，使其更符合需要。例如，对"化妆品说明文档（编辑图片）"文档中插入的图片进行编辑，具体操作方法如下。

同步文件

视频文件：视频文件\第 4 章\4-1-2.mp4

Step01： 打开素材文件"化妆品说明文档（编辑图片）.docx"，❶选中图片，将鼠标指针指向外边框处；❷当指针呈形状时拖动调整图片大小，此时，指针呈十形状，如下图所示。

Step02： ❶单击"图片工具-格式"选项卡；❷在"排列"组中单击"自动换行"下拉按钮；❸在弹出的下拉列表中选择"四周型"环绕方式，如下图所示。

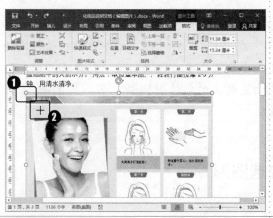

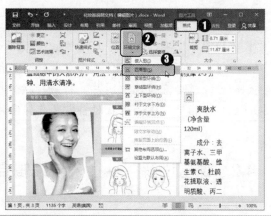

Step03： 选中图片后拖动鼠标，调整图片在文档中的位置，如下图所示。

Step04： ❶单击"图片工具-格式"选项卡；❷在"图片样式"组中单击"其他"按钮；❸选择图片所需的样式，如"旋转，白色"，如下图所示。

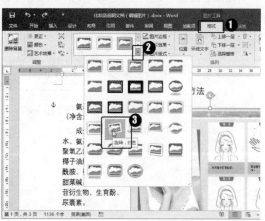

Step05: ❶单击"调整"组中的"颜色"下拉按钮；❷选择图片所需的颜色模式，如下图所示。

Step06: 此时，即可将图片调整得比较符合文档页面，效果如下图所示。

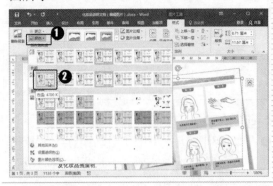

专家点拨——旋转图片

同一张图片，从不同角度观看会有不同的感受，所以可以根据需要旋转图片。选择需要旋转的图片，单击"图片工具-格式"选项卡，在"大小"组中单击右下角的对话框启动按钮，弹出"布局"对话框，在"旋转"数值框中设置需要旋转的角度值，单击"确定"按钮即可；或者直接选中图片，将鼠标指针指向图片上的旋转图标，当指针呈形状时拖动鼠标，指针变成形状时自定义旋转图片。

▷▷ 4.2 课堂讲解——插入与编辑自选图形

通常情况下，在设置文档效果时，常常也需要绘制一些形状，然后对其进行编辑来美化文档。本节主要介绍使用绘图工具进行图形制作的相关知识。

4.2.1 插入自选图形

在 Word 2016 中，用户可以根据需要插入现成的形状，如矩形、圆形、箭头、线条、流程图符号和标注等。例如，为"人事管理"文档绘制一条下画线，具体操作方法如下。

 同步文件
视频文件：视频文件\第 4 章\4-2-1.mp4

Step01: 打开素材文件"人事管理.docx"，❶单击"插入"选项卡；❷单击"插图"组中的"形状"下拉按钮；❸选择需要的直线工具，如下图所示。

Step02: 此时鼠标指针呈十形状，在需要插入自选图形的位置处按住鼠标左键不放，拖动鼠标进行绘制，如下图所示。

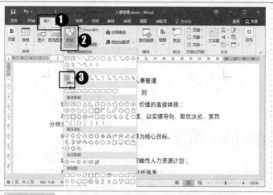 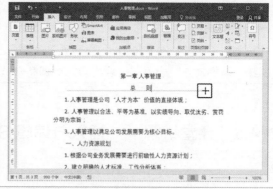

Step03: 当绘制到合适长度时释放鼠标左键即可，效果如右图所示。

4.2.2 编辑自选图形

在文档中绘制了形状后，常常还需要对形状进行编辑，如调整形状的大小、方向、样式等，以便更加符合文档的需求。例如，设置"人事管理（编辑自选图形）"文档中的线条样式，具体操作方法如下。

同步文件

视频文件：视频文件\第 4 章\4-2-2.mp4

Step01: 打开素材文件"人事管理（编辑自选图形）.docx"，❶选中线条图形；❷单击"绘图工具-格式"选项卡；❸单击"形状样式"组中的"形状填充"下拉按钮；❹选择需要的颜色，如下图所示。

Step02: ❶继续单击"形状填充"下拉按钮；❷在下拉列表中指向"粗细"选项；❸选择线条宽度值"2.25 磅"，如下图所示。

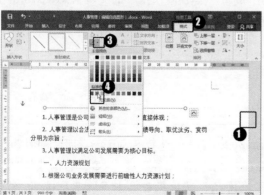 

专家点拨——自定义编辑形状外观

选中图形后，在"绘图工具-格式"选项卡的"插入形状"组中单击"编辑形状"下拉按钮，选择"编辑顶点"选项，然后拖动鼠标调整形状中的各顶点，可以将形状随意修改为其他外观。

▷▷ 4.3 课堂讲解——插入与编辑 SmartArt 图形

为了将文字之间的关联表示得更加清晰，经常会使用配有文字的图形进行说明。对于普通内容，只需绘制形状后在其中输入文字即可。如果要表达的内容具有某种关系，则可以借助 SmartArt 图形功能来制作具有专业设计师水准的插图。

4.3.1 SmartArt 图形简介

SmartArt 是一项图形功能，具有功能强大、类型丰富、效果生动的优点。在 Word 2016 中提供了 8 种 SmartArt 图形。

- 列表型：显示非有序信息或分组信息，主要用于强调信息的重要性。
- 流程型：表示任务流程的顺序或步骤。
- 循环型：表示阶段、任务或事件的连续序列，主要用于强调重复过程。
- 层次结构型：用于显示组织中的分层信息或上下级关系，广泛应用于组织结构图。
- 关系型：用于表示两个或多个项目之间的关系，或者多个信息集合之间的关系。
- 矩阵型：用于以象限的方式显示部分与整体的关系。
- 棱锥图型：用于显示比例关系、互连关系或层次关系，最大的部分置于底部，向上渐窄。
- 图片型：主要应用于包含图片的信息列表。

除了系统自带的这些图形外，用户还可以用 Microsoft Office 网站在线提供的一些 SmartArt 图形。

4.3.2 插入 SmartArt 图形

使用 SmartArt 图形功能可以快速创建出专业而美观的图示化效果。插入 SmartArt 图形时，首先应根据自己的需要选择 SmartArt 图形的类型和布局，然后输入相应的文本信息，Word 便会自动插入对应的图形。例如，通过插入 SmartArt 图形来制作产品迁移要点的流程图，具体操作方法如下。

  同步文件
视频文件：视频文件\第 4 章\4-3-2.mp4

Step01： 打开素材文件"产品迁移的要点.docx"，❶将光标定位至 SmartArt 图形插入处；❷单击"插入"选项卡；❸单击"插图"组中的"SmartArt"按钮，如下图所示。

Step02： 打开"选择 SmartArt 图形"对话框，❶在左侧选择"循环"选项；❷在右侧选择"射线维恩图"选项；❸单击"确定"按钮，如下图所示。

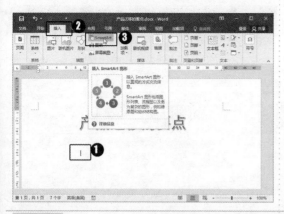

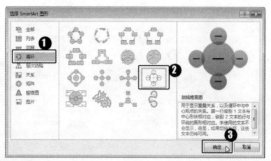

Step03: 此时，即可在文档中插入一个组织结构图模板，单击"创建图形"组中的"文本窗格"按钮，如下图所示。

Step04: 在各文本框中输入所需的文本内容，如下图所示。

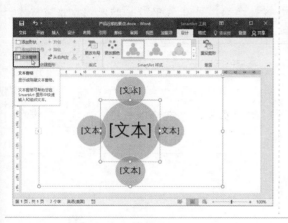

4.3.3　添加与删除形状

　　默认情况下，每一种 SmartArt 图形布局都有固定数量的形状，用户可以根据实际工作需要删除或添加形状。当插入的 SmartArt 图形默认的形状不够时，可以按照以下操作方法进行添加。

 同步文件

　　视频文件：视频文件\第 4 章\4-3-3.mp4

Step01: 打开素材文件"产品迁移的要点（添加形状）.docx"，❶选中需要在其下方添加 SmartArt 图形的形状；❷单击"SmartArt 工具-设计"选项卡；❸在"创建图形"组中单击"添加形状"按钮，如下图所示。

Step02: ❶在"在此处键入文字"文本框中输入新建图形的文本；❷单击"关闭"按钮，关闭文本窗格，如下图所示。

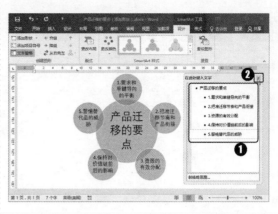

 新手注意：

　　在"添加形状"下拉列表中选择"在前面添加形状"选项，可在选中形状的左边或上方添加级别相同的形状；选择"在上方添加形状"选项，可在选中形状的左边或上方添加更高级别的形状。

 专家点拨——删除形状

　　对于 SmartArt 图形固有的形状，用户也可以根据需要将多余的形状删除。选中需要删除的图形，按〈Delete〉键，即可将其快速删除。

4.3.4 设置 SmartArt 图形样式

　　要使插入的 SmartArt 图形更具个性化、美观，还可以为其设置样式，包括设置 SmartArt 图形的布局、主题颜色，形状的填充、边距、阴影、线条样式、渐变和三维透视等。例如，对"产品迁移的要点（设置样式）"的流程图进行样式设置，具体操作方法如下。

同步文件

　　视频文件：视频文件\第 4 章\4-3-4.mp4

Step01: 打开素材文件"产品迁移的要点（设置样式）.docx"，❶选中整个 SmartArt 图形；❷单击"SmartArt 工具-设计"选项卡；❸单击"SmartArt 样式"组中的"其他"按钮 ；❹选择"卡通"样式，如下图所示。

Step02: ❶单击"SmartArt 样式"组中的"更改颜色"按钮 ；❷选择需要的颜色"彩色范围-个性色 4 至 5"，如下图所示。

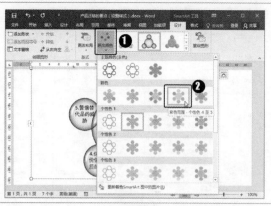

Step03: 经过前面的操作，设置完成 SmartArt 图形的样式，效果如右图所示。

≫ 4.4　课堂讲解——插入与编辑文本框

在排版 Word 文档时，为了使文档版式更加丰富，可以使用文本框。文本框是一种特殊的文本对象，既可以作为图形对象进行处理，也可以作为文本对象进行处理。文本框具有独特的排版功能，可以将文本内容放置于页面中任意位置。

4.4.1　使用内置文本框

在 Word 2016 中提供了多种内置的文本框样式，使用这些内置的文本框模板可以快速创建出带样式的文本框，用户只需在文本框中输入所需的文本内容即可，具体操作方法如下。

同步文件

　视频文件：视频文件\第 4 章\4-4-1.mp4

Step01: 打开素材文件"招工简章.docx"，❶单击"插入"选项卡；❷在"文本"组中单击"文本框"下拉按钮；❸选择需要插入的文本框类型，如"条带式提要栏"选项，如下图所示。

Step02: 经过上一步的操作，返回文档中即可查看到插入的文本框，如下图所示。

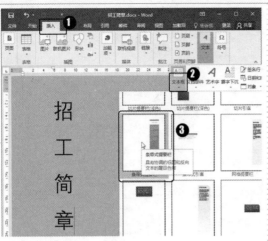
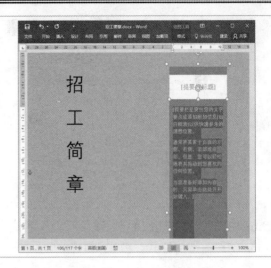

◇ 新手注意

　　文本框是一种特殊的文本对象，既可以当作图形对象处理，也可以当作文本对象处理。在文档中使用文本框，是为了让文字能像图形对象一样具有独立排版的功能。

4.4.2　手动绘制文本框

　　在文档中可插入的文本框分为横排文本框和竖排文本框，用户可以根据文字显示方向的要求插入不同排列方式的文本框。例如，在"加班管理制度"文档中手动绘制文本框，具体操作方法如下。

　　同步文件
　　视频文件：视频文件\第 4 章\4-4-2.mp4

Step01:　打开素材文件"加班管理制度.docx"，❶单击"插入"选项卡；❷单击"文本"组中的"文本框"下拉按钮；❸选择"绘制文本框"选项，如下图所示。

Step02:　此时，鼠标指针呈黑色十字形状，在文档的目标位置处拖动鼠标绘制文本框，如下图所示。

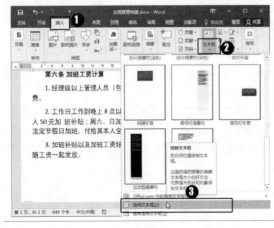
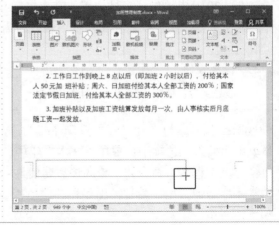

Step03: 拖动文本框至合适大小后，释放鼠标左键，文本插入点自动定位至文本框中，输入文字，如右图所示。

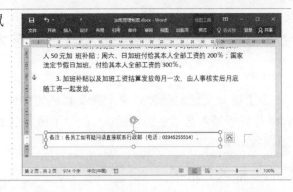

4.4.3 编辑文本框

在 Word 文档中，用户可以根据需要设置文本框中文字的字体格式，还可以设置文本框的外观样式、特殊效果及形状大小等。例如，在"加班管理制度（编辑文本框）"文档中设置文本框样式，具体操作方法如下。

同步文件

视频文件：教学文件\第 4 章\4-4-3.mp4

Step01: 打开素材文件"加班管理制度（编辑文本框）.docx"，❶选中文本框，单击"绘图工具-格式"选项卡；❷单击"形状样式"组中的"其他"按钮；❸选择"细微效果-橙色，强调颜色 2"，如下图所示。

Step02: ❶选中文字，单击"艺术字样式"组中的"文本填充"下拉按钮；❷选择所需的文本颜色，如"蓝色"，如下图所示。

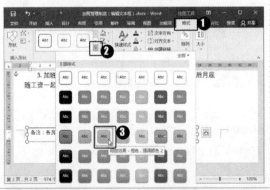

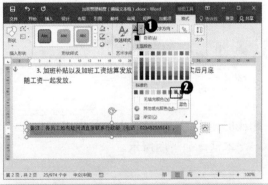

Step03: ❶单击"开始"选项卡；❷在"字体"组中设置文本框中的文字样式为"等线（中文正文），11，加粗和倾斜"，如右图所示。

ord/Excel/PowerPoint 2016 办公应用从入门到精通

▷▷ 4.5　课堂讲解——插入与编辑艺术字

为了提升文档的整体效果，在文档内容中常常需要应用一些具有艺术效果的文字。为此 Word 提供了插入艺术字的功能，并预设了多种艺术字效果以供选择，用户可以根据需要自定义艺术字效果。

4.5.1　插入艺术字

Word 2016 中提供了简单易用的艺术字样式，只需简单的输入、选择等操作，即可轻松地在文档中插入。例如，在"2016 加班管理制度"文档中插入艺术字标题，具体操作方法如下。

同步文件

视频文件：视频文件\第 4 章\4-5-1.mp4

Step01：　打开素材文件"2016 加班管理制度.docx"，❶选中标题文本；❷单击"开始"选项卡"剪贴板"组中的"剪切"按钮 ✂，如下图所示。

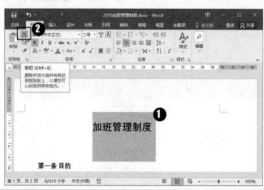

Step02：　❶将光标定位至艺术字插入处；❷单击"插入"选项卡；❸单击"文本"组中的"艺术字"按钮；❹选择一种艺术字样式，如下图所示。

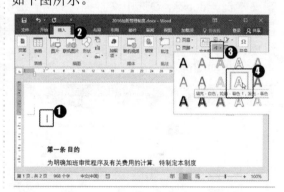

Step03：　此时，在光标定位处生成一个艺术字文本框，如下图所示。

Step04：　输入"2016"艺术字文本，并按〈Ctrl+V〉键粘贴复制的文本，效果如下图所示。

4.5.2 编辑艺术字

艺术字与普通文本的区别在于艺术字的形态是可以修改和调整的。将艺术字插入到文档中后将激活"绘图工具-格式"选项卡，其中的"艺术字样式"组主要用于对艺术字进行编辑。例如，对"2016 加班管理制度（编辑艺术字）"文档的标题艺术字进行设置，具体操作方法如下。

同步文件

视频文件：视频文件\第 4 章\4-5-2.mp4

Step01： 打开"素材文件\第 4 章\2016 加班管理制度（编辑艺术字）.docx"，❶选择插入的艺术字，单击"绘图工具-格式"选项卡；❷单击"艺术字样式"组中的"快速样式"按钮；❸选择艺术字样式，如下图所示。

Step02： ❶单击"艺术字样式"组中的"文本填充"按钮；❷选择填充色，更改艺术字的填充颜色，如"浅蓝"，如下图所示。

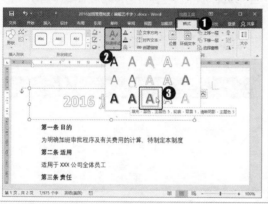

🔍 **专家点拨——修改艺术字文本内容**

在编辑艺术字时，也可以对艺术字文本进行修改，选中艺术字文本，然后输入新的文本，依然会保持原有的艺术字样式。

Step03： ❶单击"文本轮廓"按钮；❷选择颜色，为艺术字添加轮廓色，如"蓝色"，如下图所示。

Step04： ❶单击"开始"选项卡；❷在"字体"组中设置艺术字的字体格式为"黑体，小初"，如下图所示。

▷▷ 高手秘籍——实用操作技巧

通过对前面知识的学习，相信读者朋友已经掌握了 Word 2016 文档图文混排的一些基本操作了。下面结合本章内容介绍一些实用的操作技巧。

 同步文件
视频文件：视频文件\第 4 章\高手秘籍.mp4

技巧 01　随心所欲地裁剪图片

在用 Word 排版过程中，有时候需要在文档中插入其他地方的一些资料，如屏幕截图等，这时候就需要截取全屏图像，具体操作方法如下。

Step01: 打开素材图片"花 3.jpg"，按键盘上的〈PrintScreen〉键，如下图所示。

Step02: 此时，已经全屏截取图像，打开"散文.docx"文档，将光标定位至图片插入点，按〈Ctrl+V〉组合键，即可将图像粘贴到文档中相应的位置，如下图所示。

Step03: ❶选中图片，单击"图片工具-格式"选项卡；❷单击"大小"组中的"裁剪"按钮；❸在图片上调整裁剪区域，单击"裁剪"下拉按钮；❹选择"裁剪为形状"选项；❺选择"流程图"中的"可选过程"样式，如下图所示。

Step04: ❶选中图片，单击"排列"组中的"环绕文字"按钮；❷选择"紧密型环绕"选项，如下图所示。

 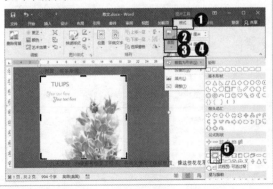 

技巧 02　快速将编辑过的图片恢复至初始状态

在 Word 文档中对图片经过多次编辑后，有时发现还不如原图的效果好，可以使用重置图片的功能让图片恢复至初始状态，具体操作方法如下。

Step01: ❶选中需要恢复的图片，单击"图片工具-格式"选项卡；❷单击"调整"组中的"重置图片"按钮 🖼，如下图所示。

Step02: 经过上一步的操作，让编辑过多次的图片恢复到初始状态，效果如下图所示。

新手注意

在重置图片的操作时，图片必须是没有进行压缩的，如果对图片进行压缩后再进行重置，就不能返回至图片的初始状态了。

技巧 03　将多个对象组合为一个整体

在 Word 中插入的形状、图片等元素，在文档中可以重叠放置，因此，这些重叠的元素也就具备了层次关系，而在编辑和调整这些元素时，常常需要调整它们的层次顺序。具体操作方法如下。

Step01: 打开"组合图形.docx"文件，❶单击"开始"选项卡"编辑"组中的"选择"下拉按钮；❷选择"选择对象"选项，如下图所示。

Step02: 此时，拖动鼠标框选需要选择的对象，如下图所示。

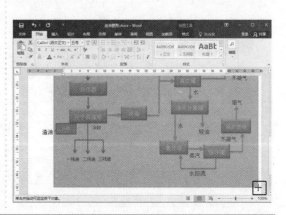

Step03: 释放鼠标左键，即可将区域内的图形对象全部选中，按住〈Shift〉键不放，单击没有选中的对象，❶单击"图片工具-格式"选项卡；❷单击"排列"组中的"组合"按钮；❸选择"组合"选项，如下图所示。

Step04: 经过前面的操作，即将选中的对象组合为一个整体，效果如下图所示。

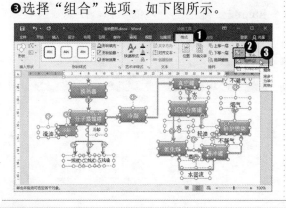

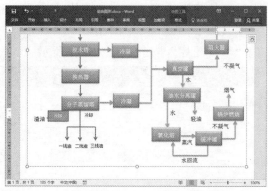

技巧 04　链接文本框中的内容

　　如果需要将一段或几段连续的文本内容排版在多个文本框中，为了方便内容的输入和调整，可以对这些文本框进行链接，这样文本框中的内容就会形成一个整体，当对前一个文本框中的内容排版时，后一个文本框中的内容会自动进行排列，即文本会在链接的多个文本框之间进行传递。为文本框创建链接的操作方法如下。

Step01: ❶在已有文本框右侧绘制一个文本框，选中第 1 个文本框；❷单击"绘图工具-格式"选项卡；❸单击"文本"组中的"创建链接"按钮，如右图所示。

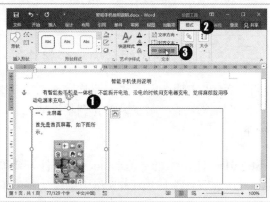

Step02: 当鼠标指针变成 形状时，将其移动到第 2 个空文本框上方并单击,如下图所示。

Step03: 经过前面的操作，即可链接文本框的内容，效果如下图所示。

新手注意

在建立文本框链接时要注意以下几点。

- 要链接的文本框是空的，一个文本框只能在一个链接中，且不能建立循环链接。
- 链接之后，不能在后面的文本框中直接输入文字了，只有前面的文本框输入满了之后，文字才会自动延伸到后面的文本框中。
- 如果文档篇幅较长，在建立文本框链接后，还可以利用快捷菜单中的"下一个文本框"和"前一个文本框"命令来快速切换。

上机实战——排版企业内部刊物

上机介绍

　　企业刊物是企业自己编写的以员工为主要读者对象的读物，它集思想性、知识性、信息性、专业性、趣味性于一体。根据企业经营的内容定义所阅读的群体。本案例制作一所培训学校的内刊，所表现的内容都是与培训专业相关的，主要阅读群体为本校员工和学生家长。案例通过图片、文本框和艺术字等多种元素丰富企业内部刊物。最终效果如下图所示。

 同步文件

素材文件：素材文件\第 4 章\企业内刊.docx、"素材图片"文件夹
结果文件：结果文件\第 4 章\企业内刊.docx
视频文件：视频文件\第 4 章\上机实战.mp4

步骤详解

制作本案例需要用到艺术字、图片、图形和文本框，具体操作步骤如下。

Step01: ❶选中标题文本；❷单击"插入"选项卡；❸单击"文本"组中的"艺术字"按钮；❹选择需要的艺术字样式，如下图所示。

Step02: 将光标定位至艺术字的前面，单击"插图"组中的"图片"按钮，如下图所示。

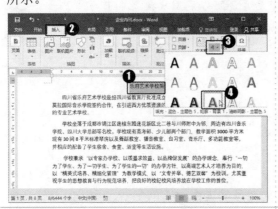

Step03: 打开"插入图片"对话框，❶选择图片存放路径；❷选择需要插入的图片；❸单击"插入"按钮，如下图所示。

Step04: ❶选中图片，单击"图片工具-格式"选项卡；❷单击"大小"组中的"裁剪"按钮，在图片上调整裁剪部分；❸单击"大小"组中的"裁剪"按钮，如下图所示。

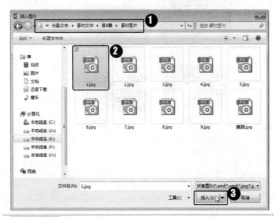

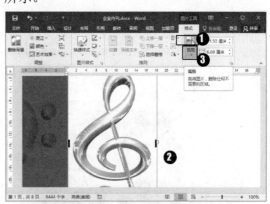

Step05: ❶选中图片，单击"图片工具-格式"选项卡中"排列"组中的"旋转"按钮；❷选择"向右旋转90°"选项，如右图所示。

Step06: ❶选中艺术字所在文本框；❷单击"布局选项"按钮；❸选择"嵌入型"选项，如下图所示。

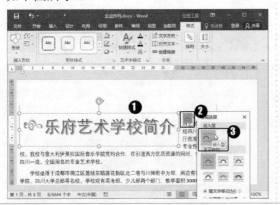

Step07: ❶将光标定位至"作品展示"下；❷单击"插图"组中的"图片"按钮，如下图所示。

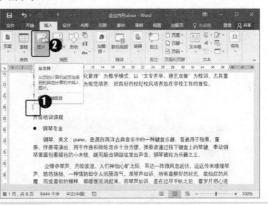

Step08: 打开"插入图片"对话框，❶选择图片存放路径；❷选择需要插入的图片；❸单击"插入"按钮，如下图所示。

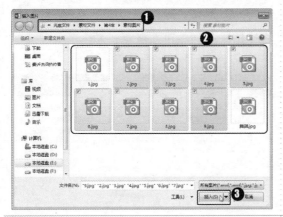

Step09: ❶选中插入的图片，单击"图片工具-格式"选项卡；❷在"大小"组中设置图片大小，如下图所示。

Step10: 使用相同的方法，对插入的其他图片设置图片大小，❶选中图片，单击"图片样式"组中的下翻按钮；❷选择"柔化边缘矩形"样式，如下图所示。

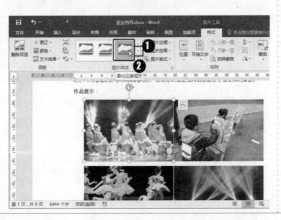

Step11: ❶单击"插入"选项卡；❷单击"文本"组中的"文本框"按钮；❸选择"绘制文本框"选项，如下图所示。

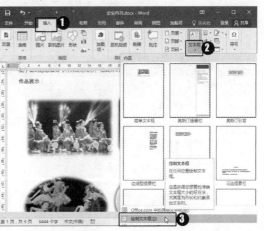

Step12: 选择"绘制文本框"选项后，按住左键不放拖动绘制文本框大小，如下图所示。

Step13: ❶在文本框中输入内容；❷单击"绘图工具-格式"选项卡；❸在"形状样式"组中选择需要的样式，如"强烈效果-绿色，强调颜色 6"，如下图所示。

Step14: ❶复制文本框，为其他图片添加相关文字说明；❷单击"段落"组中的"居中"按钮 ≡，如下图所示。

Step15: ❶选中"作品展示："文本；❷单击"开始"选项卡；❸单击"剪贴板"组中的"剪切"按钮 ✂，如下图所示。

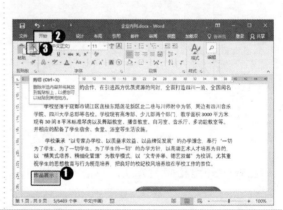

Step16: ❶单击"插入"选项卡；❷单击"插图"组中的"形状"按钮；❸选择"矩形"样式，如下图所示。

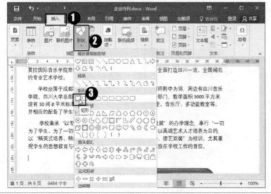

Step17: 选择"矩形"选项后，按住鼠标左键不放拖动绘制出合适大小的矩形，如下图所示。

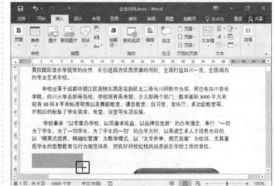

Step18: ❶右击绘制的矩形；❷选择快捷菜单中的"添加文字"命令，如下图所示。

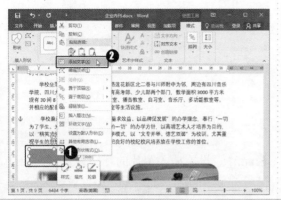

Step19: ❶选中绘制的矩形；❷单击"绘图工具-格式"选项卡；❸单击"形状样式"组中的对话框启动按钮 ⌐，如下图所示。

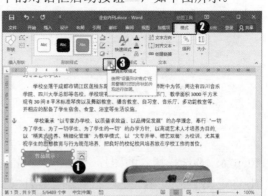

Step20: 打开"设置形状格式"窗格，❶单击"布局属性"按钮；❷设置文本与形状的边距；❸单击"关闭"按钮，如下图所示。

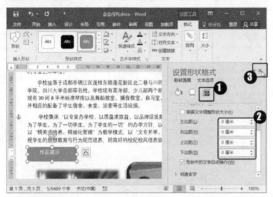

Step21: ❶选中矩形；❷在"形状样式"组中选择需要的样式，如"强烈效果-蓝色，强调颜色 1"，如下图所示。

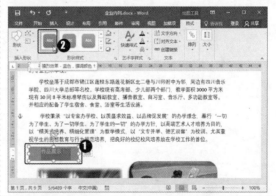

Step22: ❶选中矩形，单击"形状填充"下拉按钮；❷选择"渐变"命令；❸选择"从中心"选项，如下图所示。

Step23: ❶选中矩形中的文本；❷单击"开始"选项卡；❸单击"字体"组中的"增大字号"按钮 A，如下图所示。

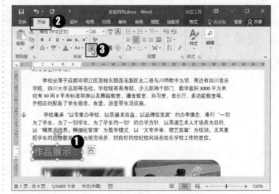

Step24: ❶单击"插入"选项卡；❷单击"插图"组中的"图片"按钮，如下图所示。

Step25: 打开"插入图片"对话框，❶选择图片存放路径；❷选择需要插入的图片；❸单击"插入"按钮，如下图所示。

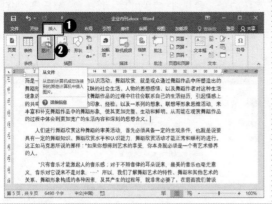

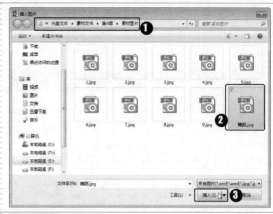

Step26: ❶选择插入的图片，单击"图片工具-格式"选项卡；❷单击"排列"组中的"环绕文字"按钮；❸选择"紧密型环绕"命令，如下图所示。

Step27: 设置插入图片的环绕方式后，按住鼠标左键不放拖动调整图片位置，如下图所示。

本章小结

　　本章重点讲解了 Word 中形状、图片、艺术字、文本框等元素的应用，包括这些元素的插入、调整及样式设置方法。在文档中运用图片、形状、艺术字可以使得文档内容更丰富、更美观，更具有可读性，读者应当熟练掌握。

第 5 章　Word 2016 的高级排版

本章导读

　　在日常工作中，用户也可能需要制作一些篇幅较长的文档。为了方便阅读者翻阅，需要对长文档进行编排，如应用样式、添加目录。为了让阅读者更加容易理解一些专业的名词等内容，可以使用脚注的方式对部分内容进行标注。本章主要讲解在 Word 文档中应用样式、模板和目录等的相关知识。

知识要点

➢ 掌握如何应用及自定义样式
➢ 掌握模板的使用方法
➢ 掌握文档的高级排版操作
➢ 掌握添加脚注的方法
➢ 掌握添加尾注的方法

● 效果展示

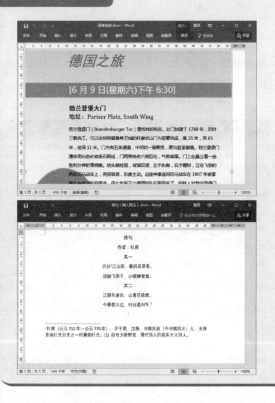

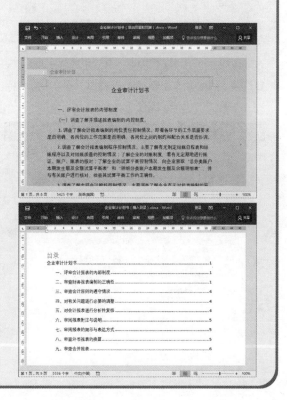

▷▷ 5.1 课堂讲解——样式在排版中的应用

Word 2016 为提高文档格式设置的效率而专门预设了一些默认的样式，使用这些样式可以快速格式化文档中的相关内容。

5.1.1 什么是样式

样式是经过特殊打包的格式的集合，包括字体类型、字体大小、字体颜色、对齐方式、制表位和边距等。在 Word 中，可以一次应用多种样式，也可以反复使用一种样式。利用样式功能可以快速创建为特定用途而设计的格式一致、整齐美观的文档。

合理地使用 Word 中的样式功能有如下优点。

（1）可以节省设置各类文档格式所需的时间，以达到快速制作出各种类型的文档的目的。

（2）可以确保文档中的格式一致，避免因忘记格式而导致文档格式混乱。

（3）使用方法简单，只需要从样式库中选择，就可以完成文档的样式设置。

（4）创建样式和修改样式都很轻松。

5.1.2 套用系统内置的样式

在 Word 2016 中，系统预设了一些样式，如正文、标题 1、标题 2、标题 3 等，可以快速利用这些样式来格式化文档。使用内置样式快速格式化文档的具体操作方法如下。

同步文件
视频文件：视频文件\第 5 章\5-1-2.mp4

Step01： 打开素材文件"引荐担保书.docx"，❶选择标题文本；❷单击"样式"组中的"标题 1"样式，如下图所示。

Step02： 经过上一步的操作，为标题添加样式，效果如下图所示。

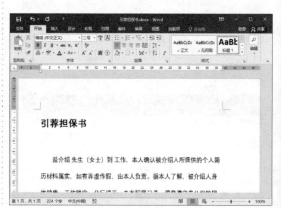

专家点拨——样式的类型

根据样式作用对象的不同，样式可分为"段落样式""字符样式""链接段落和字符样式""表格样式"和"列表样式"5 种类型。

5.1.3 自定义样式

除了应用内置的样式外，用户还可以根据内容的需要自定义样式，让文档的结构层次更加符合当前文档的需要。自定义样式可以直接修改当前内置的样式，也可以新建样式。

1. 修改样式

当创建了样式后，如果需要还可以对样式进行修改。修改样式可以是自定义的样式，也可以是系统预设的样式，并且能为样式设置快捷键。

Step01: 打开素材文件\第 5 章\引荐担保书（自定义样式）.docx，❶在"样式"组中右击"要点"样式；❷在弹出的快捷菜单中选择"修改"命令，如下图所示。

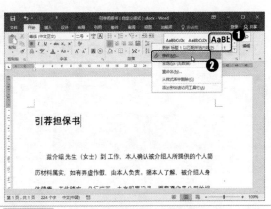

Step02: 打开"修改样式"对话框，❶单击"居中"按钮≡；❷单击"确定"按钮，如下图所示。

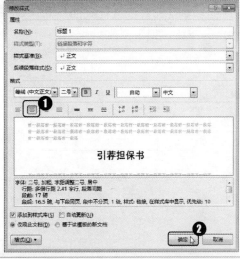

Step03: 经过前面的操作，修改标题 1 的样式，在文档中标题应用了样式后，自动显示修改后的样式效果，如右图所示。

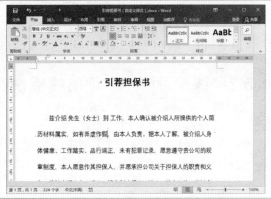

2. 新建样式

虽然 Word 程序中预设了一些样式，但是数量有限。当用户需要为文本应用更多样式时，可以自己动手创建新的样式。创建后的样式将会保存在"样式"任务窗格中。

例如，为正文设置一个常用的样式，具体操作方法如下。

Step01: ❶单击"样式"组中的"其他"按钮；❷选择"创建样式"选项，如下图所示。

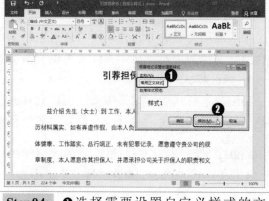

Step02: 打开"根据格式设置创建新样式"对话框，❶输入名称；❷单击"修改"按钮，如下图所示。

Step03: 打开"根据格式设置创建新样式"对话框，❶设置自定义样式的格式；❷单击"确定"按钮，如下图所示。

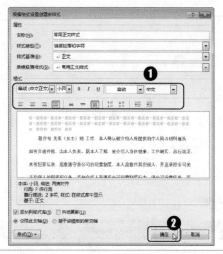

Step04: ❶选择需要设置自定义样式的文本；❷选择"样式"组中的"常用正文样式"样式，如下图所示。

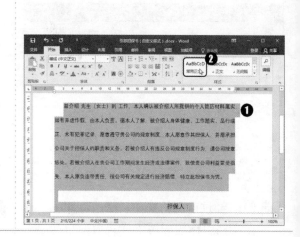

▷▷ 5.2　课堂讲解——使用模板快速排版

模板是 Word 文档的一种类型，但模板包含了特定的页面设置、样式等内容，供用户以模板为基准，创建具有相同格式的文档。

5.2.1　将文档保存为模板

创建模板最简单的方法就是将现在的文档作为模板来进行保存，该文档中的字符样式、段落样式、表格、图形、页面边框等元素都会一同保存在该模板中。将现有文档保存为模板的方法如下。

同步文件

视频文件：视频文件\第 5 章\5-2-1.mp4

Step01: 打开素材文件"刊物.docx"，❶选择"文件"菜单中的"另存为"命令；❷单击"浏览"按钮，如下图所示。

Step02: 打开"另存为"对话框，❶选择模板保存路径；❷选择保存类型；❸单击"保存"按钮，如下图所示。

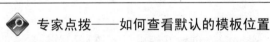

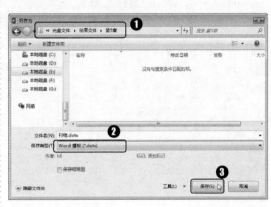

专家点拨——如何查看默认的模板位置

　　如果用户忘记了模板文件的默认保存位置，可以在"Word 选项"对话框中进行查看，选择"保存"选项，即可在右侧看到默认的个人模板位置的路径，如下图所示。

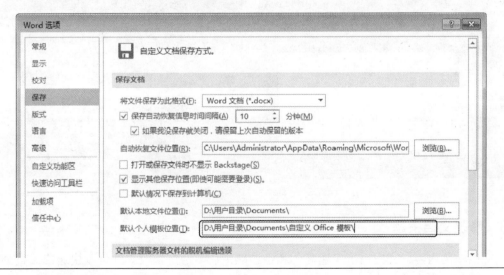

5.2.2　应用模板

　　在 Word 2016 中，模板分为 3 种：一是安装 Office 2016 时系统自带的模板；二是用户自己创建后保存的自定义模板；三是 Office 网站上的模板，需要下载才能使用。

Word 2016 本身自带了多个预设的模板，如传真、简历、报告等。这些模板都带有特定的格式，只需创建后对文字稍做修改就可以作为自己的文档来使用。

同步文件
视频文件：视频文件\第 5 章\5-2-2.mp4

Step01： 启动 Word 2016，❶选择"文件"菜单中的"新建"命令；❷单击右侧的"活动"超链接，如下图所示。

Step02： 进入活动类型的页面，单击"夏季活动传单"按钮，如下图所示。

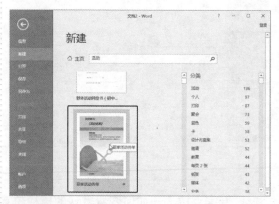

Step03： 打开新的页面，单击"创建"按钮，如下图所示。

Step04： 创建好模板后，填写相关信息，即可制作出精美的模板文件，效果如下图所示。

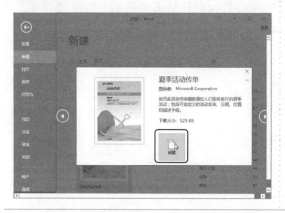
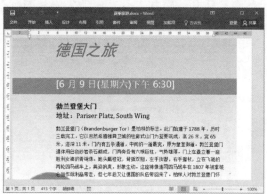

5.2.3　修改文档主题

当文档中的内容样式应用了主题字体和主题颜色后，通过修改主题可以快速修改整个文档的样式。具体操作方法如下。

同步文件
视频文件：视频文件\第 5 章\5-2-3.mp4

Step01: 打开素材文件"夏季旅游（修改主题）.docx"，❶单击"设计"选项卡；❷单击"文档格式"组中的"主题"按钮；❸选择"切片"选项，如右图所示。

Step02: ❶单击"文档格式"组中的"颜色"按钮；❷选择"紫罗兰色"选项，如下图所示。

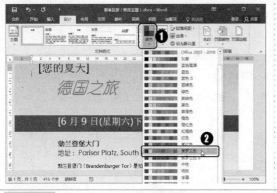

Step03: ❶单击"文档格式"组中的"字体"按钮；❷选择"自定义字体"选项，如下图所示。

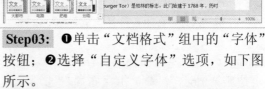

Step04: 打开"新建主题字体"对话框，❶设置字体格式；❷单击"保存"按钮，如下图所示。

Step05: 经过前面的操作，即可修改文档主题样式、颜色和字体，效果如下图所示。

▷▷ 5.3　课堂讲解——设置页面格式

　　默认情况下，新建 Word 文档的页面都是白色的，随着人们审美水平的不断提高，这种中规中矩的样式早已跟不上时代的潮流。用户可自定义页面格式，如在文档页面背景中添加水印效果、填充颜色或设置页面边框等，以衬托文档中的文本内容。

5.3.1 设置页边距

页边距是指版心到纸张边缘的距离，又称为"页边空白"。设置页边距距离就是根据打印排版需要，增加或减少正文区域的大小。在进行排版时，一般是先设置好页边距，再进行文档的排版操作，如果在文档中已存在内容，修改页边距会造成内容版式的混乱。设置页边距的具体操作方法如下。

同步文件
视频文件：视频文件\第 5 章\5-3-1.mp4

Step01: 打开素材文件"引荐担保书（设置页边距）.docx"，❶单击"布局"选项卡；❷单击"页面设置"组中的"页边距"按钮；❸选择"自定义边距"选项，如下图所示。

Step02: 打开"页面设置"对话框，❶在"页边距"选项组中依次将上、下、左、右的页边距设置为"1.2 厘米"；❷单击"确定"按钮，如下图所示。

5.3.2 设置纸张大小和方向

设置纸张大小就是选择需要使用的纸型。纸型是指用于打印文档的纸张幅面，有 A4、B5等。纸张方向一般分为横向和纵向。在 Word 2016 中，用户可以根据实际需要选择 Word 内置的文档页面纸型，如果没有需要的纸型，也可以自定义纸张的大小。设置纸张大小和方向的具体操作方法如下。

同步文件
视频文件：视频文件\第 5 章\5-3-2.mp4

Step01: 打开素材文件"引荐担保书（设置纸张大小和方向).docx"，❶单击"页面设置"组中的"纸张大小"按钮；❷选择纸张尺寸，如下图所示。

Step02: ❶单击"纸张方向"按钮；❷选择"横向"选项，如下图所示。

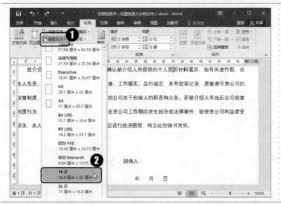
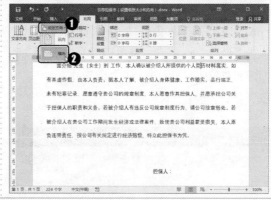

5.3.3　设置页面颜色

为了增加文档的整体艺术效果和层次感，在修饰文档时可以使用不同的颜色或图案作为文档的背景。例如，为"企业审计计划书"文档设置页面颜色，具体操作方法如下。

同步文件

视频文件：视频文件\第 5 章\5-3-3.mp4

Step01: 打开素材文件"企业审计计划书.docx"，❶单击"设计"选项卡；❷单击"页面背景"组中的"页面颜色"按钮；❸选择"灰色-25%，背景 2，深色 10%"，如下图所示。

Step02: 应用背景颜色后，即可得到灰色页面效果，如下图所示。

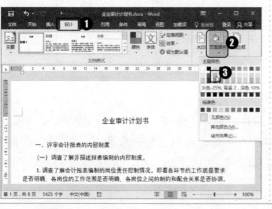
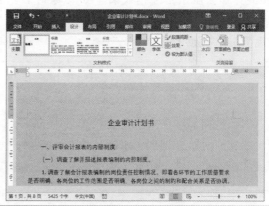

5.3.4　添加页面边框

设置页面边框是指在整个页面的内容区域外添加一种边框，这样可以使文档看起来更加正式、规矩。为一些非正式的文档添加艺术性的边框，还可以让其显得活泼、生动。例如，为"养生资料"文档添加页面边框，具体操作方法如下。

同步文件

视频文件：视频文件\第 5 章\5-3-4.mp4

Step01: 打开素材文件"养生资料.docx"，❶单击"设计"选项卡；❷单击"页面背景"组中的"页面边框"按钮，如下图所示。

Step02: 打开"边框和底纹"对话框，❶选择"阴影"选项；❷设置页面边框样式、颜色及宽度值；❸单击"确定"按钮，如下图所示。

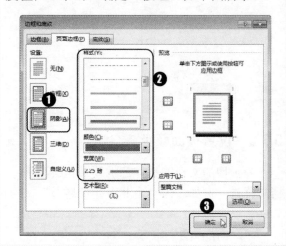

Step03: 通过前面的操作后，即可为页面添加边框效果，如右图所示。

 专家点拨——删除页面边框

为文档添加页面边框效果后，文档中的每一页都会显示出边框效果。如果要删除页面边框效果，可以在"页面边框"选项卡的"设置"选项组中选择"无"选项。

5.3.5 添加水印

水印是指显示在 Word 文档背景中的文字或图片，它不会影响文字的显示效果。在打印一些重要文件时给文档加上水印，如"绝密""保密"的字样，可以让获得文件的人在第一时间知道该文档的重要性。例如，为"养生资料（添加水印）"文档添加水印，具体操作方法如下。

 同步文件

视频文件：视频文件\第 5 章\5-3-5.mp4

Step01: 打开素材文件"养生资料（添加水印）.docx"，❶单击"设计"选项卡；❷单击"页面背景"组中的"水印"按钮；❸选择"自定义水印"选项，如下图所示。

Step02: 打开"水印"对话框，❶选择"文字水印"单选按钮；❷在下方设置水印文字、颜色等；❸单击"确定"按钮，如下图所示。

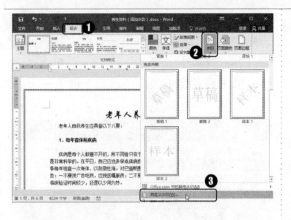

Step03: 经过前面的操作，即可在文档中添加相应的水印效果，如右图所示。

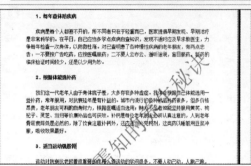

 新手注意

　　在"水印"对话框中选择"图片水印"单选按钮，并进行相应设置可以自定义图片水印效果。如果图片水印干扰了阅读页面中的文字，可将图片水印设置为"冲蚀"效果。文字水印多应用于说明文件的属性，通常用作提醒功能；而图片水印大多用于修饰文档。

▷▷ 5.4　课堂讲解——设置页眉和页脚

　　页眉和页脚是页面顶部和底部用于显示附属信息的区域，如书名、章节、企业标志、企业名称、文件名称、日期和页码等。

5.4.1　插入页眉与页脚

　　Word 中内置了多种页眉和页脚样式，插入页眉和页脚时可直接将合适的内置样式应用到文档中，然后根据需要编辑页眉和页脚内容。例如，为"企业审计计划书（添加页眉和页脚）"文档设置页眉和页脚，具体操作方法如下。

 同步文件
　　视频文件：视频文件\第 5 章\5-4-1.mp4

Step01: 打开素材文件"企业审计计划书（添加页眉和页脚）.docx"，❶单击"插入"选项卡；❷单击"页眉和页脚"组中的"页眉"按钮；❸选择"运动型（偶数页）"选项，如下图所示。

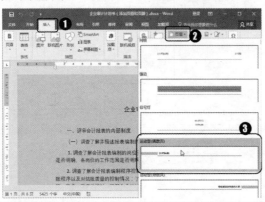

Step02: 此时，即可在页眉区域插入应用所选样式的页眉，❶在页眉文本框中输入所需的内容；❷单击"开始"选项卡；❸在"字体"组中设置文本的颜色，如下图所示。

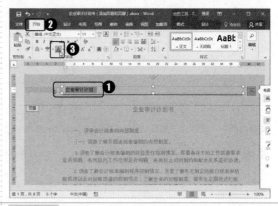

Step03: ❶单击"页眉和页脚工具-设计"选项卡；❷单击"导航"组中的"转至页脚"按钮，如下图所示。

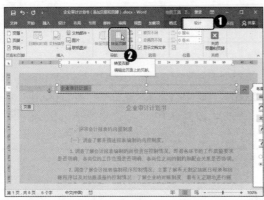

Step04: ❶单击"页眉和页脚"组中的"页脚"按钮；❷选择需要的页脚样式，如下图所示。

Step05: ❶在页脚中输入需要的内容；❷单击"关闭"组中的"关闭页眉和页脚"按钮，退出页眉和页脚编辑状态，如右图所示。

 新手注意

　　双击页眉和页脚外的文档任意区域，同样可以快速退出页眉和页脚编辑状态。

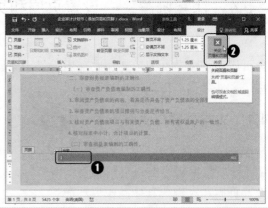

5.4.2　插入与设置页码

　　页码是与页眉和页脚相关联的，它是长文档的必备元素，用户可以将页码添加到文档的顶部、底部或页边距处。Word 2016 中提供了多种页码编号的样式，可直接套用。例如，让"企业审计计划书（插入与设置页码）"文档中的页码按照 A、B、C……进行编号，并从第 2 页开始编号，具体操作方法如下。

同步文件
视频文件：视频文件\第 5 章\5-4-2.mp4

Step01: 打开素材文件"企业审计计划书（插入与设置页码）.docx"，❶单击"插入"选项卡；❷单击"页眉和页脚"组中的"页码"按钮；❸选择"页面底端"选项；❹选择需要的页码样式，如"马赛克 2"，如右图所示。

Step02: ❶单击"页眉和页脚工具-设计"选项卡；❷单击"页眉和页脚"组中的"页码"按钮；❸选择"设置页码格式"选项，如下图所示。

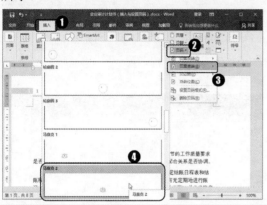
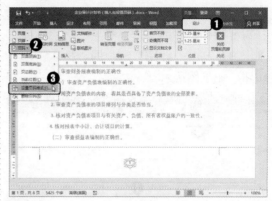

Step03: 打开"页码格式"对话框，❶在"编号格式"下拉列表框中选择"A,B,C,…"选项；❷在"页码编号"选项组中输入起始页码"B"；❸单击"确定"按钮，如下图所示。

Step04: 返回文档中即可看到文档页码调整为 A、B、C……样式，单击"关闭页眉和页脚"按钮，如右图所示。

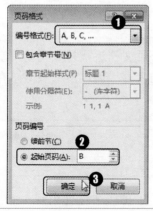
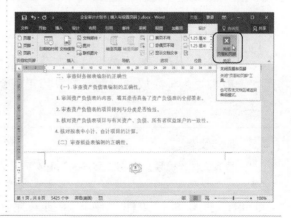

▷▷ 5.5　课堂讲解——添加脚注、尾注和题注

如果制作的文档内容中插入的图片较多，需要使用题注的方式进行标记；如果需要对某些

文字进行注释，则会应用到脚注；如果文档中引用了名言之类的内容，则需要使用尾注的方式标记出来。本节主要介绍脚注、尾注和题注的相关知识。

5.5.1 插入脚注

适当为文档中的某些内容添加注释，可以提高文档的可读性，方便用户更好地理解文档内容。若将这些注释内容添加于页脚处，则称之为脚注。如果手动在文档中添加脚注内容，不仅操作麻烦，而且对于后期修改非常不便。使用 Word 插入脚注的功能，可以快速添加脚注，具体操作方法如下。

> **同步文件**
>
> 视频文件：视频文件\第 5 章\5-5-1.mp4

Step01： 打开素材文件"绝句.docx"，❶选择需要添加脚注的文本；❷单击"引用"选项卡；❸单击"脚注"组中的"插入脚注"按钮，如下图所示。	**Step02：** 将光标自动定位至脚注的位置，然后输入脚注相关内容，如下图所示。

5.5.2 插入尾注

尾注和脚注一样，都是文档的一部分。尾注主要用于对文档进行补充说明，起到注释的作用。一般来说，脚注放在页面底部，用于解释本页中的内容；而尾注一般显示在文档的结尾部分。

> **同步文件**
>
> 视频文件：视频文件\第 5 章\5-5-2.mp4

Step01： 打开素材文件"绝句（插入尾注）.docx"，❶将光标定位至文档结尾处；❷单击"脚注"组中的"插入尾注"按钮，如下图所示。	**Step02：** 在文档结尾处出现一个空白标记和尾注编号，在插入点处输入尾注信息，如下图所示。

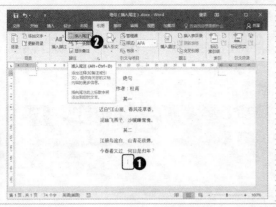

5.6　课堂讲解——目录与封面的设置

在制作论文、报告、企划书或者会议档案时，如果想快速查看文档中的部分内容，可以制作目录，通过目录即可快速找到内容所在的页面。想要让文档更规范、完整，可以在文档前面插入封面。本节主要介绍目录与封面的制作方法。

5.6.1　插入目录

用户在看书学习时，需要查看某一个知识点时可以通过目录提供的页码快速有效地查找。阅读电子文档时，单击目录可以直接定位到用户需要的知识点位置。制作目录的具体操作方法如下。

同步文件
视频文件：视频文件\第 5 章\5-6-1.mp4

Step01: 打开素材文件"企业审计计划书（插入目录）.docx"，❶单击"视图"选项卡；❷单击"视图"组中的"大纲视图"按钮，如下图所示。

Step02: ❶选择需要设置级别的文本；❷单击"大纲"组中的"大纲级别"下拉按钮；❸选择"2 级"，如下图所示。

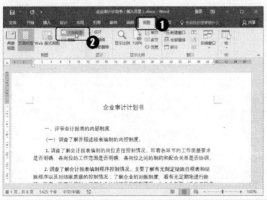
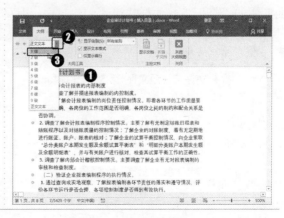

Step03: 单击"视图"组中的"页面视图"按钮,如下图所示。

Step04: ❶将光标定位至"标题"下方,单击"引用"选项卡;❷单击"目录"组中的"目录"按钮;❸选择"自动目录 1",如下图所示。

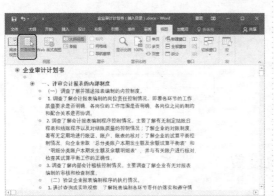

Step05: 经过前面的操作,将自动生成目录,效果如下图所示。

🔍 **专家点拨——如何更新目录**

在文档中制作好目录后,如果对文档的内容进行了调整,此时就需要对目录进行更新,这样才能让目录与正文的页码对应起来。其方法是:右击制作的目录,在弹出的快捷菜单中选择"更新域"命令,弹出"更新目录"对话框,选择"更新整个目录"单选按钮,最后单击"确定"按钮。

5.6.2 插入封面

Word 2016 提供了一个预先设计的封面样式库,其中提供了一些封面模板,可以帮助用户在文档中自动插入精美的封面,既实用也可以节省设计时间。例如,要基于 Word 2016 自带封面库中的"怀旧"封面样式快速创建封面,具体操作方法如下。

 同步文件

视频文件:视频文件\第 5 章\5-6-2.mp4

Step01: 打开素材文件"养生资料(封面).docx",❶单击"插入"选项卡;❸单击"页面"组中的"封面"按钮;❸选择"怀旧"封面样式,如下图所示。

Step02: 经过上一步的操作,返回文档中即可看到在首页插入的封面效果。在封面中预置的文本框中输入相应的文字信息,并设置合适的格式,如下图所示。

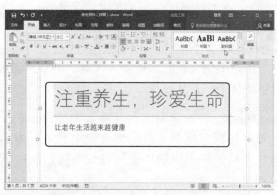

>> 高手秘籍——实用操作技巧

通过对前面知识的学习，相信读者朋友已经掌握了在 Word 文档中应用模板，插入目录，添加脚注、尾注和题注的基本操作。下面结合本章内容介绍一些实用的操作技巧。

 同步文件

视频文件：视频文件\第 5 章\高手秘籍.mp4

技巧 01　如何使用分页符

当文本或图形等内容填满一页时，Word 文档会自动插入一个分页符并开始新的一页。另外，用户还可以根据需要进行强制分页或分节。具体操作方法如下。

Step01： 打开素材文件"分页.docx"，❶将光标定位至目录之后；❷单击"布局"选项卡；❸单击"页面设置"组中的"分隔符"按钮 ；❹选择"分页符"选项，如下图所示。

Step02： 返回 Word 文档中，此时即可在文档中插入一个分页符，并且可以看到光标之后的文本自动切换到了下一页，如下图所示。

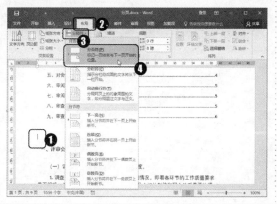
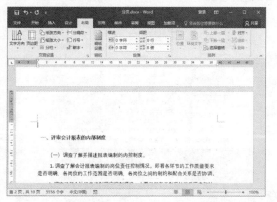

专家点拨——手动分页

将光标定位到需要分页的位置，按〈Ctrl+Enter〉组合键即可插入分页。

技巧 02　修改文档内容后要更新目录

用户编辑文档时，如插入内容、删除内容或者更改级别样式，页码或级别发生改变，应及时更新目录。具体操作方法如下。

Step01: 打开素材文件"更新目录.docx"，❶将光标定位至目录中或者选中目录；❷单击"目录"组中的"更新目录"按钮，如下图所示。

Step02: 打开"更新目录"对话框，❶选择"更新整个目录"单选按钮；❷单击"确定"按钮，如下图所示。

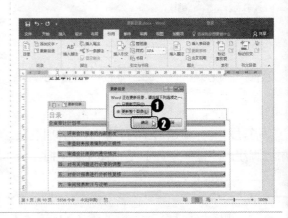

技巧 03　实现分栏排版

分栏排版是一种新闻排版方式，常应用于报刊、图书和广告单等印刷品中。使用分栏排版可以制作出别具特色的文档版面，同时能够充分利用版面。

设置分栏后，Word 的正文将逐栏排列。栏中文本的排列顺序是从最左边的一栏开始，自上而下填满一栏后，在右边开始新的一栏。这样的规划避免了纸张较大时每一行的内容太长而不利于阅读的情况，因此更加符合读者的阅读习惯。设置分栏的具体操作方法如下。

Step01: 打开素材文件"白杨礼赞.docx"，❶选中第 2 段文本；❷单击"布局"选项卡；❸单击"页面设置"组中的"分栏"按钮；❹选择"三栏"选项，如下图所示。

Step02: 经过上一步的操作，即可将段落文本分成三栏，效果如下图所示。

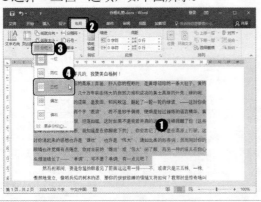

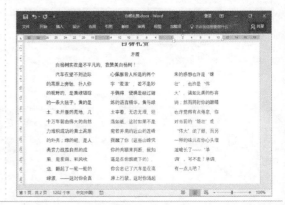

专家点拨——添加分栏线

　　默认情况下，对文本进行分栏是没有分隔线的，如果需要使用分隔线将段落分开，可选择"分栏"下拉列表中的"更多分栏"选项，打开"分栏"对话框，勾选"分隔线"复选框，再单击"确定"按钮即可完成添加分栏线。

技巧 04　设置首字下沉效果

　　首字下沉是一种段落装饰效果，即将段落中的第一个文字放大，并占据多行文本的位置。为段落设置首字下沉可增强文档内容的视觉效果，达到突出重点，从而引起读者重视的目的。在图书、报纸或杂志等一些特殊文档中经常能够看到首字下沉的排版效果。具体操作方法如下。

Step01： 打开素材文件"首字下沉.docx"，❶选中第 5 段文本；❷单击"插入"选项卡；❸单击"文本"组中的"首字下沉"按钮；❹选择"下沉"选项，如下图所示。

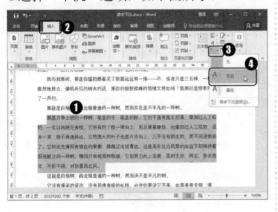

Step02： 经过上一步的操作，设置段落文字首字下沉，效果如下图所示。

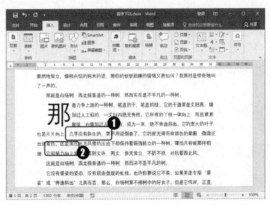

 专家点拨——设置首字下沉效果

　　在"首字下沉"下拉列表中选择"首字下沉选项"选项，可以在打开的对话框中进一步设置首字下沉的位置、下沉的字体、行数和距离正文的位置。

技巧 05　实现竖直排版

　　在 Word 中输入文字时默认的文字方向为横向，如果要仿照古人书写诗词的形式，对整篇文档的文字进行从右到左、从上到下纵向排版，可通过"文字方向"下拉列表更改文字方向。

Step01： 打开素材文件"浪淘沙.docx"，❶选中文档中的文本；❷单击"布局"选项卡；❸单击"页面设置"组中的"文字方向"按钮；❹选择"垂直"选项，如下图所示。

Step02： ❶设置了文字方向后，如果觉得文字大小不合适，可以先选中文字；❷单击"字体"组中的"增大字号"按钮，如下图所示。

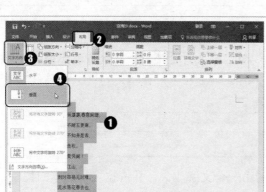

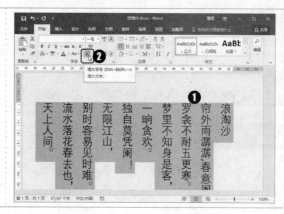

▷▷ 上机实战——制作员工手册

▶▶ 上机介绍

　　员工手册的内容主要是企业内部的人事制度管理规范，同时又涵盖企业的各个方面，承载传播企业形象和企业文化的功能。本案例主要是对员工手册的内容进行排版操作。最终效果如下图所示。

同步文件

素材文件：原始文件\第 5 章\员工手册.docx、1.jpg
结果文件：结果文件\第 5 章\员工手册.docx
视频文件：视频文件\第 5 章\上机实战.mp4

▶▶步骤详解

本实例的具体操作步骤如下。

Step01: 打开素材文件"员工手册.docx"，❶选中文档中的标题文本；❷选择"样式"组中的"标题"样式，如下图所示。

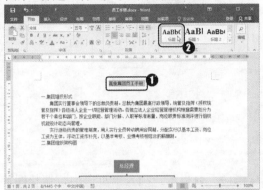

Step02: ❶选中文档中的文本；❷选择"样式"组中的"标题1"样式，如下图所示。

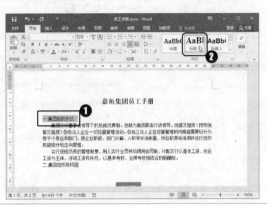

Step03: ❶单击"引用"选项卡；❷单击"目录"组中的"目录"按钮；❸选择"自动目录1"，如下图所示。

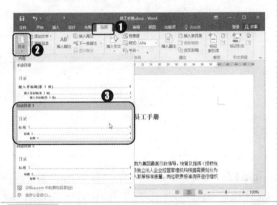

Step04: ❶将光标定位至目录下方；❷单击"布局"选项卡中"页面设置"组中的"分隔符"按钮；❸选择"分页符"选项，如下图所示。

Step05: ❶将光标定位至目录中，单击"引用"选项卡；❷单击"目录"组中的"更新目录"按钮，如下图所示。

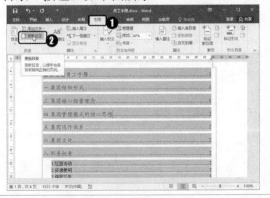

Step06: 打开"更新目录"对话框，❶选择"更新整个目录"单选按钮；❷单击"确定"按钮，如下图所示。

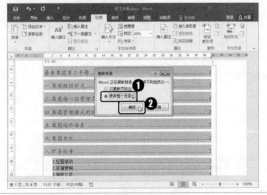

Step07: ❶单击"插入"选项卡；❷单击"页眉和页脚"组中的"页眉"下拉按钮；❸选择"花丝"，如下图所示。

Step08: 进入页眉编辑状态；❶输入页眉内容，将光标定位至内容前；❷单击"页眉和页脚工具-设计"选项卡；❸单击"插入"组中的"图片"按钮，如下图所示。

Step09: 打开"插入图片"对话框，❶选择图片保存路径；❷选择需要插入的图片；❸单击"插入"按钮，如下图所示。

Step10: ❶将图片插入至页眉中，调整图片大小，单击"开始"选项卡；❷单击"段落"组中的"左对齐"按钮 ☰，如下图所示。

Step11: ❶单击"页眉和页脚工具-设计"选项卡；❷单击"导航"组中的"下一节"按钮，如下图所示。

Step12: ❶输入页眉内容；❷单击"开始"选项卡；❸单击"段落"组中的"右对齐"按钮 ☰，如下图所示。

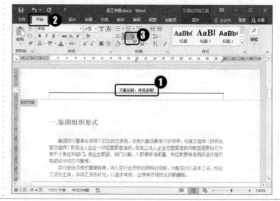

Step13: 单击"关闭"组中的"关闭页眉和页脚"按钮，如下图所示。

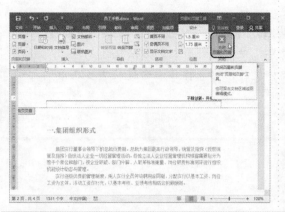

Step14: ❶单击"插入"选项卡中"页眉和页脚"组中的"页码"按钮；❷选择"页面底端"选项；❸选择"框中倾斜 1"选项，如下图所示。

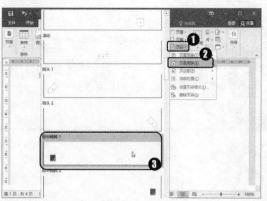

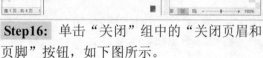

Step15: 单击"页眉和页脚工具-设计"选项卡，❶单击"页码"按钮；❷选择"页面底端"选项；❸选择"堆叠纸张 2"，如下图所示。

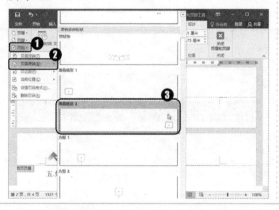

Step16: 单击"关闭"组中的"关闭页眉和页脚"按钮，如下图所示。

▷▷ 本章小结

　　本章的重点在于掌握对 Word 2016 长文档的排版操作，主要包括样式的应用、模板应用、分栏、首字下沉、创建目录，以及添加脚注、尾注和题注等知识点。通过本章的学习，希望读者能够熟练地掌握用 Word 2016 排版长文档的基本操作。

第 6 章　Word 2016 文档的审阅及邮件合并

本章导读

在 Word 2016 中完成文档的编辑后，可以通过校对功能，检测文档的语言问题和进行字数统计；为了提高工作效率，使用邮件合并的方法快速制作出发给多人的文档；最后通过修订功能，对文档进行修订等操作，通过收集多人审阅及修订意见，让文档内容更加完善。

知识要点

- ➢ 掌握文档校对的方法
- ➢ 掌握邮件合并的操作
- ➢ 掌握添加/删除批注的操作
- ➢ 掌握修订与审阅功能的使用

效果展示

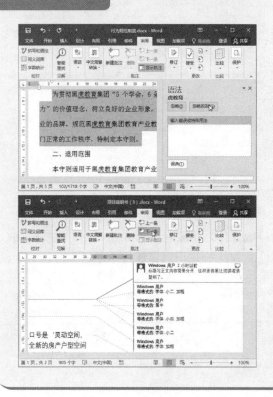

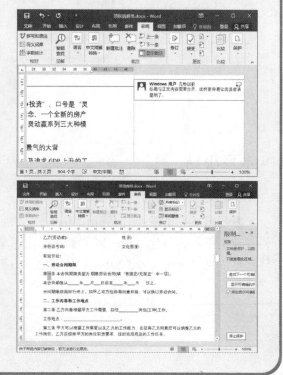

▷▷ 6.1 课堂讲解——文档校对

当在 Word 中编辑一些较严谨的正式文档时，为避免出错，一般都需要对文档进行校对。用户可以使用 Word 提供的校对功能检查拼写和语法、统计文档字数等，从而提高编辑效率。

6.1.1 检查拼写和语法

在文档输入过程中，不可避免地会出现拼写或语法错误，而人工校对这些错误又非常烦琐。此时使用 Word 提供的拼写和语法检查功能可以对文档进行全面的检查，并在出现拼写和语法错误时在文本下方添加红色、蓝色或绿色波浪线，在工作中使用自动拼写和语法检查功能可以减少错误的发生。

同步文件
视频文件：视频文件\第 6 章\6-1-1.mp4

Step01： 打开素材文件"考勤管理制度.docx"，❶单击"审阅"选项卡；❷单击"校对"组中的"拼写和语法"按钮，如下图所示。

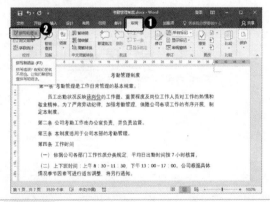

Step02： 打开"语法"窗格，单击"忽略规则"按钮，如下图所示。

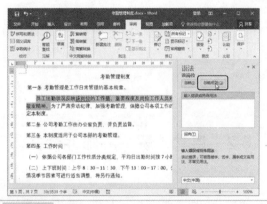

Step03： 执行完一次命令后，会继续检测下一处语法问题，如果不需要更改，则继续单击"忽略规则"按钮，如下图所示。

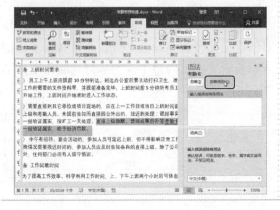

Step04： 继续单击"忽略规则"按钮，直到检查完拼写和语法，打开"Microsoft Word"对话框，单击"确定"按钮，完成拼写和语法的检查，如下图所示。

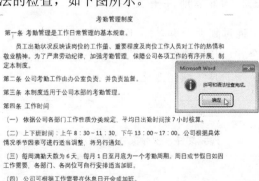

6.1.2 文档字数统计

在制作有字数限制的文档时，可以在输入过程中，通过状态栏中显示的信息了解 Word 自动统计的该文档当前的页数和字数。此外，还可以使用 Word 提供的字数统计功能了解文档中某个区域的字数、行数、段落数和页数等详细信息。

同步文件

视频文件：视频文件\第 6 章\6-1-2.mp4

Step01: 打开素材文件"考勤管理制度.docx"，单击"校对"组中的"字数统计"按钮，如下图所示。

Step02: 打开"字数统计"对话框，在其中显示了文档的统计信息，查看完后单击"关闭"按钮，如下图所示。

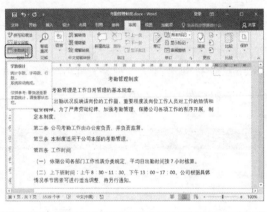

▷▷ 6.2 课堂讲解——邮件合并

如果要根据一些数据信息批量制作文档，如奖状、工资条、准考证或名片等，可通过邮件合并功能来完成这些重复性工作。邮件合并功能不但操作简单，而且功能强大，大大地提高了工作效率。

6.2.1 制作邮件主文档

通过邮件合并功能制作邀请函，分为 5 步，即创建主文档、整理数据源、连接数据源、插入合并域和生成合并文档。首先需要创建主文档，即编辑文档中内容不变的部分。制作邀请函主文档的具体操作方法如下。

同步文件

视频文件：视频文件\第 6 章\6-2-1.mp4

Step01: 新建一个空白文档，将其保存为"邀请函"，如下图所示。

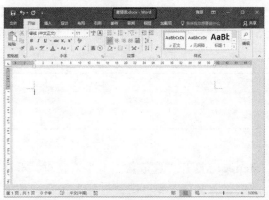

Step02: 在文档中输入邀请函的主文档内容，如下图所示。

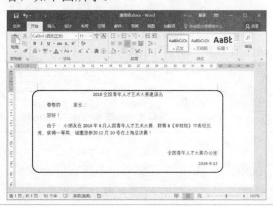

6.2.2　创建邮件合并数据源

制作完主文档后，还需要制作数据源文档。该文档就是邀请函中变化的部分，如姓名等。可以使用表格制作出姓名数据源，具体操作方法如下。

同步文件
视频文件：视频文件\第6章\6-2-2.mp4

Step01: ❶制作一个Excel表格作为数据源；❷单击快速访问工具栏中的"保存"按钮，如下图所示。

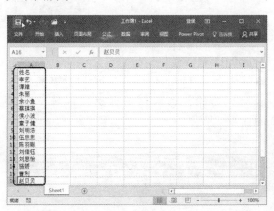

Step02: 打开"另存为"对话框，❶选择存储位置；❷输入文件名称；❸单击"保存"按钮，如下图所示。

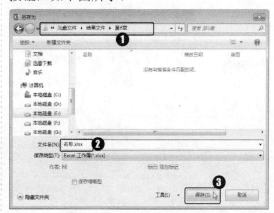

 专家点拨——创建数据源文档的其他方法

除了可以用以上方法制作数据源文档外，还可以在"邮件"选项卡的"开始邮件合并"组中单击"选择收件人"按钮，然后选择"键入新列表"选项，在打开的对话框中输入数据源的内容。

6.2.3 执行邮件合并

创建完主文档和数据源文档后，接下来将主文档连接数据源，并插入合并域，最后生成邀请函。具体操作方法如下。

同步文件

视频文件：视频文件\第 6 章\6-2-3.mp4

Step01： 打开结果文件"邀请函.docx"，❶单击"邮件"选项卡；❷单击"开始邮件合并"组中的"选择收件人"按钮；❸选择"使用现有列表"选项，如下图所示。

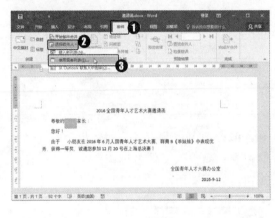

Step02： 打开"选取数据源"对话框，❶选择数据源文件；❷单击"打开"按钮，如下图所示。

Step03： 打开"选择表格"对话框，❶选中数据源所在的工作表；❷单击"确定"按钮，如下图所示。

Step04： ❶将光标定位在"家长"文本前面；❷单击"编写和插入域"组中的"插入合并域"按钮；❸选择"姓名"选项，如下图所示。

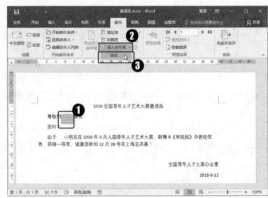

Step05: ❶继续将"姓名"插入至"小朋友"文本前；❷单击"完成"组中的"完成并合并"按钮；❸选择"编辑单个文档"选项，如右图所示。

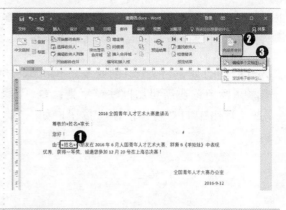

> **新手注意**
>
> 插入合并域后，可以通过单击"预览结果"组中的"预览结果"按钮查看邮件合并的效果。

Step06: 打开"合并到新文档"对话框，❶选择"全部"单选按钮；❷单击"确定"按钮，如下图所示。

Step07: 经过前面的操作，即可完成合并邀请函的文档，效果如下图所示。

▷▷ 6.3　课堂讲解——审阅与修订文档

为了实现审阅者和文档创作者的交流，Word 2016 提供了批注、修订和审阅的功能。通过在文档中添加批注可以在文档的页面内容外对某些观点和建议进行阐述，而不影响文档原有的排版效果。修订功能会对审阅者在文档中的修改自动插入修订标记，而通过审阅，文档创作者可以对审阅者的修改建议进行接受或拒绝。

6.3.1　添加和删除批注

批注是文章的创作者或审阅者为文档添加的注释或批语。在对文章进行审阅时，可以使用批注来对文档中的内容进行说明和提出建议，方便文档的审阅者与创作者之间进行交流。

> **同步文件**
>
> 视频文件：视频文件\第 6 章\6-3-1.mp4

1. 添加批注

使用批注时，首先要在文档中插入批注框，然后在批注框中输入批注内容即可。为文档内容添加批注后，标记会显示在文档中，批注标题和批注内容会显示在右侧页边距的批注框中。

例如，在"创业策划书"文档中添加批注，具体操作方法如下。

Step01: 打开素材文件"创业策划书.docx"，❶将光标定位在需要加批注文字处；❷单击"批注"组中的"新建批注"按钮，如右图所示。

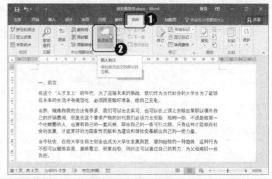

Step02: 在窗口右侧显示批注框，且自动将插入点定位到其中，如下图所示。

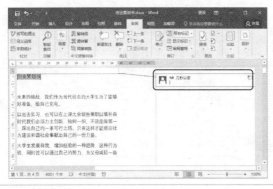

Step03: 输入批注的相关信息，然后在文档中单击即可完成添加批注信息的操作，如下图所示。

2. 删除批注

当编写者按照批注者的建议修改文档后，如果不再需要显示批注，就可以将其删除。例如，删除"创业策划书"文档中的批注，具体操作方法如下。

Step01: ❶选择或将光标定位至批注框中；❷单击"批注"组中的"删除"按钮，如下图所示。

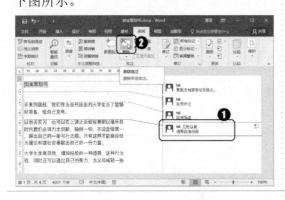

Step02: 经过上一步的操作，即可删除批注信息，效果如下图所示。

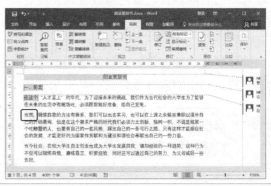

6.3.2　修订文档

在实际工作中，一篇文档一般是先由编写者输入，然后由审阅者提出修改建议，最后由创作者进行全面修改，可能需要经过多次修改后才能定稿。

在审阅其他用户编辑的文稿时，只要启用了修订功能，Word 就会自动根据修订内容显示不同的修订标记。默认状态下，增加的文字颜色会和原文的文字颜色不同，还会在增加的文字下方添加下画线；删除的文字也会改变颜色，同时添加删除线，用户可以非常清楚地看出文档中那些文字发生了变化。

当需要在审阅状态下修订文档时，首先要启用修订功能，只有在开启修订功能后对文档的修改才反映在文档中。

同步文件

视频文件：视频文件\第 6 章\6-3-2.mp4

Step01: 打开素材文件"创业策划书（修订文档）.docx"，❶单击"审阅"选项卡；❷单击"修订"组中的"修订"按钮📝，如下图所示。

Step02: ❶选择需要设置加粗的文本；❷单击"字体"组中的"加粗"按钮，如下图所示。

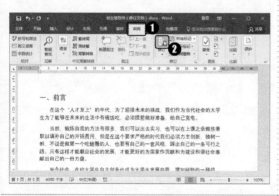

Step03: 设置标题文本加粗效果，将"九、资金动作与财务预测："标题换行，并删除标题行末尾的"："标点符号，效果如右图所示。

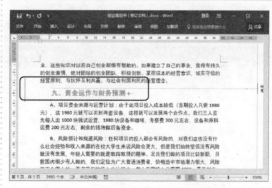

6.3.3　修订的更改和显示

当修订功能被启用后，在文档中所做的编辑都会显示出修订标记。用户可以更改修订的显示方式，如显示的状态、修订显示的颜色等。

同步文件

视频文件：视频文件\第 6 章\6-3-3.mp4

1. 突出显示修订

在启用修订模式后，用户可以显示文档的不同状态。例如，在"创业策划书（修订的更改和显示）"文档中显示最终修订的标记，具体操作方法如下。

Step01： 打开素材文件"创业策划书（修订的更改和显示）.docx"，❶单击"修订"组中的"显示以供审阅"右侧的下拉按钮；❷选择"所有标记"选项，如下图所示。

Step02： 经过上一步的操作，显示出所有修订的标记，效果如下图所示。

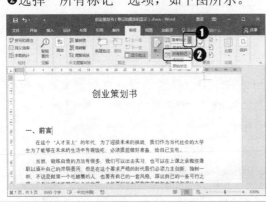

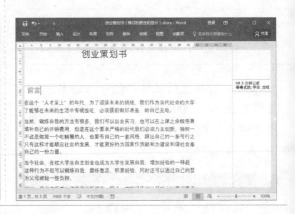

2. 更改修订标记格式

默认情况下，插入文本修订标记为下画线，删除文本标记为删除线，当多个人对同一篇文档进行修订时容易产生混淆。因此，Word 提供了 8 种用户修订颜色，供不同的修订者使用，以方便区分审阅效果。

例如，用深红双下画线标记插入的文本，用蓝色删除线标记被删除的文本，用加粗黄色的方式显示格式，具体操作方法如下。

Step01： 单击"修订"组中的对话框启动按钮，如下图所示。

Step02： 打开"修订选项"对话框，单击"高级选项"按钮，如下图所示。

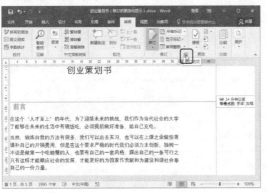

Step03: 打开"高级修订选项"对话框，❶设置插入的内容为"深红双下画线"效果；❷被删除的内容为"蓝色删除线"效果；❸文本格式为"加粗、黄色"效果；❹单击"确定"按钮，如右图所示。

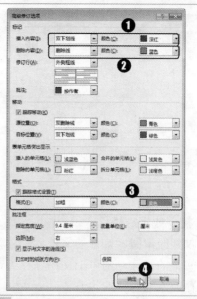

 专家点拨——表单元格突出显示功能

在"高级修订选项"对话框的"表单元格突出显示"选项组中可以对文档中的表格格式修订标记的颜色进行设置，包括插入/删除单元格、合并/拆分单元格。

Step04: 返回"修订选项"对话框，单击"确定"按钮，完成更改修订的显示效果，如下图所示。

Step05: 经过前面的操作，设置修订的显示颜色，效果如下图所示。

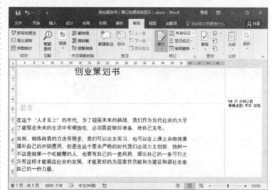

6.3.4 使用审阅功能

当审阅者对文档进行修订后，原作者或其他审阅者可以决定是否接受修订意见，既可以部分接受或全部接受修改建议，也可以部分拒绝或全部拒绝审阅者的修改建议。

 同步文件
视频文件：视频文件\第6章\6-3-4.mp4

1. 查看指定审阅者的修订

在默认状态下，Word 显示的是所有审阅者的修订标记，此时，Word 将通过不同的颜色区分不同的审阅者。如果用户只想查看某个审阅者的修订，则需要进行一定的设置。

Step01: 打开素材文件"创业策划书（审阅）.docx"，❶单击"修订"组中的"显示标记"按钮；❷选择"特定人员"选项；❸取消选择"hll用户"，如下图所示。

Step02: 经过上一步的操作，只显示 AILY 用户的修订内容，效果如下图所示。

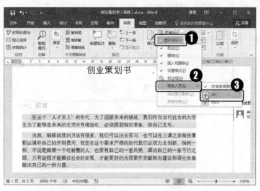

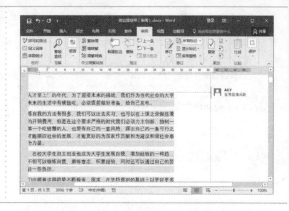

2. 接受或拒绝修订

当收到经审阅者修订的文档后，原作者或其他审阅者还可以决定是否接受修订建议。如果接受审阅者的修订，则可把文档保存为审阅者修订后的状态；如果拒绝审阅者的修订，则可把文档保存为未经修订的状态。

例如，根据情况接受或拒绝"创业策划书（审阅）"文档中的修订，具体操作方法如下。

Step01： ❶单击"修订"组中的"显示标记"按钮；❷选择"特定人员"选项；❸选择"所有审阅者"选项，如下图所示。

Step02： 单击"批注"组中的"下一条"按钮，查看相关修订信息，如下图所示。

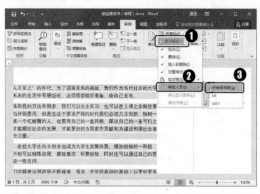

Step03： ❶根据批注内容进行修改，单击"更改"组中的"接受"按钮；❷选择"接受并移到下一条"选项，如下图所示。

Step04： 重复以上操作接受修订，如果遇到需要拒绝的修订，选择"拒绝并移到下一条"选项，如下图所示。

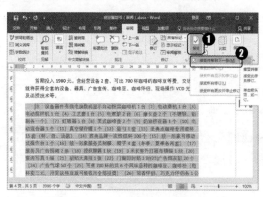

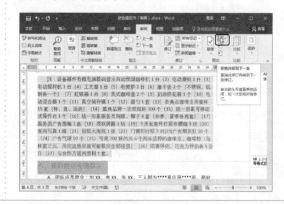

⋙ 高手秘籍——实用操作技巧

通过对前面知识的学习，相信大家已经掌握了如何校对文档、邮件合并、审阅与修订文档的基本操作了。下面结合本章内容，为大家介绍一些实用的操作技巧。

 同步文件
视频文件：视频文件\第6章\高手秘籍.mp4

技巧 01 　更改审阅者姓名

默认情况下，审阅者的姓名都是在安装软件时就设置好的，如果没有进行设置，则默认为Windows用户。为了让文档创作者清楚是谁对文档进行了审阅，可以更改审阅者的姓名。具体操作方法如下。

Step01： 选择"文件"菜单中的"选项"命令，如下图所示。

Step02： 打开"Word 选项"对话框，❶选择"常规"选项；❷在右侧部分输入"用户名"和"缩写"；❸单击"确定"按钮，如下图所示。

技巧 02 　将多人批注和修订合并在一起

如果有多名审阅者审阅文档，并且每名审阅者都返回文档，则可以按照一次合并两个文档的方式组合这些文档，直到将所有审阅者的修订都合并到一个文档中为止。合并批注与修订文档的具体操作方法如下。

Step01： 打开素材文件"交易平台.docx"，❶单击"审阅"选项卡；❷单击"比较"选项组中的"比较"按钮；❸选择"合并"选项，如下图所示。

Step02： 打开"合并文档"对话框，单击"打开"按钮，如下图所示。

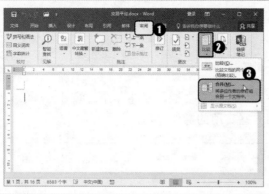
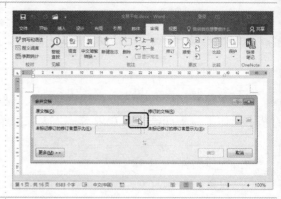

Step03: ❶选择文档保存路径；❷选择"交易平台.docx"文档；❸单击"打开"按钮，如下图所示。

Step04: ❶修订的文档选择"交易平台1.docx"；❷单击"确定"按钮，如下图所示。

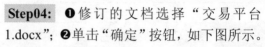

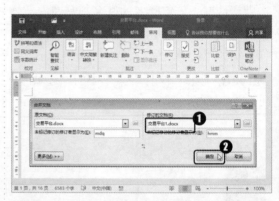

Step05: 经过前面的操作，合并文档的批注和修订，打开"合并结果1"新文档，在文档的左侧显示合并批注和修订的结果，在中间显示合并的文档，在右侧显示原始文档与参与比较的文档，效果如右图所示。

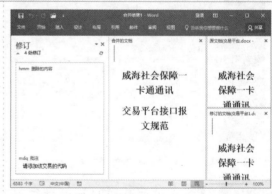

技巧 03 翻译文档中的字、词或句子

Word 本身没有内置翻译整篇文档的功能，但 Word 能够借助 Microsoft Translator 在线翻译服务帮助用户翻译整篇 Word 文档。例如，翻译整篇中文文档，具体操作方法如下。

Step01: 打开素材文件"翻译文档.docx"，❶选择需要翻译的文本，单击"审阅"选项卡；❷单击"语言"组中的"翻译"按钮；❸选择"翻译文档"选项，如下图所示。

Step02: 打开"翻译语言选项"对话框，❶设置"译自"和"翻译为"选项；❷单击"确定"按钮，打开"翻译整个文档"对话框，❸单击"是"按钮，如下图所示。

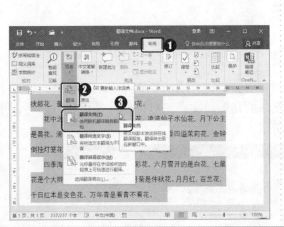

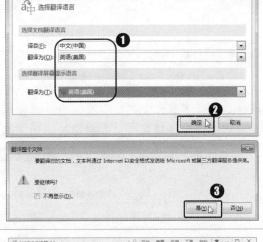

Step03: 经过前面的操作，自动打开默认的浏览器，通过第三方翻译软件进行翻译，翻译出中文对应的英文文档内容，效果如右图所示。

技巧 04　中文的简繁转换

汉语具有悠久的历史和丰富的文化内涵，而今大多数人用的都是经过简化后的汉字。Word中的中文简繁转换功能对一般汉字的简繁转换都能做到正确转换。具体操作方法如下。

Step01: ❶选择要进行转换的文本；❷单击"中文简繁转换"组的"简转繁"按钮，如下图所示。

Step02: 经过上一步的操作，转换文本为繁体，效果如下图所示。

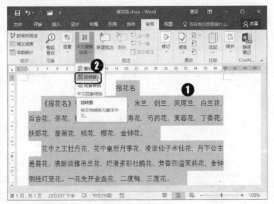

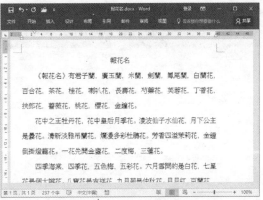

▷▷ 上机实战——校排考核制度文件

▷▷ 上机介绍

在为公司制作一些考核制度文件时，一般都要对文档进行语法检查，以避免出错；通过字数统计功能，了解本文档的字数信息；再使用批注的功能对文档进行说明；最后使用邮件合并的功能将文档发送至各组长。最终效果如下图所示。

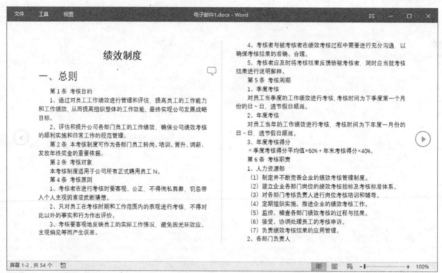

> **同步文件**
>
> 素材文件：原始文件\第 6 章\绩效考核制度.docx
> 结果文件：结果文件\第 6 章\绩效考核制度.docx、姓名.docx、电子邮件 1.docx
> 视频文件：视频文件\第 6 章\上机实战.mp4

▷▷ 步骤详解

本实例的具体操作步骤如下。

Step01： ❶单击"审阅"选项卡；❷单击"校对"组中的"拼写和语法"按钮，如下图所示。

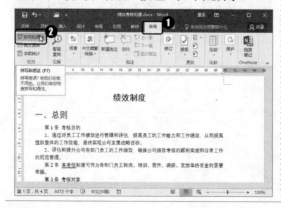

Step02： 打开"语法"任务窗格，单击"忽略规则"按钮，如下图所示。

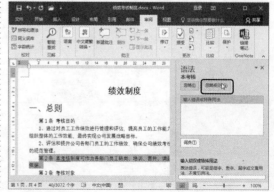

专家点拨——快速打开"语法"任务窗格

　　除了上述方法外，还可以通过按〈F7〉快捷键，直接打开"语法"任务窗格。

Step03： 继续单击"忽略规则"按钮，直到检查完拼写和语法，打开"Microsoft Word"提示对话框，单击"确定"按钮，完成拼写和语法的检查，如下图所示。

Step04： 单击"校对"组中的"字数统计"按钮，如下图所示。

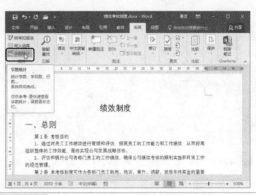

Step05： 打开"字数统计"对话框，在其中显示了文档的统计信息，查看完后单击"关闭"按钮，如下图所示。

Step06： ❶单击"审阅"选项卡；❷单击"批注"组中的"新建批注"按钮，如下图所示。

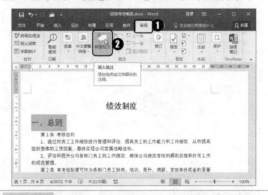

Step07： 在窗口右侧显示批注框，且自动将文本插入点定位到其中，输入批注信息，在文档中单击，完成批注的输入，如下图所示。

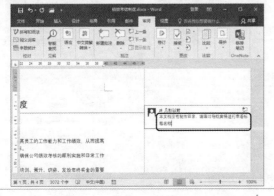

Step08： ❶按〈Ctrl+N〉组合键新建文档，插入表格并输入文字；❷单击快速访问工具栏中的"保存"按钮 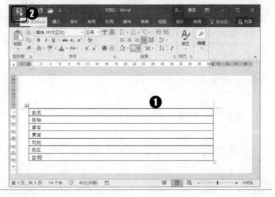，如下图所示。

Step09: 打开"另存为"对话框，❶选择保存路径；❷输入文档名称；❸单击"保存"按钮，然后关闭该文档，如下图所示。

Step10: ❶在"绩效考核制度"文档的最后输入一句话；❷单击"邮件"选项卡；❸单击"开始邮件合并"组中的"选择收件人"按钮；❹选择"使用现有列表"选项，如下图所示。

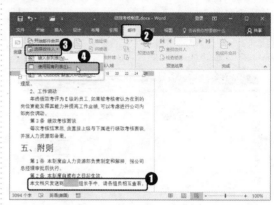

Step11: 打开"选取数据源"对话框，❶选择数据源文件；❷单击"打开"按钮，如下图所示。

Step12: ❶选中插入合并域的位置；❷单击"编写和插入域"组中的"插入合并域"按钮；❸选择"姓名"选项，如下图所示。

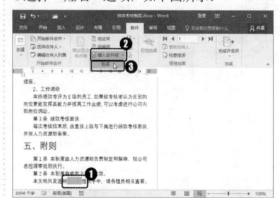

Step13: ❶单击"完成"组中的"完成并合并"按钮；❷选择"编辑单个文档"选项，如下图所示。

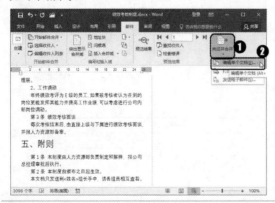

Step14: 打开"合并到新文档"对话框，❶选择"全部"单选按钮；❷单击"确定"按钮，如下图所示。

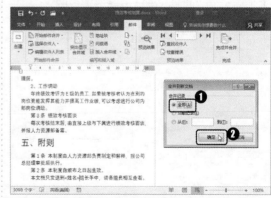

Step15: 经过前面的操作，使用邮件合并功能将各小组组长的名字插入至文档中，生成多个文件，效果如右图所示。

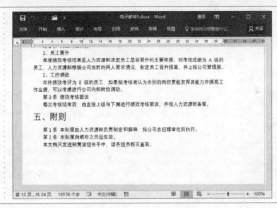

▷▷ **本章小结**

　　本章主要学习了 Word 文档的一些高级应用知识，主要包括文档校对、邮件合并、审阅与修订文档等知识点。通过本章的学习，相信读者的 Word 技能又上了一个新台阶。

第7章 使用 Excel 2016 创建数据表格

本章导读

从本章开始我们将学习 Office 系列软件中的另一个核心组件——Excel。在 Excel 中，数据是用户保存的重要信息，同时也是体现表格内容的基本元素。在实际工作中，不仅要求表格能记录数据，还要求记录数据的表格整洁、美观，数据表现更形象、突出。本章主要介绍在 Excel 2016 中创建和美化数据表格的基本操作。

知识要点

➢ 正确认识工作簿、工作表和单元格
➢ 掌握如何管理工作表
➢ 掌握数据的输入方法
➢ 掌握数据的编辑操作
➢ 掌握单元格的相关操作
➢ 掌握设置单元格格式的方法
➢ 熟悉样式的应用

效果展示

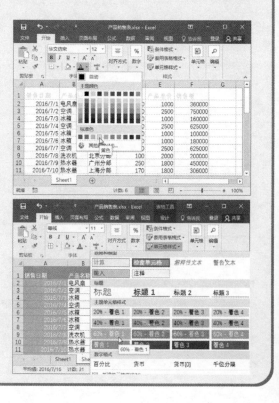

▷▷ 7.1 课堂讲解——认识工作簿、工作表和单元格

在使用 Excel 进行工作时，首先需要创建 Excel 文件。由于 Excel 文件和 Word 文件在结构上还有一些差别，所以在具体讲解 Excel 的相关操作之前，先来认识一下 Excel 文件的独特结构——工作簿、工作表和单元格。

7.1.1 工作簿、工作表和单元格的概念

工作簿、工作表和单元格是构成 Excel 文件的三大元素，也是 Excel 所有操作的基本对象。作为初学 Excel 的新手来说，了解这三者的概念并弄清楚它们之间的基本关系非常重要。

1. 工作簿

在 Excel 中创建的扩展名为.xlsx 的文件就是通常所称的工作簿文件，它是计算和存储数据的文件，也是用户进行 Excel 操作的主要对象和载体。在 Excel 2016 中，每个工作簿都拥有自己的窗口。默认情况下，新建的工作簿名称为"工作簿 1"，此后新建的工作簿将以"工作簿 2""工作簿 3"等依次命名。用户使用 Excel 创建数据表格、在表格中进行编辑及操作完成后进行保存等一系列操作大多是在工作簿这个对象上完成的。

2. 工作表

每一个工作簿可以由一张或多张工作表组成，但默认情况下在 Excel 2016 中新建的工作簿中只包含 1 张名为 Sheet1 的工作表，用户可以根据需要新建其他工作表，新建的工作表以 Sheet2、Sheet3、Sheet4 等依次命名。用户对数据进行的存储和各种编辑工作基本上都是在工作表中完成的，每一张工作表都相当于是一个 Excel 的工作平台。

3. 单元格

单元格是工作表中由行线和列线划分出来的小方格，它是 Excel 中存储数据的最小单位。一个工作表中由许多的单元格构成，在每个单元格中都可以输入符号、数值、公式及其他内容。

可以通过行号和列标来标记单元格的具体位置，即单元格地址。单元格地址常应用于公式或地址引用中，其表示方法为"列标+行号"。例如，工作表中左上角的单元格地址为 A1，即表示该单元格位于 A 列 1 行。单元格区域的表示方式为"单元格:单元格"，如 A1 单元格与 B3 单元格之间的单元格区域表示为 A1:B3。

7.1.2 工作簿、工作表和单元格的关系

工作簿、工作表和单元格三者之间的关系是包含与被包含的关系，即一张工作表中包含多个单元格，它们按行列方式排列组成了一张工作表；而一个工作簿中可以包含一张或多张工作表。具体关系如下图所示。

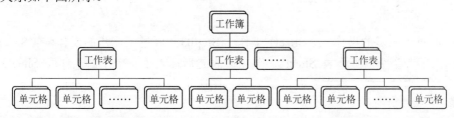

7.2 课堂讲解——工作表的基本操作

工作簿的基本操作与 Word 文档的基本操作相同，前面在讲解各组件的共性操作时已经介绍过了。因为在 Excel 中对数据进行的编辑操作大多是在工作表中进行的，所以，本章首先介绍工作表的基本操作，主要包括选择、插入、删除、重命名、移动和复制工作表。

7.2.1 切换与选择工作表

工作表是工作簿的组成部分，如果把工作簿比作书本，那么工作表就类似于书本中的书页。工作簿中的每张工作表以工作表标签的形式显示在工作簿编辑区底部，以方便用户进行切换。在 Office 中要对某个对象进行编辑首先需要选择这个对象，Excel 也遵循这样的原则，要对工作表进行插入、删除、重命名、移动或复制等操作，首先需要选择该工作表。只要单击相应的工作表标签，就可以快速切换到要选择的工作表界面。

7.2.2 插入与删除工作表

书本中的书页可以根据需要增减，工作簿中的工作表也可以根据需要增加和删除。

> **同步文件**
> 视频文件：视频文件\第 7 章\7-2-2.mp4

1. 插入工作表

在新建的 Excel 文件中默认只包含了一个工作表，如果工作表不够使用，可以根据需要插入新工作表。在 Excel 2016 中主要可以通过下面两种方法来插入新工作表。具体操作方法如下。

Step01： 启动 Excel 2016，新建一个空白工作簿，❶单击"开始"选项卡"单元格"组中的"插入"按钮；❷选择"插入工作表"选项，如右图所示。	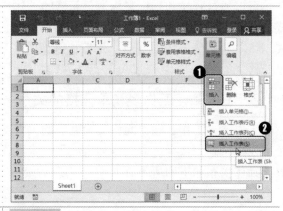

Step02： 经过上一步的操作，在 Sheet1 工作表之前插入了一个空白工作表 Sheet2。单击工作表标签右侧的"新工作表"按钮 ⊕，如下图所示。	**Step03：** 经过上一步的操作，在 Sheet2 工作表之后插入了一个空白工作表 Sheet3，如下图所示。

2. 删除工作表

当工作簿中有太多无用的工作表时，为了提高工作效率，可以将其删除。删除工作表的具体操作方法如下。

Step01: ❶在 Sheet2 工作表标签上单击鼠标右键；❷在弹出的快捷菜单中选择"删除"命令，如下图所示。

Step02: 经过上一步的操作，即可将 Sheet2 工作表删除，如下图所示。

 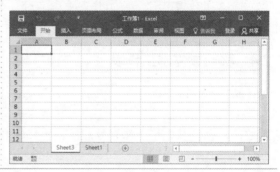

 新手注意

　　如果删除的工作表中包含数据，则在执行删除工作表命令后会弹出一个提示对话框，用户可以根据提示选择是否删除工作表。另外，选择要删除的工作表，然后单击"单元格"组中的"删除"下拉按钮，在弹出的下拉列表中选择"删除工作表"选择，也可删除选择的工作表。

7.2.3　重命名工作表

　　默认情况下，插入的新工作表将以 Sheet1、Sheet2、Sheet3……的顺序依次命名。当一个工作簿中包含多张工作表时，为了更好地区分不同的工作表，可以为工作表设置容易区别和理解的名称。重命名工作表的具体操作方法如下。

同步文件
视频文件：视频文件\第 7 章\7-2-3.mp4

Step01: 打开素材文件"销售业绩奖金表.xlsx",在要重命名的 Sheet1 工作表标签上双击,工作表标签名称变成可编辑状态,如下图所示。

Step02: ❶直接输入工作表的新名称"奖金标准",按〈Enter〉键或单击其他位置完成重命名操作;❷使用相同的方法为工作簿中的其他工作表进行重命名,如下图所示。

> **新手注意**
>
> 　　在工作表标签上单击鼠标右键,然后在弹出的快捷菜单中选择"重命名"命令,也可以重命名工作表名称。为工作表重命名时,最好设置成与工作表中内容相符的名称,以后只要通过工作表名称即可判断出其中的数据内容,以便对工作表进行有效管理。

7.2.4　移动或复制工作表

　　在制作工作簿的过程中,可以根据需要对其中的工作表位置进行调整。对于制作数据结构相同的工作表,可以使用复制工作表功能来提高工作效率。或者为了避免操作失误,影响表格原始数据,也可以先将工作表复制后,再编辑数据。

>
> **同步文件**
>
> 　　视频文件:视频文件\第 7 章\7-2-4.mp4

1. 移动工作表

　　移动工作表大多是在同一个工作簿中进行的,可以通过鼠标拖动的方法来快速调整工作表的位置。例如,将"业绩查询"工作表移动至"奖金标准"工作表之前,具体操作方法如下。

Step01: ❶选择"业绩查询"工作表;❷按住鼠标左键不放并拖动到"奖金标准"工作表标签的左侧,如下图所示。

Step02: 释放鼠标后,即可将"业绩查询"工作表移动至"奖金标准"工作表的前面,如下图所示。

2. 复制工作表

在同一个工作簿中复制工作表也可以通过鼠标拖动来完成，只需在按住〈Ctrl〉键的同时拖动工作表到需要复制的位置即可。但如果需要在不同的工作簿中移动或复制工作表，这时就需要通过菜单命令来实现了，具体操作方法如下。

Step01: 打开素材文件"销售统计表.xlsx"，❶选择 Sheet1 工作表；❷单击"开始"选项卡"单元格"组中的"格式"按钮；❸选择"移动或复制工作表"选项，如下图所示。

Step02: 打开"移动或复制工作表"对话框，❶在"将选定工作表移至工作簿"下拉列表框中选择要移动到的工作簿；❷在"下列选定工作表之前"列表框中选择需要移动到该工作簿中的具体位置，在此选择"（移至最后）"选项；❸勾选"建立副本"复选框；❹单击"确定"按钮，如下图所示。

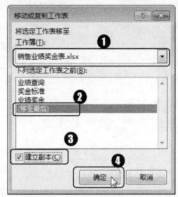

Step03: 经过前面的操作，即可在"销售统计表"工作簿中的 Sheet1 工作表复制到"销售业绩奖金表"工作簿的最后，如右图所示。

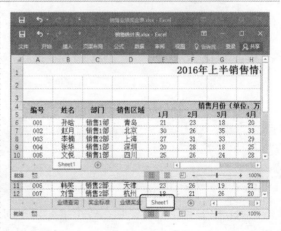

专家提示：

在"移动或复制工作表"对话框中，如果没有勾选"建立副本"复选框，则会将选择的工作表移动到目标工作簿中。

7.2.5　隐藏和显示工作表

如果不想让他人轻易看到工作表中的数据，或者为了方便其他数据表的操作，可以将不需要显示的工作表进行隐藏，等到需要时再将其显示出来。例如，将"销售业绩奖金表"工作簿中的 2 张工作表进行隐藏，具体操作方法如下。

同步文件

视频文件：视频文件\第 7 章\7-2-5.mp4

Step01： ❶按住〈Ctrl〉键的同时选择"销售业绩奖金表"工作簿中的"业绩奖金"和Sheet1工作表；❷单击"单元格"组中的"格式"按钮；❸选择"隐藏和取消隐藏"选项；❹选择"隐藏工作表"选项，如下图所示。

Step02： 经过上一步的操作后，将隐藏选择的两张工作表，如下图所示。

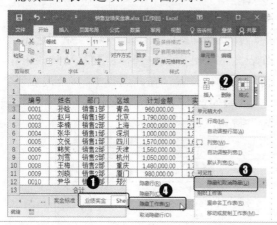

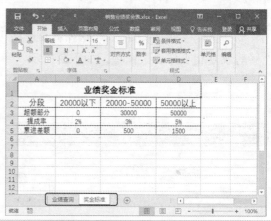

◆ **专家点拨——显示工作表**

　　隐藏工作表后，如果需要将隐藏的工作表显示出来，可以再次选择"隐藏和取消隐藏"→"取消隐藏工作表"选项。在打开的"取消隐藏"对话框的"取消隐藏工作表"列表框中选择需要重新显示的工作表名称，单击"确定"按钮即可。

▷▷ 7.3　课堂讲解——数据的输入与编辑

　　在 Excel 中，数据是用户保存的重要信息。用户在创建好 Excel 文件后，首先要向工作表中输入数据。对于表格中已经存在的数据，还可以根据需要对其进行编辑，包括移动、复制、查找和替换等。

7.3.1　选择单元格

　　Excel 中的数据都是保存在各个单元格中的，所以在讲解数据输入的操作方法之前，需要掌握单元格的选择方法。在 Excel 中除了可以选择一个单元格外，还可以选择连续的单元格区域、不连续的单元格区域、整行/整列单元格或全部单元格。

● 选择一个单元格：在 Excel 中当前选中的单元格称为活动单元格。在单元格上单击即可选中该单元格。

● 选择连续的单元格区域和不连续的单元格区域：在 Excel 中选择单元格的方法与在 Word 表格中选择单元格的方法基本相同，唯一的区别是在 Excel 中光标的形状始终为 ✛。如果要选择连续的单元格区域，可以从单元格区域的左上角拖动到右下角；如果要选择不连续的单元格区域，可以在选择一个区域后按住〈Ctrl〉键再选择第二个区域。

● 选择整行或整列单元格：单击列标题上的字母编号（列标），可以选择相应的列，在列标题上拖动可选择连续的列；单击行标题上的数字编号（行号），可以选择相应的行，在行标题上拖动可选择连续的行。

● 选择全部单元格：在行标记和列标记的交叉处有一个"全选"按钮██，单击该按钮即可选择工作表中的所有单元格。按〈Ctrl+A〉组合键也可选择全部单元格。

此外，还可通过 Excel"名称框"定位单元格。例如，在名称框中输入单元格地址"C4"，然后按〈Enter〉键，C4 单元格将被选中，如左下图所示；在名称框中输入单元格区域表达式"A1:C5"，然后按〈Enter〉键，A1:C5 单元格区域已被选中，如右下图所示。

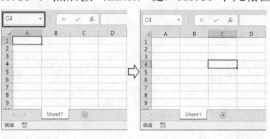 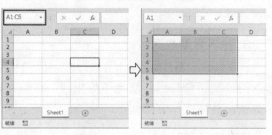

7.3.2　输入数据

Excel 工作表中常用的数据类型包括文本型、货币型和日期型等。不同类型的数据在输入时使用的输入方式也不同。本节主要为读者介绍不同类型数据的输入方式，后期可以通过设置数字格式再改变数据的显示效果。

同步文件

视频文件：视频文件\第 7 章\7-3-2.mp4

1. 输入普通数据

在表格中最常用的就是输入一些常用的数据，常用的普通数据不需要设置特殊的格式，选择单元格后直接输入即可，输入完成后按〈Enter〉键确认。其操作方法与在 Word 表格中的输入方法相同，在此不再赘述。

2. 输入文本型数字

在 Excel 表格中有时也需要输入一些特殊的数字数据，如要保留数字前面的 0 或输入 10 位以上的数字，如果不先进行单元格格式设置，按照普通数据的输入方法直接输入，输入完成后数据会自动发生变化，得不到需要的效果。此时，需要在输入前先输入英文状态下的单引号"'"，让 Excel 将其理解为文本格式的数据。例如，要输入以 0 开头的员工编号，具体操作方法如下。

Step01： 打开素材文件"值班表.xlsx"，❶选择 E2 单元格；❷在编辑栏中输入数据"'000150116"数据；❸单击编辑栏中的"输入"按钮√，如右图所示。

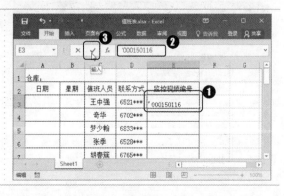

Word/Excel/PowerPoint 2016办公应用从入门到精通

Step02: 经过上一步的操作，即可看到单元格中显示的正是以 0 开头的数据。用相同方法输入另一个监控视频编号，完成后的效果如右图所示。

3. 输入日期数据

在 Excel 表格中输入日期数据时，按"年-月-日"格式或"年/月/日"格式输入均可，如果输入的日期年份与当前系统年份相同，在输入日期时可省略年份。例如，要在值班表中输入日期数据，具体操作方法如下。

Step01: 选择 A3 单元格，输入文字内容"12-29"，如下图所示。

Step02: ❶按〈Enter〉键后，A3 单元格中将自动显示为"2016/12/29"；❷用相同的方法输入后面 2 个单元格中的日期数据；❸选择 A6 单元格，输入文字内容"2017/1/1"，如下图所示。

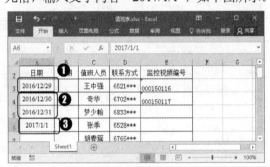

4. 快速在多个单元格中输入相同的数据

如果需要在多个单元格中输入相同的数据，此时可以先选择多个单元格然后一次性完成数据的输入。具体操作方法如下。

Step01: ❶选择要输入相同数据的多个单元格或单元格区域；❷在其中的一个单元格中输入数据，如下图所示。

Step02: 输入完数据后，按〈Ctrl+Enter〉组合键，即可一次输入多个单元格的内容，效果如下图所示。

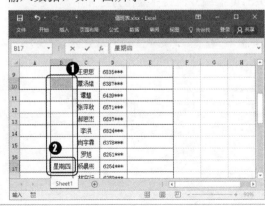

7.3.3 快速填充数据

在工作表中输入数据时，经常需要输入一些有规律的数据，对于这些数据，可以使用填充功能来提高数据输入的效率。使用填充功能可以在一系列连续的单元格中快速填充序列数据，也可以复制相同的内容，还可以只复制单元格的格式等。例如，在值班表中根据需要快速填充各种数据，具体操作方法如下。

同步文件

视频文件：视频文件\第 7 章\7-3-3.mp4

Step01: ❶选择 A6 单元格，将鼠标指针移动到该单元格的右下角，可以看到鼠标指针变成了+形状，即显示为填充控制柄；❷按住鼠标左键不放向下拖动填充到 A28 单元格，如下图所示。

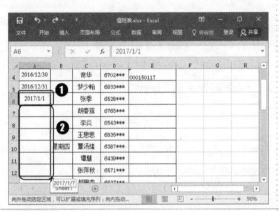

Step02: 释放鼠标左键即可为 A7:A28 单元格区域填充等差为一天的日期数据。❶选择 B3 单元格，将鼠标指针移动到该单元格的右下角；❷当鼠标指针变为+形状时，按住鼠标左键不放向下拖动填充到 B28 单元格，如下图所示。

Step03: 经过上一步的操作，即可快速向下填充星期数据。❶选择 D3 单元格；❷向下拖动填充到 D28 单元格，如下图所示。

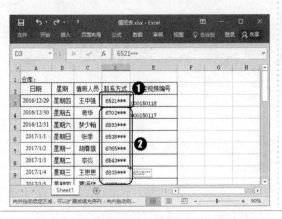

Step04: 经过上一步的操作，即可快速向下填充等差为 1 的数据。❶单击单元格区域右下角出现的"自动填充选项"按钮；❷选择"复制单元格"单选按钮，如下图所示。

Step05: 经过上一步的操作，该列单元格数据将复制为 D3 单元格中的数据。❶选择 E3:E4 单元格区域；❷向下拖动填充控制柄到 E28 单元格，完成该列单元格的数据填充，完成后的效果如下图所示。

专家点拨——快速填充序列

拖动填充控制柄也可以填充有规律的数据，只需在要填充的前两个单元格内输入数据，让 Excel 识别到规律，再拖动填充控制柄使其自动填充数据即可。如果没有填充需要的序列，还可以单击单元格区域右下角出现的"自动填充选项"按钮，在弹出的下拉列表中选择按等差或等比进行填充。另外，也可以先选择要填充序列的单元格区域，然后单击"开始"选项卡"编辑"组中的"填充"按钮，在弹出的下拉列表中选择"序列"选项，在打开的"序列"对话框中根据需要设置要填的序列类型来填充数据。

7.3.4 修改数据

在输入单元格数据时，如果因为输入时不小心将数据输入错误或数据与名称不对应，需要修改数据或重新输入，可以选择单元格，在编辑栏中直接进行修改；也可以双击单元格将文本插入点定位在该单元格中，再修改相应的内容；如果在单元格中输入的数据全部错误或者出错的数据较多，则可以先选择单元格再按〈Delete〉键删除数据，然后重新输入正确的内容。

7.3.5 移动和复制数据

在编辑工作表中的数据时，常常会遇到要输入相同的数据，或要将已有数据从现在的位置中移动至其他位置，这时可以使用移动或复制命令来减少工作量，提高工作效率。

 同步文件

视频文件：视频文件\第 7 章\7-3-5.mp4

1. 移动数据

如果发现工作表中的数据位置输入错误了，只需使用 Excel 提供的移动数据功能来调整数据的位置即可。例如，将"销售额统计表"工作簿中的部分数据交换位置，具体操作方法如下。

Step01: 打开素材文件"销售额统计表.xlsx"，❶选择需要移动的 H 列部分数据；❷单击"剪贴板"组中的"剪切"按钮 ，如右图所示。

 新手注意

如果直接使用拖动鼠标的方法移动表格中的数据，会将目标单元格中原有的数据替换掉。

Step02: ❶选择需要粘贴数据的位置，这里选择 G 列中的部分单元格区域，并在其上单击鼠标右键；❷在弹出的快捷菜单中选择"插入剪切的单元格"命令，如下图所示。

Step03: 经过前面的操作后，即可将 H 列和 G 列中的数据交换，效果如下图所示。

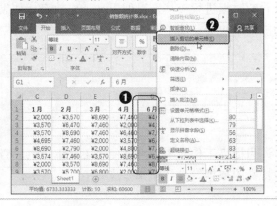

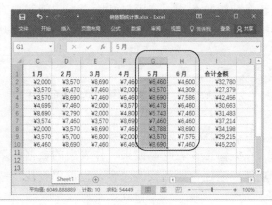

2. 复制数据

如果表格中需要的原始数据事先已经存在表格中，为了避免重复劳动以及减少二次输入数据可能产生的错误，可以通过复制和粘贴命令来进行操作。具体操作方法如下。

Step01: ❶选择需要复制的数据，在此选择 A、B 和 I 列单元格区域；❷单击"剪贴板"组中的"复制"按钮，如下图所示。

Step02: 单击 Sheet1 工作表标签右侧的"新工作表"按钮 ，如下图所示。

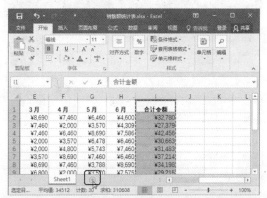

Step03: 单击"剪贴板"组中的"粘贴"按钮，即可将刚刚复制的 Sheet1 工作表中的单元格数据粘贴到 Sheet2 工作表中，如右图所示。

> 🔍 **专家点拨——使用组合键移动/复制数据**
>
> 移动与复制数据还可以使用组合键，按〈Ctrl+X〉组合键剪切数据后，按〈Ctrl+V〉组合键进行粘贴，完成数据的移动；按〈Ctrl+C〉组合键进行复制后再粘贴即可进行复制数据。

7.3.6 查找与替换数据

在编辑表格数据时，查找和替换数据也是常见操作。在编辑和审阅工作表数据时，如果数据较多或较复杂，用户可以利用查找功能对要查看的数据进行查找，以便提高工作效率。如果要批量修改工作表中的数据，则可以使用替换功能，既快捷又简单。

 同步文件

视频文件：视频文件\第 7 章\7-3-6.mp4

1. 查找数据

在编辑工作表时，如果工作表中的数据较多，为提高工作效率，可以使用 Excel 提供的查找功能快速定位要查找的内容，也可以查找一些特殊的数据。具体操作方法如下。

Step01: 打开素材文件"值班表.xlsx"，❶单击"编辑"组中的"查找和替换"按钮；❷选择"查找"选项，如下图所示。

Step02: 打开"查找和替换"对话框，❶在"查找内容"文本框中输入要查找的内容；❷单击"查找全部"按钮；❸在下方的列表框中显示出所有查找到的项，单击即可快速跳转到相应的单元格中，如下图所示。

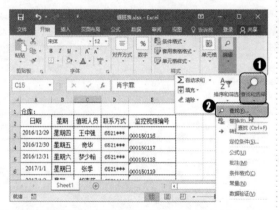

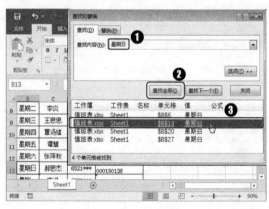

2. 替换数据

如果在编辑数据时发现多处同样的错误，可以使用替换功能来统一进行修改。具体操作方法如下。

Step01: ❶单击"编辑"组中的"查找和替换"按钮；❷选择"替换"选项。

Step02: 打开"查找和替换"对话框，❶在"查找内容"和"替换内容"文本框中输入内容；❷单击"替换全部"按钮，如下图所示。

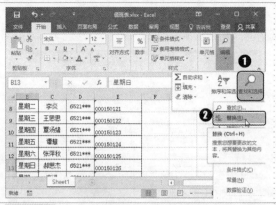

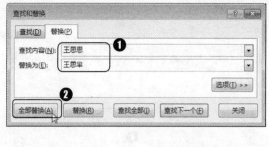

Step03: 打开"Microsoft Excel"提示对话框，提示已经完成替换，以及完成了几处替换，单击"确定"按钮，如下图所示。

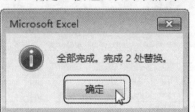

Step04: 返回"查找和替换"对话框，单击"关闭"按钮，如下图所示。

▷▷ 7.4　课堂讲解——编辑行、列和单元格

在 Excel 工作表中不仅会对单元格中的数据进行操作，也会根据需要直接对单元格进行操作。本节就来介绍单元格的相关操作，包括插入/删除单元格、调整行高与列宽、合并和拆分单元格等。

7.4.1　插入/删除单元格

在编辑工作表的过程中，如果用户少输入了一些内容，可以通过插入单元格、行/列来添加数据，以保证表格中的其他内容不会发生改变。如果在表格中插入了多余的单元格、行/列，也可以将其删除。

同步文件
视频文件：视频文件\第 7 章\7-4-1.mp4

1. 插入单元格

在 Excel 中，可以通过"单元格"组中的"插入"按钮来插入单个单元格、插入一行或者一列单元格。例如，在第 3 行之前插入行和在第 E 列之前插入列，具体操作方法如下。

Step01: ❶选择第 3 行单元格；❷单击"单元格"组中的"插入"按钮；❸选择"插入

Step02: 经过上步操作，即可在所选单元格上方插入一行空白单元格。❶选择 E 列单元工作表行"选项，如下图所示。

格；❷单击"插入"按钮；❸选择"插入工作表列"选项，如下图所示。

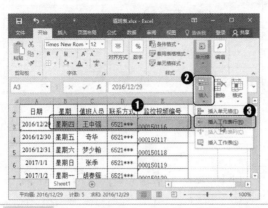

Step03： 经过上步操作，即可在所选单元格的左侧插入一列空白单元格，在该列单元格中输入相应的数据，效果如右图所示。

> **新手注意**
>
> 在工作表中直接单击"插入"按钮，选择的单元格内容会向右移，插入的空白单元格在左侧。如果需要让单元向下移动，则在选择"插入单元格"选项后，在打开的对话框中设置相应的选项。

2. 删除单元格

在 Excel 2016 中，选择单元格后按〈Delete〉键只能删除单元格中的内容。如果工作表中有多余的行、列或单元格，且需要在删除单元格数据的同时删除对应的单元格位置，可使用直接删除单元格。删除行、列或单元格的操作与插入行、列或单元格的方法相似。具体操作方法如下。

Step01： ❶选择要删除的行；❷单击"单元格"组中的"删除"按钮；❸选择"删除工作表行"选项，如下图所示。

Step02： 经过上一步的操作，即可删除所选单元格所在的行，效果如下图所示。

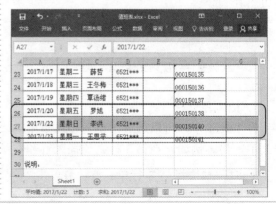

7.4.2 调整行高与列宽

新建的工作表中，单元格的行高与列宽是固定的，但在实际制作表格时，可能会在一个单元格中输入较多内容，导致文本或数据不能完整地显示出来，这时就需要适当调整单元格的行高或列宽了。例如，要调整值班表中的部分行高，具体操作方法如下。

同步文件

视频文件：视频文件\第 7 章\7-4-2.mp4

专家点拨——精确调整行高和列宽

选择要调整的单元格后，单击"单元格"组中的"格式"按钮，选择"行高"或"列宽"选项，在打开的对话框中可以精确设置行高和列宽值；若选择"自动调整行高"或"自动调整列宽"选项，系统会根据单元格中的内容自动调整单元格的行高和列宽。

Step01: ❶选择第 30 行和第 31 行单元格；❷将鼠标光标移至其中一行的行号分隔线处，当鼠标光标变为╪形状时向下拖动，此时鼠标光标右上侧将显示出正在调整行的行高的具体数值，拖动调整至需要的行高后释放鼠标左键即可，如下图所示。

Step02: 经过上一步的操作，即可调整所选各行的行高，如下图所示。

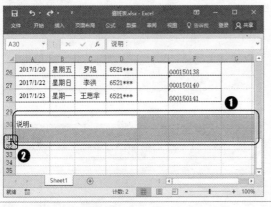

7.4.3 合并和拆分单元格

工作表中的内容排列都是比较规范的，根据数据安排的需要，有时需要对多个单元格进行合并，形成一个较大的单元格。不过需要注意，如果在 Excel 中对已经输入了各种数据的单元格区域进行合并，则合并后的单元格中将只显示原来第一个单元格中的内容。在 Excel 中，合并后的单元格还可以再次拆分为合并前的状态。合并和拆分单元格的具体操作方法如下。

同步文件

视频文件：视频文件\第 7 章\7-4-3.mp4

Step01: ❶选择要拆分的 A1 单元格；❷单击"开始"选项卡"对齐方式"组中的"合并后居中"按钮 ，如下图所示。

Step02: 经过上一步的操作，即可将曾经合并的单元格拆分为多个单元格。❶选择要合并的 A3:F3 单元格区域；❷单击"合并后居中"按钮，如下图所示。

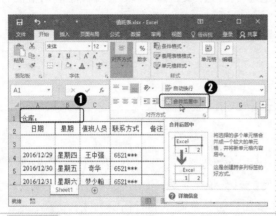

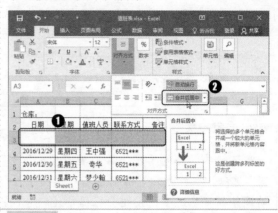

Step03: 经过上一步的操作，即可将选择的多个单元格合并为一个单元格，效果如下图所示。

Step04: ❶选择 A30:F31 单元格区域；❷单击"合并后居中"下拉按钮；❸选择"跨越合并"选项，如下图所示。

Step05: 经过上一步的操作，即可将选择的多个单元格根据行分别合并为一个单元格，效果如右图所示。

▷▷ 7.5　课堂讲解——设置单元格格式

Excel 2016 在默认状态下制作的工作表具有相同的文字格式和对齐方式，没有边框和底纹效果。为了让制作的表格更加美观和便于交流，最简单的办法就是设置单元格的格式，包括为单元格设置文字格式、数字格式、对齐方式、边框和底纹等。只有恰到好处地集合这些元素，才能更好地表现数据。当然也可以通过套用系统预置的表格样式和单元格样式快速完成格式设置。

7.5.1 设置字体格式

在使用 Excel 表格时，为了使表格数据更清晰，整体效果更美观，常常会对字体、字号、字形和颜色进行调整。在 Excel 中为单元格数据设置字体格式的方法与在 Word 中设置字体格式的方法基本相同。例如，对表头内容的字体、字号和文字颜色进行设置，具体操作方法如下。

 同步文件

视频文件：视频文件\第 7 章\7-5-1.mp4

 新手注意

如果要为单元格同时设置字体、数字等格式，可以直接在"设置单元格格式"对话框"字体"选项卡中进行设置。

Step01: 打开素材文件"产品销售表.xlsx"，❶选择 A1:F1 单元格区域；❷在"开始"选项卡的"字体"组中设置字体为"华文仿宋"，字号为"12"；❸单击"加粗"按钮，如下图所示。

Step02: ❶单击"字体颜色"下拉按钮；❷选择需要的颜色，如"黄色"，如下图所示。

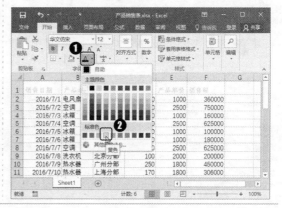

7.5.2 设置数字格式

在单元格中输入数据后，Excel 会自动识别数据类型并应用相应的数字格式。前面在讲解输入数据时就已经知道不能直接输入以 0 开头的数字，虽然可以通过设置为文本型数据的方法得以正确显示。其实，也可以通过设置数字格式的方法让输入的数据自动显示为需要的效果。此外，还经常需要在工作表中输入日期、货币等特殊格式的数据。例如，输入人民币的符号"￥"，让日期显示为"2015 年 12 月 20 日"等，也可以通过设置数字格式来实现。具体操作方法如下。

同步文件

视频文件：视频文件\第 7 章\7-5-2.mp4

Step01: ❶选择 A 列单元格；❷单击"数字"组中"数字格式"下拉按钮；❸选择"长日期"选项，如下图所示。

Step02: 经过上一步的操作，即可让 A 列单元格中的日期数据显示为设置的格式。❶选择 E 列和 F 列单元格；❷单击"数字"组中的对话框启动按钮，如下图所示。

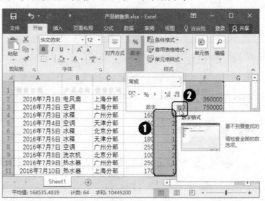

Step03: 打开"设置单元格格式"对话框，❶在"数字"选项卡的"分类"列表框中选择"货币"选项；❷在"小数位数"数值框中输入"1"；❸在"负数"列表框中选择需要显示的负数样式；❹单击"确定"按钮，如下图所示。

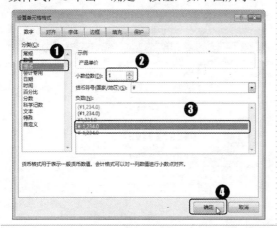

Step04: 经过上一步的操作，返回工作表中即可以看到 E 列和 F 列单元格中的数据显示发生了变化，效果如下图所示。

 专家点拨——快速设置常见数字格式

单击"数字"组中的"增加小数位数"按钮，可以让所选单元格区域的数据以原有数据的最大小数位数为标准增加一位小数；单击"减少小数位数"按钮，则可以让数据减少一位小数；单击"百分比样式"按钮%，可以让数据显示为百分比样式；单击"千位分隔样式"按钮，可以为数据添加千位分隔符。

7.5.3 设置对齐方式

默认情况下，在 Excel 中输入的文本显示为左对齐，数据显示为右对齐。为保证工作表中数据的整齐性，可以为单元格中的数据重新设置对齐方式。例如，设置表头文本居中对齐，具体操作方法如下。

同步文件

视频文件：视频文件\第 7 章\7-5-3.mp4

Step01： ❶选择 A1:F1 单元格区域；❷单击"对齐方式"组中的"垂直居中"按钮，即可让选择的单元格区域中的数据在单元格中上下居中对齐，如下图所示。

Step02： 单击"对齐方式"组中的"居中"按钮，即可让选择的单元格区域中的数据在单元格中左右也居中对齐，如下图所示。

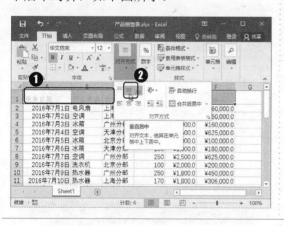

7.5.4 设置单元格边框和底纹

在 Excel 2016 中，单元格的背景默认是白色的，边框在屏幕上看到是浅灰色的，但是其实是打印不出来的，即没有边框。为了突出显示数据表格，使表格更加清晰、美观，可以为表格设置适当的边框和底纹。具体操作方法如下。

同步文件

视频文件：视频文件\第 7 章\7-5-4.mp4

Step01： ❶选择 A3:F32 单元格区域；❷单击"字体"组中的"下框线"下拉按钮；❸选择"所有框线"选项，如下图所示。

Step02： 经过上一步的操作，即可为所选单元格区域设置边框效果。❶选择 A1:F1 单元格区域；❷单击"对齐方式"组的对话框启动按钮，如下图所示。

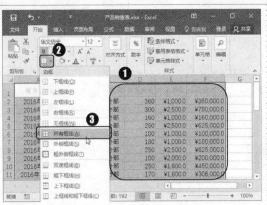

Step03: 打开"设置单元格格式"对话框，❶单击"边框"选项卡；❷在"线条样式"列表框中选择"粗线"选项；❸在"边框"选项组中需要添加边框效果的预览效果图上单击，如下图所示。

Step04: ❶单击"填充"选项卡；❷在"背景色"列表框中选择要填充的颜色；❸单击"确定"按钮，如下图所示。

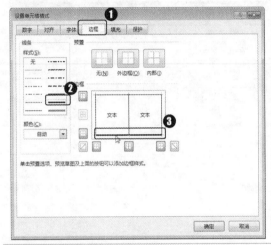

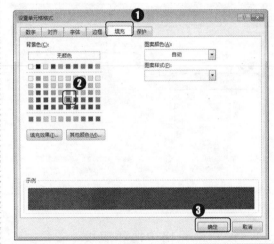

Step05: ❶选择 A3:F3 单元格区域；❷单击"字体"组中的"填充颜色"下拉按钮；❸选择需要填充的颜色，如下图所示。

Step06: ❶选择 A2:F3 单元格区域，向下拖动填充控制柄至 F32 单元格；❷单击单元格区域右下角出现的"自动填充选项"按钮；❸选择"仅填充格式"单选按钮，如下图所示。

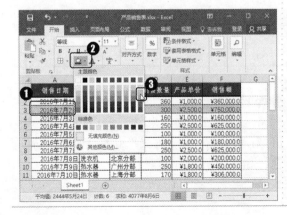

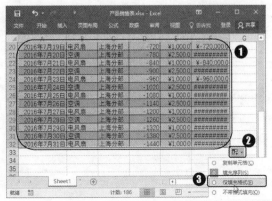

Step07:　经过前面的操作，即可为该表格隔行填充背景色，效果如右图所示。

 专家点拨——快速打开"设置单元格格式"对话框

按〈Ctrl+1〉组合键，可快速打开"设置单元格格式"对话框。

7.5.5　套用表样式

Excel 提供了许多预定义的表样式，使用这些样式可以快速美化表格效果。套用表格样式后，表格区域将变为一个特殊的整体，最明显的就是会为数据表格添加自动筛选器，方便用户筛选表格中的数据。套用表样式后，用户也可以根据需要在"表格工具-设计"选项卡中设置表格区域的名称和大小，在"表样式选项"组中还可以对表元素（如标题行、汇总行、第一列、最后一列、镶边行和镶边列）设置快速样式……从而对整个表格样式进行细节处理，进一步完善表格格式。应用预定义表样式的具体操作方法如下。

 同步文件
视频文件：视频文件\第 7 章\7-5-5.mp4

 专家点拨——自定义表样式

如果预定义的表样式不能满足需要，可以创建并应用自定义的表样式。在"套用表格格式"下拉列表中选择"新建表样式"选项，在打开的对话框中设置新建表格样式的名称，在"表元素"列表框中选择需要定义样式的表格组成部分，单击"格式"按钮，即可为该部分定义具体的格式。

Step01:　❶复制 Sheet1 工作表；❷选择整个表格；❸单击"编辑"组中的"清除"按钮；❹选择"清除格式"选项，如下图所示。

Step02:　经过上一步的操作，即可让复制的表格数据显示为没有任何格式的效果，❶选择 A1:F32 单元格区域；❷单击"样式"组中的"套用表格格式"按钮；❸选择需要的表格样式，如下图所示。

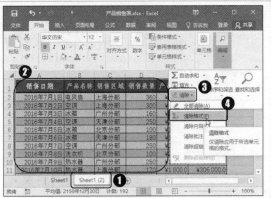 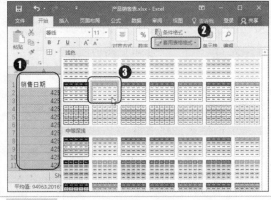

Step03: 打开"套用表格式"对话框，❶确认设置单元格区域并勾选"表包含标题"复选框；❷单击"确定"按钮，即可看到添加表样式的效果，如下图所示。

Step04: 在"表格工具-设计"选项卡的"表格样式选项"组中取消勾选"筛选按钮"复选框，并勾选"镶边列"复选框，即可看到第一行数据被隐藏筛选按钮，同时添加列边框线后的效果，如下图所示。

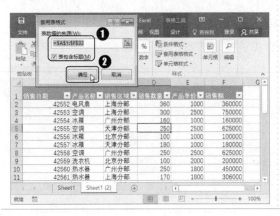 

7.5.6　设置单元格样式

在 Excel 中，系统提供了一系列单元格样式，如字体和字号、数字格式、单元格边框和底纹，称为内置单元格样式。使用内置单元格样式，可以快速对表格中的单元格设置格式，起到美化工作表的目的。套用单元格样式的方法与套用表格样式的方法基本相同。具体操作方法如下。

 专家点拨——自定义单元格样式

用户还可以根据需要自定义单元格样式，创建更具个人特色的表格。只须在"单元格样式"下拉列表中选择"新建单元格样式"选项，在打开的"样式"对话框中输入新建单元格样式的名称，单击"格式"按钮，并设置各种单元格格式即可。

 同步文件

视频文件：视频文件\第 7 章\7-5-6.mp4

Step01: ❶选择 E 列和 F 列单元格；❷单击"样式"组中的"单元格样式"按钮；❸选择"数字格式"中的"货币[0]"选项，即可为所选单元格区域设置相应的数字格式，如下图所示。

Step02: ❶选择 A2:A32 单元格区域，并设置数字格式为"短日期"；❷单击"样式"组中的"单元格样式"按钮；❸选择需要的主题单元格样式，即可为所选单元格区域设置相应的单元格格式，如下图所示。

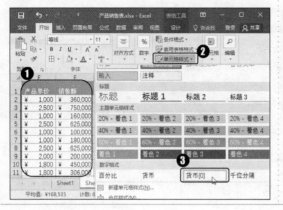

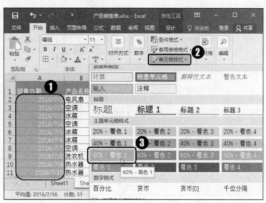

▷▷ 高手秘籍——实用操作技巧

通过对前面知识的学习，相信读者朋友已经掌握了使用 Excel 2016 创建数据表格的基本操作。下面结合本章内容介绍一些实用的操作技巧。

同步文件

视频文件：视频文件\第 7 章\高手秘籍.mp4

技巧 01 并排查看两个工作簿中的数据

当要比较和查看两个工作簿中的内容时，可以通过并排查看的方法将两个窗口进行上下排列，同时会开启同步查看功能，当拖动滚动条时两个窗口会同步滚动，以便查看数据。并排查看打开的两个工作簿窗口的具体操作方法如下。

Step01: 打开素材文件"员工工资表.xlsx"和"员工档案信息.xlsx"，在任意一个工作簿窗口中单击"视图"选项卡"窗口"组中的"并排查看"按钮，如右图所示。

Step02: 打开"并排比较"对话框，❶在列表框中选择要并排比较的工作簿名称；❷单击"确定"按钮，如下图所示。

Step03: 经过前面的操作，系统会将 2 个工作簿窗口水平并排显示在屏幕上，方便用户查看其中的数据，效果如下图所示。

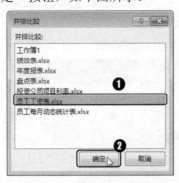

技巧 02   **拆分窗口查看相距较远的两列数据**

当要比较和查看同一个工作表中位置相距较远的内容时，可以通过拆分功能将窗口拆分为最多 4 个大小可调的窗格，以便将工作表分成多个区域显示，滚动一个窗格中的内容将不影响其他窗格的内容。拆分窗口的具体操作方法如下。

Step01: ❶选择工作表中要拆分窗口位置的单元格，这里选择 C3 单元格；❷单击"视图"选项卡"窗口"组中的"拆分"按钮，如下图所示。

Step02: 经过上一步的操作，窗口将拆分为 4 个小窗口，将鼠标光标移动到窗格分隔线上并拖动，即可调整这 4 个窗格的大小。单击水平滚动条或垂直滚动条即可查看和比较工作表中的数据，效果如下图所示。

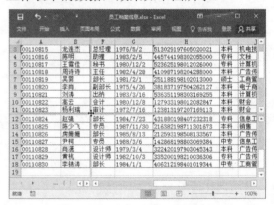

   专家点拨——取消拆分窗口

    再次单击"拆分"按钮将取消窗口的拆分。

技巧 03   **通过冻结窗口固定某区域数据在窗口中的显示位置**

在 Excel 中还可以通过冻结工作表功能来冻结需要固定的表头或特殊区域，使这些固定的区域在其他部分滚动时处于锁定状态，始终显示在屏幕中并处于可见状态，以方便用户随时查看工作表中距离表头和特殊区域较远的数据。例如，将刚刚拆分的窗格进行冻结，具体操作方法如下。

Step01： ❶单击"视图"选项卡"窗口"组中的"冻结窗格"按钮；❷选择"冻结拆分窗格"选项，如下图所示。

Step02： 经过上一步的操作，系统自动将冻结工作表的表头部分和左侧3列单元格，拖动垂直滚动条和水平滚动条查看工作表中的数据时，前2行和左3列数据不进行移动，如下图所示。

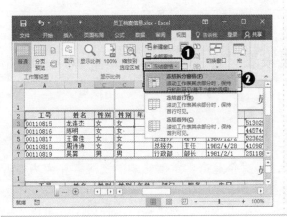

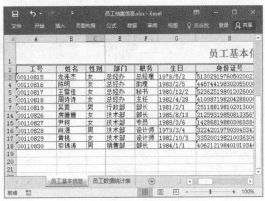

 新手注意

　　在冻结工作表窗格时，可以冻结工作表中的首行首列或多行多列。冻结首行是指将工作表中的第一行固定起来不动，而其他行可以进行滚动；冻结首列是指将工作表中的第一列固定起来不动，而其他列可以进行滚动；冻结多行多列要通过冻结窗格来完成，即先进行窗口拆分，然后冻结拆分窗格。如果工作表中首行或首列有不需要冻结的内容，则可以先将不需要的首行或首列进行隐藏后再执行"冻结窗格"命令。

技巧 04　为单元格内容添加批注

　　要为单元格中的数据添加注释信息时，可通过插入批注来实现。添加批注的具体操作方法如下。

Step01： ❶选择要添加批注的 H1 单元格；❷单击"审阅"选项卡"批注"组中的"新建批注"按钮，如下图所示。

Step02： 在插入的批注框中输入批注信息，如下图所示。

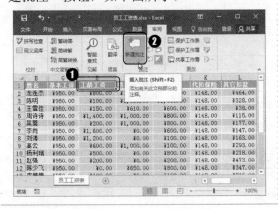

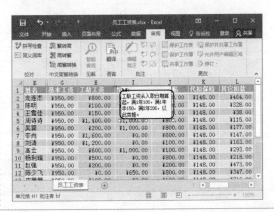

> ◆ **新手注意**
>
> 　　单击"审阅"选项卡"批注"组中的"显示所有批注"按钮，即可显示所有插入的批注。单击"显示/隐藏批注"按钮，可以显示或隐藏工作表中的批注。在有批注标记的单元格上单击鼠标右键，可以在快捷菜单中选择编辑批注、删除批注、显示或隐藏批注。

▷▷ 上机实战——制作员工动态管理报表

≫ 上机介绍

　　人力资源是社会各项资源中最关键的资源，是对企业产生重大影响的资源。在人力资源管理中，HR 需要根据不同的情况，不断地调整工作的重点，以保证人力资源管理保持良性运作。其中，每月对公司员工的状况作一次统计是必不可少的。为了提高工作效率，可以先制作一份员工每月动态统计表，然后根据人员流动等情况直接填写即可。本案例就来制作一份员工动态管理报表，涉及工作表操作、输入与编辑数据、设置单元格格式等操作，最终效果如下图所示。

年　　月员工动态管理报表									
填报单位				当月在册人数			实际在岗人数		
当月引进员工情况		序号	部门	姓名	性别	身份证号	安置岗位	合理度		引进理由
								单位需要	公司安排	
		1								
		2								
当月流出员工情况	项目	序号	部门	姓名	性别	身份证号	流出岗位	合理度		流出理由
								主动离岗	被动离岗	
	辞职									
	旷工									
	调动									
当月累计不在岗时间7天以上员工情况		序号	部门	姓名	性别	身份证号	所在岗位	合理度		不在岗理由
								单位允许	个人自动	
		1								
		2								
		3								
		4								
		5								
老员工在岗情况		入厂5年以上员工人数			入厂10年以上员工人数			入厂20年以上员工人数		
新进员工在岗情况		入厂1月以内员工人数			入厂3月以内员工人数			入厂1年以内员工人数		
单位本月销售收入		人均销售收入			本月利润		人均利润			
本月出现的高绩效事件（提高员工积极性的措施、技术改革创新等情况，要求实事求是填写，没有则不填）										
本月人力资源方面潜在的问题或面临的困难（要求实事求是填写，没有则不填）										

同步文件

素材文件：素材文件\第 7 章\无
结果文件：结果文件\第 7 章\员工动态管理报表.xlsx
视频文件：视频文件\第 7 章\上机实战.mp4

步骤详解

本实例的具体操作步骤如下。

Step01: ❶新建一个空白演示文稿，并以"员工动态管理报表"为名进行保存；❷重命名 Sheet1 工作表为"1 月"；❸单击工作表标签右侧的"新工作表"按钮⊕，如下图所示。

Step02: ❶将新建的工作表重命名为"2 月"；❷继续新建其他工作表并重命名，完成后的效果如下图所示。

Step03: ❶按住〈Ctrl〉键的同时选择所有的工作表；❷在其中一个工作表中依次输入如下图所示的表格内容。

Step04: ❶选择 A1:M1 单元格区域；❷单击"开始"选项卡"对齐方式"组中的"合并后居中"按钮，如下图所示。

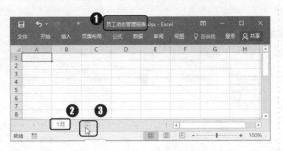

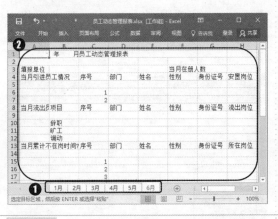

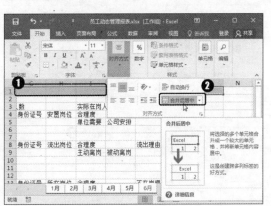

Step05: 使用相同的方法，根据需要继续合并表格中的其他单元格，完成后的效果如下图所示。

Step06: ❶选择 A1 单元格；❷在"开始"选项卡的"字体"组中设置合适的字体和字号；❸单击"填充颜色"按钮；❹选择需要填充的颜色，如下图所示。

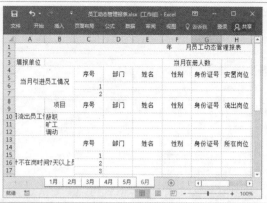

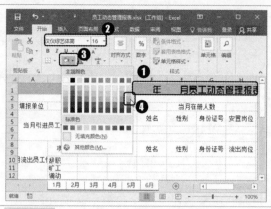

Step07: ❶选择第 2～31 行单元格；❷将鼠标光标移至其中一行的行号分隔线处，当鼠标光标变为 ✛ 形状时向下拖动，直到调整为需要的行高后释放鼠标左键，如下图所示。

Step08: ❶选择第 1 行单元格；❷拖动调整该行单元格的高度至合适，如下图所示。

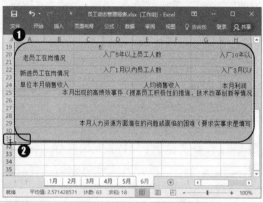

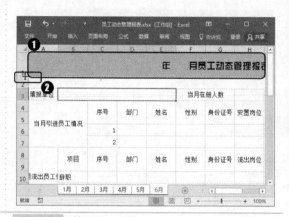

Step09: ❶选择 A8 单元格；❷单击"对齐方式"组中的"自动换行"按钮，如下图所示。

Step10: 使用相同的方法，让 A13 单元格中的数据根据单元格的宽度换行显示，如下图所示。

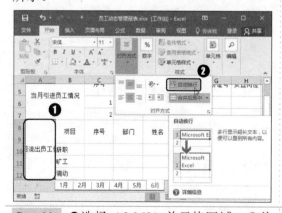

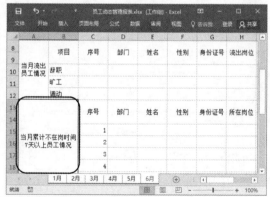

Step11: ❶选择 A3:M31 单元格区域；❷单击"字体"组中的"下框线"下拉按钮；❸选择"所有框线"选项，如下图所示。

Step12: 至此，已完成本案例的制作。双击任意工作表标签，即可退出工作组编辑状态。依次选择各工作表，可以看到每张工作表中的内容都一样，如下图所示。

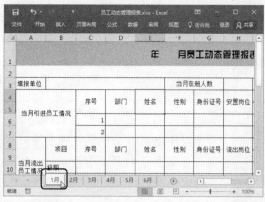

▷▷ 本章小结

　　本章主要介绍如何在 Excel 2016 中创建数据表，包括对工作簿、工作表及单元格的管理，表格数据的输入与编辑、单元格格式的设置等基础内容。通过本章的学习，希望读者能够熟练地使用 Excel 2016 创建常用的表格。

第 8 章　Excel 2016 公式与函数的使用

本章导读

　　Excel 拥有强大的计算功能，用户可以使用公式计算电子表格中的各类数据。在日常办公中，用户可以自定义公式进行灵活计算。函数是公式中常用的一种工具，运用函数可以摆脱老式的算法，简化工作表中的公式。熟练运用公式和函数，对 Excel 中的数据计算尤为重要。此外，Excel 还提供了可创建复杂公式的平台，通过公式与函数的混合运算，以及函数的嵌套，就可以将 Excel 变为功能强大的数据分析与处理工具。

知识要点

> ➤ 熟悉公式的基础知识
> ➤ 掌握单元格地址的引用方法
> ➤ 熟悉函数的基础知识
> ➤ 掌握常用函数的使用
> ➤ 了解复杂公式的制作方法
> ➤ 学会审核公式的正确性

● 效果展示

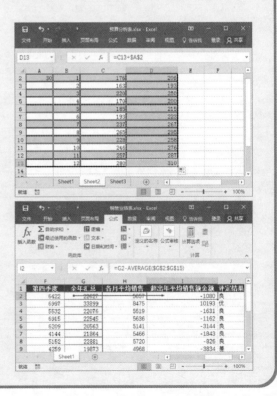

>> 8.1　课堂讲解——使用公式计算数据

公式是 Excel 中重要的工具，运用公式可以使各类数据处理工作变得更为方便。使用 Excel 计算数据之前，首先得了解公式的组成、公式中的常用运算符和优先级等知识。本节就来介绍这方面的知识。

8.1.1　认识公式的组成

要使用公式计算数据，首先应了解公式的组成部分和意义。Excel 中的公式是对工作表中的数据执行计算的等式，它以等号"="开始，运用各种运算符号将常量或单元格引用组合起来，形成表达式，如"＝A1+B1"。Excel 会自动计算公式表达式的结果，并将结果显示在相应的单元格中。

输入到单元格中的公式可以包含以下 5 种元素中的部分内容，也可以是全部内容。

- 运算符：运算符是公式的基本元素，它用于指定表达式内执行的计算类型，不同的运算符将执行不同的运算。
- 常量数值：直接输入公式中的数字或文本等各类数据，如"0.5""加班"等。
- 括号：括号控制着公式中各表达式的计算顺序。
- 单元格引用：指定要进行运算的单元格地址，以便于引用单元格中的数据。
- 函数：函数是预先编写的公式，它们利用参数按特定的顺序或结构进行计算，可以对一个或多个值进行计算，并返回一个或多个值。

8.1.2　认识公式中的运算符

Excel 中公式等号后面的内容就是表达式，其中要计算的各元素（即操作数）之间由运算符分隔。运算符是公式的基本元素，它决定了公式中的元素执行的计算类型。在 Excel 中，计算用的运算符分为 4 种类型：算术运算符、比较运算符、文本连接运算符和引用运算符。

1. 算术运算符

使用算术运算符可以完成基本的数学运算（如加法运算、减法运算、乘法运算和除法运算）、合并数字及生成数值结果等，是所有类型运算符中使用频率最高的。在 Excel 2016 中的算术运算符及含义如下表所示。

算术运算符	具体含义	应用示例	运算结果
＋（加号）	加法	33+3	36
－（减号）	减法或负数	33-3	30
*（乘号）	乘法	33×3	99
/（除号）	除法	33÷3	11
%（百分号）	百分比	33%	0.33
^（求幂）	求幂（乘方）	33^3	35 937

2. 比较运算符

在应用公式对数据进行计算时，有时候需要在两个数值中进行比较，此时使用比较运算符即可。使用比较运算后的结果为逻辑值 TRUE（真）或 FALSE（假）。Excel 2016 中的比较运算符及含义如下表所示。

比较运算符	具体含义	应用示例	运算结果
=（等号）	等于	A1=B1	若单元格 A1 的值等于 B1 的值，则结果为 TRUE，否则为 FALSE
>（大于号）	大于	18>10	TRUE
<（小于号）	小于	3.1415<3.15	TRUE
>=（大于等于号）	大于或等于	3.1415>=3.15	FALSE
<=（小于等于号）	小于或等于	PI()<=3.14	FALSE
<>（不等于号）	不等于	PI()<>3.1416	FALSE

3. 文本连接运算符

Excel 2016 中的文本连接运算符是与号（&），用它可以连接一个或多个文本字符串，以生成一个新的文本字符串。例如，在 Excel 中输入"="北京-"&"2016""，即等同于输入"北京-2016"。

使用文本连接运算符也可以连接数值。例如，A1 单元格中包含 123，A2 单元格中包含 89，则输入"=A1&A2"，Excel 会默认将 A1 和 A2 单元格中的内容连接在一起，即等同于输入"12389"。

4. 引用运算符

引用运算符是与单元格引用一起使用的运算符，用于对单元格进行操作，从而确定用于公式或函数中进行计算的单元格区域。引用运算符主要包括范围运算符、联合运算符和交集运算符，具体含义如下表所示。

引用运算符	具体含义	应用示例	运算结果
:（冒号）	范围运算符，生成指向两个引用之间所有单元格的引用（包括这两个引用）	A1:B3	引用 A1、A2、A3、B1、B2、B3 共 6 个单元格中的数据
,（逗号）	联合运算符，将多个单元格或范围引用合并为一个引用	A1,B3	引用 A1、B3 单元格中的数据
（空格）	交集运算符，生成对两个引用中共有的单元格的引用	B3:E4 C1:C5	引用两个单元格区域的交叉单元格，即引用 C3 和 C4 单元格中的数据

8.1.3 熟悉公式中运算优先级

为了保证公式结果的唯一性，Excel 中内置了运算符的优先次序（即运算符优先级），从而使公式按照这一特定的顺序计算公式中的各操作数，并得出计算结果。

公式的计算顺序与运算符优先级有关。运算符的优先级决定了当公式中包含多个运算符时，先计算哪一部分，后计算哪一部分。如果在一个公式中包含了多个运算符，Excel 将按如下表所示的次序进行计算。如果一个公式中的多个运算符具有相同的优先顺序（例如，一个公式中既有乘号又有除号），Excel 将从左到右进行计算。

优 先 级	运 算 符	说　　明
1	: ,	引用运算符，冒号、单个空格和逗号
2	—	算术运算符，负号（取得与原值正负号相反的值）
3	%	算术运算符，百分比
4	^	算术运算符，乘幂
5	*和 /	算术运算符，乘和除
6	＋和－	算术运算符，加和减
7	&	文本运算符，连接文本
8	= < > <= >= <>	比较运算符，比较两个值

 专家点拨——括号运算符

括号运算符用于改变 Excel 内置的运算符优先次序，从而改变公式的计算顺序。每一个括号运算符都由一个左括号搭配一个右括号组成。在公式中，会优先计算括号运算符中的内容。例如，需要先计算加法再计算乘法，可以利用括号将公式需要先计算的部分括起来。例如，在公式"=（A3+B3）*5%+C3-D3"中，先执行"A3+B3"运算，再将得到的结果乘以 5%，然后依次加上 C3 单元格中的值，减去 D3 单元格中的值。

在公式中还可以嵌套括号，进行计算时会先计算最内层的括号，逐级向外。Excel 计算公式中使用的括号与我们平时使用的数学计算式不一样，比如数学计算式"=(4+5) × [2+(10-8) ÷ 3]+3"，在 Excel 中的表达式为"=(4+5)*(2+(10-8) ／ 3)+3"。如果在 Excel 中使用了很多层嵌套括号，相匹配的括号会使用相同的颜色。

8.1.4　自定义公式的运用

在 Excel 中应用自定义公式进行数据的计算时，首先要在单元格内输入"="符号作为开头，然后利用单元格引用、运算符号，以及具体的数值或字符串来表述公式要执行的运算方式，输入完成后按〈Enter〉键即可确认公式的输入并得到计算结果。例如，通过输入公式计算个人所得税，具体操作方法如下。

 同步文件
视频文件：视频文件\第 8 章\8-1-4.mp4

Step01: 打开素材文件"计算个人所得税.xlsx"，❶选择 E2 单元格；❷在编辑栏中输入自定义公式"=B2*C2-D2"；❸单击"输入"按钮 ✓，如下图所示。

Step02: 经过上一步的操作，即可使用自定义公式计算出相应金额。在 F2 单元格中输入公式"=A2-E2"，按〈Enter〉键计算出公式结果，如下图所示。

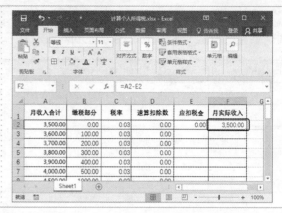

8.1.5　复制公式

公式和单元格中的数据一样，也可以在工作表中进行复制。将公式复制到新的位置后，公式中的引用单元格会根据不同的引用方式发生相应的改变，具体内容请看下一节的内容。复制公式的方法主要有以下几种。

- 选择"复制"命令复制：选择需要复制公式的单元格，在"开始"选项卡"剪贴板"组中单击"复制"按钮，然后选择需要复制公式的目标单元格，再在"剪贴板"组中单击"粘贴"按钮即可。
- 通过快捷菜单复制：选择需要复制公式的单元格，在其上单击鼠标右键，在弹出的快捷菜单中选择"复制"命令，然后在目标单元格上单击鼠标右键，在弹出的快捷菜单中选择"粘贴"命令即可。
- 按组合键复制：选择需要复制公式的单元格，按〈Ctrl+C〉组合键复制单元格，然后选择需要复制公式的目标单元格，再按〈Ctrl+V〉组合键进行粘贴即可。
- 拖动控制柄复制：选择需要复制公式的单元格，移动鼠标光标到该单元格的右下角，待鼠标光标变成+形状时，按住鼠标左键不放拖动到目标单元格后释放鼠标，即可复制公式到鼠标拖动经过的单元格区域。

▷▷ 8.2　课堂讲解——单元格地址的引用

在 Excel 中使用公式对数据进行运算时，如果要直接使用表格中已存在的数据作为公式中的运算数据，则可以使用单元格地址的引用。一个引用地址可以指向工作表中的一个或者多个单元格，有时还可以指向其他工作表中的单元格或多个单元格。在 Excel 中，单元格的引用方式包括相对引用、绝对引用和混合引用。

8.2.1　相对引用

相对引用是指引用单元格的相对地址，即被引用的单元格与引用的单元格之间的位置关系是相对的。相对引用样式用数字 1、2、3……表示行号，用字母 A、B、C……表示列标，采用"列字母+行数字"的格式表示，如 A1、E12 等。如果引用整行或整列，可省去列标或行号，如 1:1 表示第一行；A:A 表示第 A 列。

采用相对引用后，复制单元格内容的同时公式中引用的单元格地址将会自动适应新的位置并计算出新的结果，避免了手动输入公式内容的麻烦，而且提高了效率。默认情况下，公式中的单元格引用使用的都是相对引用。

下面以实例来讲解单元格的相对引用。在计算个人所得税的工作表中，前面已经通过公式计算出了第一行数据的相关金额，此公式中的单元格引用使用的就是相对引用，下面要通过复制公式的方法计算出其他行的相应金额。复制后公式中引用的单元格要随着公式位置的变化而变化。该例中相对引用单元格的操作方法如下。

同步文件

视频文件：视频文件\第 8 章\8-2-1.mp4

Step01： ❶选择 E2 单元格；❷向下拖动填充柄至 E39 单元格，如下图所示。

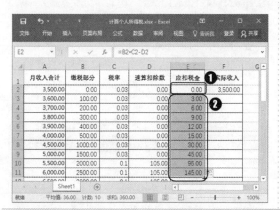

Step02： 释放鼠标左键，即可复制公式并计算出相应的结果。任意选择一个复制了公式的单元格，可以发现公式中的单元格引用已经发生了变化，如下图所示。

Step03： ❶选择 F2 单元格；❷向下拖动填充柄至 F39 单元格，复制公式计算出该列数据的结果，如下图所示。

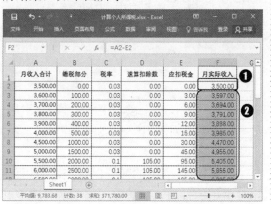

新手注意

本例中，原本在 E2 单元格中输入的公式为 "=B2*C2-D2"，将公式复制到下方的 E7 单元格中时，公式变为了 "=B7*C7-D7"。这是因为 E7 单元格相对于 E2 单元格来说向下移动了 5 个单元格，所以公式中的所有单元格都应向下移动 5 个单元格。B2 单元格向下移动 5 个单元格，变成 B7；C2 和 D2 单元格向下移动 5 个单元格，分别变为了 C7 和 D7。

8.2.2 绝对引用

绝对引用指的是某一确定的位置，即被引用的单元格与引用的单元格之间的位置关系是绝对的。绝对引用不会随单元格位置的改变而改变。如果一个公式的表达式中包含绝对引用，则当把该公式复制到其他单元格中时，公式中单元格的绝对引用地址始终保持固定不变。如果多行或多列地复制或填充公式，绝对引用将不作调整。

在 Excel 中，在相对引用的单元格的列标和行号前分别添加 "$" 符号便可成为绝对引用。如 A1 是单元格的相对引用，而$A$1 则是单元格的绝对引用。下面以实例来讲解单元格的绝对引用，在预算分析表中，要根据 2016 年各月的销量添加一个固定值作为 2017 年各月的销量，具体操作方法如下。

 同步文件

视频文件：视频文件\第 8 章\8-2-2.mp4

Step01： 打开素材文件 "预算分析表.xlsx"，❶选择 Sheet2 工作表；❷在 D2 单元格中输入公式 "=C2+$A$2"，如下图所示。

Step02： ❶按〈Enter〉键计算出公式结果，并选择 D2 单元格；❷拖动控制柄至 D13 单元格，即可复制公式并计算出各月的预销量。任意选择一个复制了公式的单元格，可以发现公式中的绝对引用部分的单元格地址没有发生改变，如下图所示。

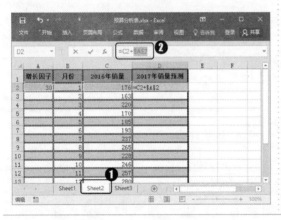

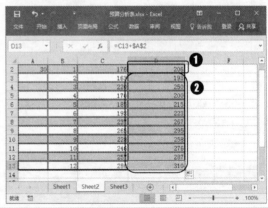

8.2.3 混合引用

所谓混合引用，是指相对引用与绝对引用同时存在于一个单元格地址引用中。混合引用分为两种形式，即绝对列和相对行、绝对行和相对列。绝对引用列采用$A1、$B1 等形式，绝对引用行采用 A$1、B$1 等形式。

在混合引用中，如果公式所在单元格的位置改变，则绝对引用的部分保持绝对引用的性质，地址保持不变；而相对引用的部分同样保留相对引用的性质，随着单元格的变化而变化。具体应用到绝对引用列中，则改变位置后的公式行部分会调整，但是列不会改变；应用到绝对引用行中，则改变位置后的公式列部分会调整，但是行不会改变。下面以实例来讲解单元格的混合引用。

同步文件

视频文件：视频文件\第 8 章\8-2-3.mp4

Step01: ❶选择 B4 单元格；❷输入公式
"=B$3*$A4"，如下图所示。

Step02: ❶按〈Enter〉键计算出公式结果，
并选择 B4 单元格；❷拖动控制柄至 B26 单
元格。释放鼠标左键，即可复制公式并计算
出结果，如下图所示。

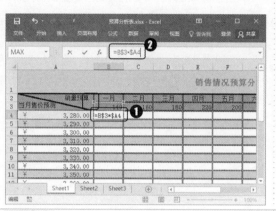

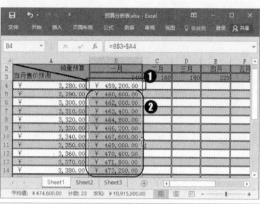

Step03: 保持单元格区域的选择状态，拖动
控制柄至 M26 单元格。释放鼠标左键，即可
复制公式并计算出结果，如下图所示。

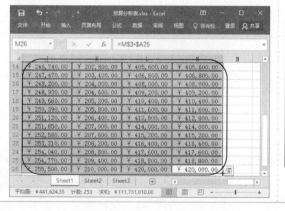

专家提示：快速改变单元格引用的类型

在 Excel 中创建公式时，可能需要在公
式中使用不同的单元格引用类型。如果需
要在各种引用类型间来回切换，以选择需
要的单元格引用类型，可按〈F4〉键快速
在相对引用、绝对引用和混合引用之间进
行切换。如果在公式编辑栏中选择需要更
改的单元格引用 A1，然后反复按〈F4〉键，
就会在$A$1、A$1、$A1 和 A1 之间切换。

▷▷ 8.3 课堂讲解——函数的基础知识

Excel 中的函数，实际上是一些预先编写好的公式，可以对一个或多个值执行运算，并返
回一个或多个值。运用函数可以简化公式的输入过程，从而轻松、快速地计算数据。使用函数
计算数据需要先了解函数的基础知识及函数的使用方法。

8.3.1 函数语法

在 Excel 中，不同的函数具有不同的功能，但不论函数有何种功能及作用，所有函数均具

有相同的语法结构。函数是运用一些称为参数的特定数据值按特定的顺序或结构进行计算的公式，其基本结构为"=函数名(参数1,参数2,参数3,…)"，下图所示为一个嵌套函数的语法结构。

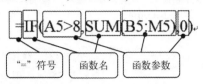

- "="符号：函数以"="符号开始，后面是函数名和函数参数。
- 函数名：函数名是需要执行的函数的名称，代表了函数的计算功能，每个函数都有唯一的函数名，如SUM函数表示求和计算，MAX函数表示求最大值计算。因此不同的计算目的应使用不同的函数名。
- 函数参数：函数中用来执行操作或计算的值，可以是数字、文本、TRUE或FALSE等逻辑值、数组、错误值或单元格引用，还可以是公式或其他函数，但指定的参数都必须符合相应的函数要求才能产生有效的值，否则会返回#N/A等错误值。

> **新手注意**
>
> 不同的函数需要的参数个数和参数类型各不相同，没有参数的函数则为无参函数，无参函数的形式为：函数名()。

8.3.2 函数的分类

Excel提供了大量的内置函数，这些函数涉及许多工作领域，如财务、工程、统计、数据库、时间、数学等。在此根据函数的功能列举几类常用的函数。

- 财务函数：Excel中提供了非常丰富的财务函数，使用这类函数，可以完成大部分的财务统计和计算。例如，DB函数可以返回固定资产的折旧值，IPMT函数可以返回投资回报的利息部分等。财务人员如果能够正确、灵活地使用Excel进行财务计算，则能大大减轻日常工作中有关指标计算的工作量。
- 日期和时间函数：这类函数用于分析或处理公式中的日期和时间值。例如，TODAY函数可以返回当前日期。
- 统计函数：这类函数可以对一定范围内的数据进行统计学分析。例如，可以计算统计数据，如平均值、模数、标准偏差等。
- 文本函数：在公式中处理文本字符串的函数。主要功能包括截取、查找或搜索文本中的某个特殊字符，或提取某些字符，也可以改变文本的编写状态。例如，TEXT函数可以将数值转换为文本，LOWER函数可以将文本字符串的所有字母转换成小写形式等。
- 逻辑函数：该类型的函数只有7个,用于测试某个条件,总是返回逻辑值TRUE或FALSE。它们与数值的关系为:①在数值运算中,TRUE=1,FALSE=0;②在逻辑判断中,0=FALSE,所有非0数值=TRUE。
- 查找与引用函数：这类函数用于在数据清单或工作表中查询特定的数值或某个单元格引用。常见的示例是税率表，使用VLOOKUP函数可以确定某一收入水平的税率。
- 数学和三角函数：该类型函数主要运用于各种数学计算和三角计算。例如，RADIANS函数可以把角度转换为弧度等。
- 工程函数：这类函数常用于工程应用中。它们可以处理复杂的数字，在不同的计数体系和测量体系之间转换。例如，可以将十进制数转换为二进制数。

- 多维数据集函数：这类函数用于返回多维数据集中的相关信息。例如，返回多维数据集中成员属性的值。
- 信息函数：这类函数有助于确定单元格中数据的类型，还可以使单元格在满足一定的条件时返回逻辑值。
- 数据库函数：这类函数用于对存储在数据清单或数据库中的数据进行分析，判断其是否符合某些特定的条件。这类函数在需要汇总符合某一条件的列表中的数据时十分有用。

> **◆ 专家点拨——VBA 函数**
>
> Excel 中还有一类函数是使用 VBA 创建的自定义工作表函数，称为用户定义函数。这些函数可以像 Excel 的内部函数一样运行，但不能在输入函数时显示对函数的说明。

8.3.3 插入函数

在工作表中使用函数计算数据时，必须正确输入相关函数名及其参数，才能得到正确的运算结果。用户可以通过以下 3 种方法来输入函数，本节只简单讲解相应操作方法，具体的操作读者可以查看下一节的具体案例。

- 使用"函数库"组中的功能按钮插入函数

在 Excel 2016 的"公式"选项卡"函数库"组中分类放置了一些常用函数类别的对应功能按钮。单击某个函数分类下拉按钮，在弹出的下拉列表中选择相应类型的函数即可插入函数。

- 使用插入函数向导输入函数

Excel 2016 中提供了 400 多个函数，这些函数覆盖了许多应用领域，每个函数又允许使用多个参数。要记住所有函数的名字、参数及用法是不可能的。当用户知道函数的类别以及需要计算的问题时，或者知道函数的名字但不知道函数所需的参数时，可以使用插入函数向导来完成函数的输入。

通过函数向导，用户可以知道函数需要的各种参数及参数的类型，方便地输入那些并不熟悉的函数。

- 手动输入函数

如果用户对要使用的函数很熟悉且对函数所使用的参数类型也比较了解，还可以直接在单元格或编辑栏中手动输入函数，这是最常用的一种输入函数的方法，也是最快的输入方法。手动输入函数的方法与输入公式的方法基本相同，输入相应的函数名和函数参数，完成后按〈Enter〉键即可。

由于 Excel 2016 具有输入记忆功能，当输入"="和函数名称开头的几个字母后，Excel 会在单元格或编辑栏的下方出现一个下拉列表，其中包含了与输入字母相匹配的有效函数、参数和函数说明，双击需要的函数即可快速输入该函数，这样不仅可以节省时间，还可以避免因记错函数而出现的错误。

8.3.4 修改函数

在输入函数进行计算后，如果发现函数使用错误，可以将其删除，然后重新输入。但如果函数中的参数输入错误，则可以像修改普通数据一样修改函数中的常量参数。如果需要修改单

元格引用参数，还可先选择包含错误函数参数的单元格，然后在编辑栏中选择函数参数部分，此时作为该函数参数的单元格引用将以彩色的边框显示，拖动鼠标在工作表中重新选择需要的单元格引用即可。例如，要修改"保险业务表"中的函数，具体操作方法如下。

同步文件

视频文件：视频文件\第 8 章\8-3-4.mp4

Step01: 打开素材文件"保险业务表.xlsx"，❶选择 E2 单元格，可以看到其中的函数为"=SUM(D2,D6,D8,D14)"，只计算了西南地区的汇总数据，这里要汇总所有金额；❷在编辑栏中选择函数中的参数"D2,D6,D8,D14"，如下图所示。

Step02: ❶拖动鼠标在工作表中重新选择 D2:D18 单元格区域作为函数的参数，同时在单元格和编辑栏中可以看到修改后的函数为"=SUM(D2:D18)"；❷按〈Enter〉键确认函数的修改，或单击任意单元格即完成函数的修改，如下图所示。

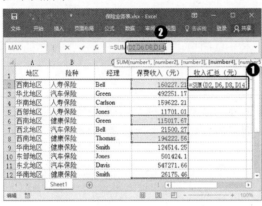
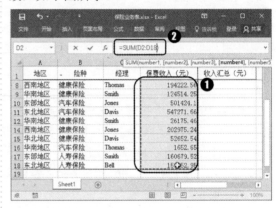

▷▷ 8.4 课堂讲解——常用函数的使用

了解函数的基础知识后，下面介绍函数的具体使用方法。由于 Excel 中提供的函数有多种类型，各类型函数又包含了不同的子类别函数，函数初学者不要一时贪多，应先从常用的函数开始学习，逐个熟悉。本节就来讲解几个使用比较频繁的函数。

8.4.1 使用 SUM 函数自动求和

使用 SUM 函数可以对所选单元格或单元格区域进行求和计算。其语法结构为：SUM(number1,[number2],...)。其中，number1,number2,...表示 1～255 个需要求和的参数，number1 是必需参数，number2,...为可选参数。SUM 函数的参数可以是数值，如 SUM(8,3)表示计算"8+3"；也可以是一个单元格引用或一个单元格区域引用，如 SUM(A1:A5)表示将单元格 A1 至 A5 中的所有数值相加，SUM(A1,A3,A5)表示将单元格 A1、A3 和 A5 中的数字相加。

SUM 函数实际就是对多个参数求和，简化了使用"+"符号来完成求和的过程。SUM 函数在表格中的使用率极高。例如，使用 SUM 函数计算各员工的年销售总额，具体操作方法如下。

同步文件

视频文件：视频文件\第 8 章\8-4-1.mp4

Step01: 打开素材文件"销售业绩表.xlsx"，❶选择 G2 单元格；❷单击"公式"选项卡"函数库"组中的"自动求和"按钮；❸在弹出的下拉列表中选择"求和"选项，如下图所示。

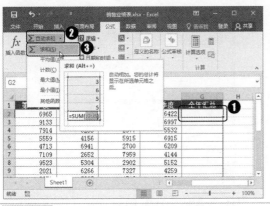

Step02: 经过上一步的操作，系统会自动选择 C2:F2 单元格区域，同时在单元格和编辑栏中可以看到插入的函数为"=SUM(C2:F2)"，如下图所示。

Step03: ❶按〈Enter〉键确认函数的输入，即可在 G2 单元格中计算出函数的结果；❷向下拖动控制柄至 G15 单元格，即可计算出其他人员的年总销售额，如右图所示。

◆专家点拨：快速选择最近使用的函数

如果要快速插入最近使用的函数，可单击"函数库"组中的"最近使用的函数"按钮，在弹出的下拉列表中选择相应的函数即可。

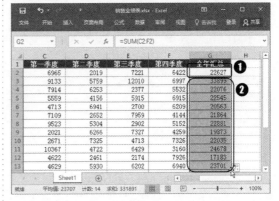

8.4.2　使用 AVERAGE 函数求平均值

AVERAGE 函数用于返回所选单元格或单元格区域中数据的平均值。其语法结构为：AVERAGE(number1,[number2],...)。AVERAGE 函数的参数与 SUM 函数的参数类似，其中，number1 为必需参数，number2,...为可选参数。例如，使用 AVERAGE 函数计算各员工的平均销售额，具体操作方法如下。

同步文件

视频文件：视频文件\第 8 章\8-4-2.mp4

Step01: ❶在 H1 单元格中输入相应的文本；❷选择 H2 单元格；❸单击"公式"选项卡"函数库"组中的"插入函数"按钮，如下图所示。

Step02: 打开"插入函数"对话框，❶在"搜索函数"文本框中输入需要搜索的关键字；❷单击"转到"按钮；❸搜索与关键字相符的函数。在"选择函数"列表框中选择"AVERAGE"函数；❹单击"确定"按钮，如下图所示。

Step03: 打开"函数参数"对话框，❶在"Number1"参数框中选择要求和的 C2:F2 单元格区域；❷单击"确定"按钮，如下图所示。

Step04: 经过前面的操作，即可在 H2 单元格中插入 AVERAGE 函数并计算出该员工当年的平均销售额；❷向下拖动控制柄至 H15 单元格，即可计算出其他人的平均销售额，如下图所示。

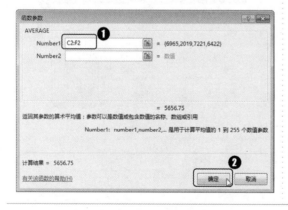

8.4.3 使用 IF 函数计算条件值数据

IF 函数是一种常用的条件函数，它能对数值和公式执行条件检测，并根据逻辑计算的真假值返回不同结果。其语法结构为：IF(logical_test,[value_if_true],[value_if_false])。可理解为"＝IF(条件,真值,假值)"，当"条件"成立时，结果取"真值"，否则取"假值"。

其中，logical_test 为必需参数，表示计算结果为 TRUE 或 FALSE 的任意值或表达式。value_if_true 和 value_if_false 为可选参数，value_if_true 表示 logical_test 为 TRUE 时要返回的值，可以是任意数据；value_if_false 表示 logical_test 为 FALSE 时要返回的值，也可以是任意数据。

IF 函数在表格中的使用率也很高。例如，在"各产品销售情况分析"工作表中使用 IF 函数来排除公式中除数为 0 的情况，使公式编写更严谨，具体操作方法如下。

同步文件

视频文件：视频文件\第 8 章\8-4-3.mp4

Step01: 打开素材文件"各产品销售情况分析.xlsx"，❶选择 E2 单元格；❷单击编辑栏中的"插入函数"按钮 *fx*，如下图所示。

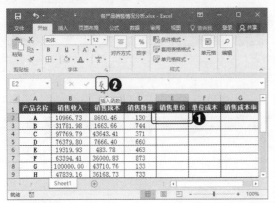

Step02: 打开"插入函数"对话框，❶在"选择函数"列表框中选择"IF"函数；❷单击"确定"按钮，如下图所示。

Step03: 打开"函数参数"对话框，❶在"Logical_test"参数框中输入"D2=0"；❷在"Value_if_true"参数框中输入"0"；❸在"Value_if_false"参数框中输入"B2/D2"；❹单击"确定"按钮，如下图所示。

Step04: 经过上一步的操作，即可计算出相应的结果。❶选择 F2 单元格；❷单击"函数库"组中的"最近使用的函数"按钮；❸在弹出的下拉列表中选择最近使用的"IF"函数，如下图所示。

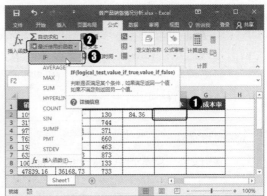

Step05: 打开"函数参数"对话框，❶在各参数框中输入如下图所示的参数值；❷单击"确定"按钮。

Step06: 经过上一步的操作，即可计算出相应的结果。❶选择 G2 单元格；❷在编辑栏中输入需要的公式"=IF(B2=0,0,C2/B2)"，如下图所示。

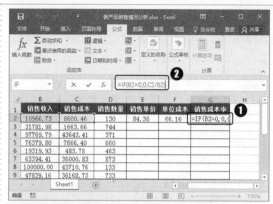

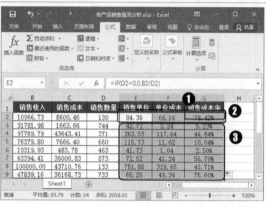

Step07: ❶按〈Enter〉键确认函数的输入，即可在 G2 单元格中计算出函数的结果；❷选择 E2:G2 单元格区域；❸向下拖动控制柄至 G9 单元格，即可计算出其他数据，效果如右图所示。

 新手注意

在输入公式时，对于相应的运算符号及标点符号，都必须是在英文状态下输入。在公式中不能包含空格。

8.4.4 使用 COUNT 函数计数

在统计表格中的数据时，经常需要统计单元格区域或数字数组中包含某个数值数据的单元格以及参数列表中数字的个数，此时就可以使用 COUNT 函数来完成。该函数的语法结构为：COUNT(value1,[value2],...)。其中，value1 为必需参数，表示要计算其中数字的个数的第一个项、单元格引用或区域；value2,...为可选参数，表示要计算其中数字的个数的其他项、单元格引用或区域，最多可包含 255 个。例如，在"各产品销售情况分析"工作表中计算出公司在销产品数量，具体操作方法如下。

 同步文件

视频文件：视频文件\第 8 章\8-4-4.mp4

 新手注意

COUNT 函数中的参数可以包含或引用各种类型的数据，但只有数字类型的数据（包括数字、日期、代表数字的文本，如用引号包含起来的数字"1"、逻辑值、直接输入到参数列表中代表数字的文本）才会被计算在结果中。如果参数为数组或引用，则只计算数组或引用中数字的个数，不会计算数组或引用中的空单元格、逻辑值、文本或错误值。

Step01: ❶合并 A11:B11 单元格区域，并输入相应的文本；❷选择 C11 单元格；❸单击"函数库"组中的"自动求和"按钮；❹选择"计数"选项，如下图所示。

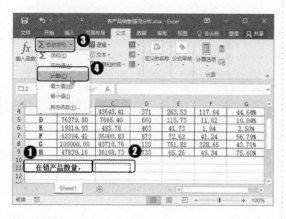

Step02: 经过上一步的操作，即可在单元格中插入 COUNT 函数，系统会根据公式所在位置选择相应的单元格区域作为函数参数。❶将文本插入点定位在公式的括号内；❷重新拖动选择 C2:C9 单元格区域作为函数参数的引用位置，如下图所示。

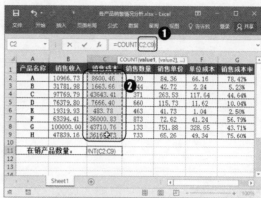

Step03: 按〈Enter〉键确认函数的输入，即可在该单元格中计算出函数的结果，如右图所示。

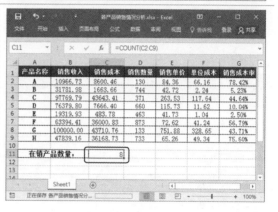

🔍 新手注意

在表格中使用 COUNT 函数只能计算出包含数据的单元格个数，如果需要计算出数据和文本的单元格，需要使用 COUNTA 函数。

8.4.5 使用 MAX 与 MIN 函数计算最大值与最小值

在处理数据时如果需要返回某一组数据中的最大值，如计算公司中最高销售量的员工等，就可以使用 MAX 函数来完成。其语法结构为：MAX(number1,[number2],...)。其中，number1、number2 为必需参数，后续数值为可选参数。

与 MAX 函数的功能相反，如果要返回某一组数据中的最小值，可以使用 MIN 函数。其语法结构为：MIN(number1,[number2],...)。MIN 函数的使用方法与 MAX 相同，函数参数为要求最小值的数值或单元格引用，多个参数间使用逗号分隔，如果是计算连续单元格区域之和，可在参数中直接引用单元格区域。

下面举例讲解 MAX 与 MIN 函数的具体用法，具体操作方法如下。

同步文件

视频文件：视频文件\第 8 章\8-4-5.mp4

Step01: ❶分别合并 A12:B12 和 A13:B13 单元格区域，并输入相应的文本；❷选择 C12 单元格；❸单击"函数库"组中的"自动求和"按钮；❹选择"最大值"选项，如下图所示。

Step02: 经过上一步的操作，即可在单元格中插入 MAX 函数，重新拖动选择 B2:B9 单元格区域作为函数参数引用位置，如下图所示。

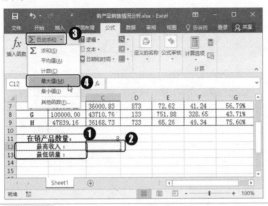

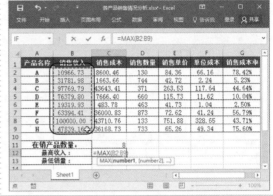

Step03: ❶按〈Enter〉键确认函数的输入，即可在该单元格中计算出函数的结果；❷在 C13 单元格中输入函数"=MIN(D2:D9)"，如下图所示。

Step04: 按〈Enter〉键确认函数的输入，即可在该单元格中计算出函数的结果，如下图所示。

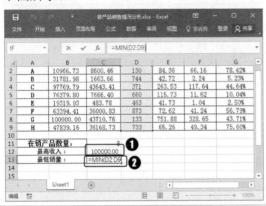

8.4.6　使用 VLOOKUP 函数查找符合要求的数据

VLOOKUP 函数可以在某个单元格区域的首列沿垂直方向查找指定的值，然后返回同一行中的其他值。其语法结构为：VLOOKUP(lookup_value,table_array,col_index_num,[range_lookup])。其中，参数 lookup_value 用于设置需要在表的第一行中进行查找的值，可以是数值，也可以是文本字符串或引用。参数 table_array 用于设置要在其中查找数据的数据表，可以使用区域或区域名称的引用。参数 col_index_num 为在查找之后要返回的匹配值的列序号。参数 range_lookup 是一个逻辑值，用于指明函数在查找时是精确匹配还是近似匹配。如果为 TRUE 或被忽略，则返回一个近似的匹配值（如果没有找到精确匹配值，就返回一个小于查找值的最大值）；如果为 FALSE，将查找精确的匹配值，如果没有找到精确的匹配值，就会返回错误值"#N/A"。

例如，在地砖存货记录表中制作一个简单的查询系统，当输入一个产品的存货代码时，便能通过 VLOOKUP 函数自动获得相关的数据，具体操作方法如下。

同步文件

视频文件：视频文件\第 8 章\8-4-6.mp4

Step01: 打开素材文件"地砖存货记录表.xlsx"，❶新建一个空白工作表；❷选择 Sheet1 工作表中的 A1:C1 单元格区域；❸单击"剪贴板"组中的"复制"按钮，如下图所示。

Step02: ❶切换到 Sheet2 工作表；❷单击"剪贴板"组中的"粘贴"按钮；❸在弹出的下拉列表中选择"转置"选项，如下图所示。

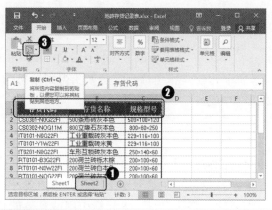

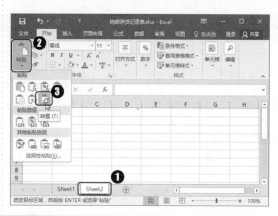

Step03: ❶选择 B2 单元格；❷单击"公式"选项卡"函数库"组中的"插入函数"按钮；❸打开"插入函数"对话框，在"或选择类别"下拉列表框中选择"查找与引用"选项；❹在"选择函数"列表框中选择"VLOOKUP"函数；❺单击"确定"按钮，如下图所示。

Step04: 打开"函数参数"对话框，❶在"Lookup_value"参数框中输入"B1"；❷在"Table_array"参数框中引用 Sheet1 工作表中的 A2:C19 单元格区域；❸在"Col_index_num"参数框中输入"2"；❹在"Range_lookup"参数框中输入"FALSE"；❺单击"确定"按钮，如下图所示。

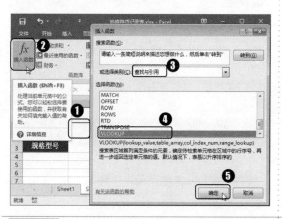

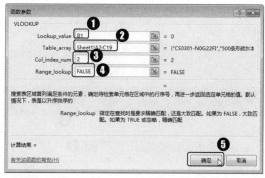

Step05: 复制 B2 单元格中的公式到 B3 单元格中，并将 B3 单元格中的公式修改为"=VLOOKUP(B1,Sheet1!A2: C19,3,FALSE)"，如下图所示。

Step06: ❶按〈Enter〉键确认函数的输入；❷在 B1 单元格中输入任意存货代码，即可在下方的两个单元格中查看到相应的数据，如下图所示。

▷▷ 8.5 课堂讲解——复杂数据计算

在 Excel 中进行数据计算和统计时，仅使用一些简单的公式和函数有时是无法得到结果的，还需要进行复杂的计算。本节就来介绍复杂公式的制作方法。

8.5.1 公式与函数的混合运算

在 Excel 中进行较复杂的数据计算时，这些计算可能需要同时应用公式和函数，此时则应在公式中直接输入函数及其参数。如果对函数不是很熟悉也可先在单元格中插入公式中要使用的函数，然后在该函数的基础上添加自定义公式中需要的一些运算符、单元格引用或具体的数值。例如，计算各销售员的销售总额与平均销售额之差，具体操作方法如下。

同步文件

视频文件：视频文件\第 8 章\8-5-1.mp4

Step01： 打开素材文件"销售业绩表.xlsx"，❶在 I1 单元格中输入相应的文本；❷在 I2 单元格中输入公式"=G2-AVERAGE ($G$2:$G$15)"，如下图所示。

Step02： 经过上一步的操作后，即可在 I2 单元格中计算出该员工的销售总额与平均销售额之差。向下拖动控制柄复制公式到 I15 单元格，判断出其他员工的销售总额与平均销售额之差，如下图所示。

8.5.2 使用嵌套函数

即使是复杂运算，有时也可以找到对应的函数来简化步骤。但复杂运算中的函数往往需要层层嵌套使用，即使用一个函数作为另一个函数的参数。当函数的参数也是函数时，就称为函数的嵌套。输入和编辑嵌套函数的方法与使用普通函数的方法相同。

例如，在销售业绩表中要结合使用 IF 函数和 SUM 函数计算出绩效的"优""良"和"差"三个等级，具体操作方法如下。

同步文件

视频文件：视频文件\第 8 章\8-5-2.mp4

Step01: ❶在 J1 单元格中输入相应的文本；❷在 J2 单元格中输入计算公式"=IF(SUM(C2:F2)>30000," 优 ",IF(SUM(C2:F2)>20000,"良","差"))"；❸单击编辑栏中的"输入"按钮 ✔，如下图所示。

Step02: ❶选择 J2 单元格；❷拖动控制柄向下填充公式，完成计算后的效果如下图所示。

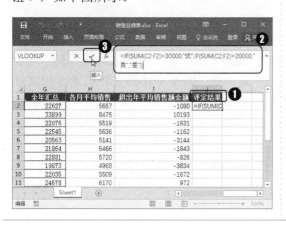

▷▷ 8.6 课堂讲解——检查公式的准确性

在使用公式计算工作表中的数据时，公式是否使用正确关系到计算结果的可靠性。因此，在 Excel 中应用公式或函数后需要对公式进行审核，以减小公式出错的可能性。本节就来介绍审核公式的多种方法。

8.6.1 追踪引用单元格

如果要检查公式错误或分析公式中单元格的引用关系，可以利用 Excel 2016 中的追踪引用单元格功能以箭头的形式标记出单元格中公式引用的单元格，方便用户追踪检查引用来源数据。该功能尤其在分析使用了较复杂的公式时非常便利。具体操作方法如下。

同步文件

视频文件：视频文件\第 8 章\8-6-1.mp4

Step01: ❶选择 I2 单元格；❷单击"公式"选项卡"公式审核"组中的"追踪引用单元格"按钮，如下图所示。

Step02: 经过上一步的操作，即可以蓝色箭头符号标识出所选单元格中公式的引用源，效果如下图所示。

 专家点拨——追踪公式的从属单元格

在单元格中输入错误的公式不仅会导致出现错误值，而且有可能因为引用了错误值产生错误的连锁反应。单击"公式审核"组中的"追踪从属单元格"按钮，可以用箭头符号标识出将所选单元格作为参数引用的公式所在的单元格。能够追踪引用单元格和被引用单元格，在很大程度上可以减轻连锁错误的发生，即使出现错误也可以快速修改。如果要移除这些追踪引用单元格和追踪从属单元格所添加的箭头线条，可以单击"移去箭头"按钮。

8.6.2　显示应用的公式

除了追踪单元格的引用和被引用位置外，仔细查看公式的结构也是检查公式的一个重要方法。默认情况下，在 Excel 中应用公式后单元格中显示为公式的计算结果，选择单元格后可以在编辑栏中查看到其应用的公式。为了查看或检查所有单元格中的公式，也可以通过设置直接在结果单元格中显示应用的公式内容。具体操作方法如下。

同步文件

视频文件：视频文件\第 8 章\8-6-2.mp4

Step01: 单击"公式"选项卡"公式审核"组中的"显示公式"按钮，如下图所示。

Step02: 经过上一步的操作，即可看到工作表中所有使用了公式的单元格中均显示出对应的公式，如下图所示。

 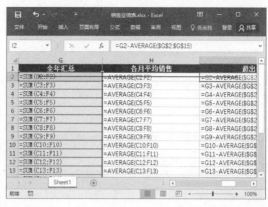

 新手注意

单击"显示公式"按钮之后，工作表中的数据列宽全部会以包含公式的单元格内容为标准调整列宽；再次单击"显示公式"按钮又可恢复列宽，同时显示为公式的计算结果。

8.6.3 查看公式求值

Excel 2016 中还提供了逐步查看公式计算步骤的功能，通过此功能来审核公式更符合人们日常计算的习惯。例如，使用公式求值功能审核评定结果公式的求值过程，具体操作方法如下。

 同步文件

视频文件：视频文件\第 8 章\8-6-3.mp4

Step01: ❶选择 J2 单元格；❷单击"公式审核"组中的"公式求值"按钮，如下图所示。

Step02: 打开"公式求值"对话框，在"求值"文本框中显示公式计算的第 1 步，其下以下画线标记。单击"求值"按钮，如下图所示。

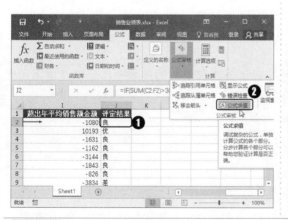 

Step03: 在"求值"文本框中显示出该公式第 1 步的计算结果，即计算 C2:F2 单元格区域的和，同时在第 2 步求值对象的下方添加下划线。单击"求值"按钮，如下图所示。

Step04: 在"求值"文本框中显示出该公式中第 2 步的计算结果，即将第 1 步计算出的 C2:F2 单元格区域的和与 30000 进行比较。继续单击"求值"按钮，如下图所示。

Step05: 在"求值"文本框中显示出该公式中第 3 步的计算结果，即再次计算 C2:F2 单元格区域的和。单击"求值"按钮，如下图所示。

Step06: 在"求值"文本框中显示出该公式中第 4 步的计算结果，即将上一步计算出的 C2:F2 单元格区域的和与 20 000 进行比较，如下图所示。❶单击"求值"按钮，继续查看公式求值的过程；❷计算出公式的最终结果后，单击"关闭"按钮即可。

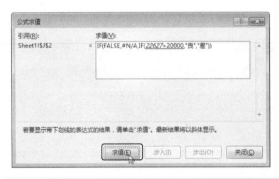 

▷▷ 高手秘籍——实用操作技巧

通过对前面知识的学习，相信读者朋友已经掌握了公式和函数的基本操作，以及常用函数的使用。下面结合本章内容介绍一些实用的操作技巧。

同步文件
视频文件：视频文件\第 8 章\高手秘籍.mp4

技巧 01 如何防止公式被修改

为了不让其他用户浏览表格中各项数据的计算公式，可以将其隐藏起来。具体操作方法如下。

Step01: ❶选择需要隐藏公式的单元格区域；❷单击"开始"选项卡"字体"组中的对话框启动按钮，如下图所示。

Step02: 打开"设置单元格格式"对话框。❶单击"保护"选项卡；❷取消勾选"锁定"复选框，并勾选"隐藏"复选框；❸单击"确定"按钮，如下图所示。

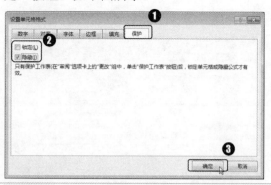

Step03: 单击"审阅"选项卡"更改"组中的"保护工作表"按钮，如下图所示。

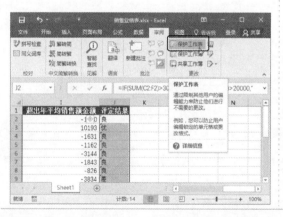

Step04: 打开"保护工作表"对话框，❶勾选"选定未锁定的单元格"复选框；❷单击"确定"按钮；❸返回工作表，再选择包含公式的单元格时，已经看不到其中的公式了，如下图所示。

◆ **专家点拨——将公式计算结果转换为数值**

　　如果不想在选择结果单元格后，在单元格或编辑栏中显示具体公式，还可以把公式所在单元格中的内容转换为数值显示。只需复制单元格后单击"粘贴"下拉按钮，在弹出的下拉列表中选择"值"选项即可。

技巧 02　定义单元格的名称

　　在 Excel 中，可以为一个独立的单元格，或多个不连续的单元格，或连续的单元格区域定义名称。定义名称后，每一个名称都具有唯一的标识，方便在公式中引用。使用定义单元格名称的方法可以简化公式的复杂性。定义单元格名称的具体操作方法如下。

Step01: 打开素材文件"计算个人所得税.xlsx"，❶复制 Sheet1 工作表；❷将 E、F 列中多余的公式删除；❸单击"公式"选项卡"定义的名称"组中的"定义名称"按钮，如下图所示。

Step02: 打开"新建名称"对话框，❶在"名称"文本框内输入要定义的名称；❷在"引用位置"参数框中设置要定义名称的 A2:A39 单元格区域；❸单击"确定"按钮，如下图所示。

Step03: ❶使用相同的方法，将 B2:B39 单元格区域的名称定义为"缴税部分"；❷单击"确定"按钮，如下图所示。

Step04: ❶使用相同的方法，将 C2:C39 单元格区域的名称定义为"税率"；❷单击"确定"按钮，如下图所示。

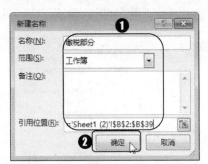

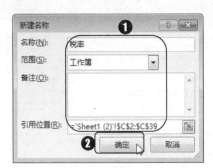

Step05: ❶使用相同的方法，将 D2:D39 单元格区域的名称定义为"扣除数"；❷单击"确定"按钮，如下图所示。

Step06: ❶使用相同的方法，将 E2:E39 单元格区域的名称定义为"应扣税金"；❷单击"确定"按钮，如下图所示。

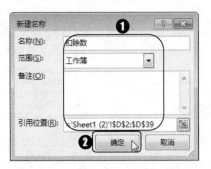

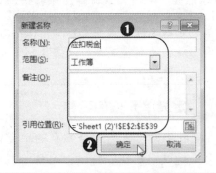

Step07: ❶在 E2 单元格中输入 "="；❷单击 "公式" 选项卡 "定义的名称" 组中的 "用于公式" 按钮；❸选择需要引用的名称，这里选择 "缴税部分"，如下图所示。

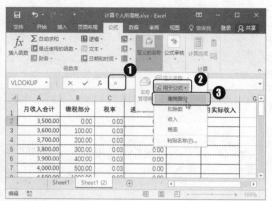

Step08: 继续输入该公式的其他部分内容，遇到要引用名称的部分就使用上一步介绍的方法进行引用即可，公式输入完成后的效果如下图所示。

Step09: ❶按〈Enter〉键完成公式的输入；❷在 F2 单元格中输入公式 "=收入-应扣税金"，如下图所示。

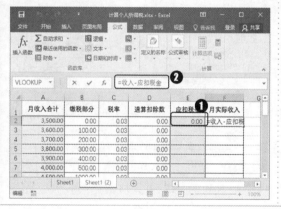

Step10: ❶按〈Enter〉键完成公式的输入；❷选择 E2:F2 单元格区域；❸拖动控制柄至 F39 单元格完成公式的填充，如下图所示。

新手注意

除了可以用 "新建名称" 对话框定义名称外，还可以使用名称框定义名称，方法是：选择要定义的单元格或单元格区域，在名称框中直接输入定义的名称后按〈Enter〉键即可。

技巧03 快速对公式错误进行检查

使用 Excel 公式时，经常会出现语法错误、引用错误、逻辑错误和循环引用错误 4 种公式错误，这些问题导致无法使用公式进行计算而返回错误值，具体举例如下。

- 当单元格所含的数字、日期或时间比单元格宽，或者单元格的日期或时间公式产生了一个负值时，会产生错误值 "#####!"。
- 当公式被零除或在单元格中输入的公式除数为 0 值时，将会产生错误值 "#DIV/0!"。
- 当在函数或公式中没有可用数值时，将产生错误值 "#N/A"。
- 当公式中使用了 Excel 不能识别的文本时将产生错误值 "#NAME?"。

- 当试图为 2 个并不相交的区域指定交叉点时将产生错误值"#NULL！"。
- 当公式或函数中某个数字有问题时将产生错误值"#NUM！"。产生该错误值的原因有 3 个：一是在需要数字参数的函数中使用了不能接受的参数；二是使用了迭代计算的工作表函数，如 IRR 或 RATE，并且函数不能产生有效的结果；三是由于公式产生的数字太大或太小，Excel 不能表示。
- 当引用单元格的值为"#REF！"，或单元格值无效时将产生错误值"#REF！"。
- 当使用错误的参数或运算对象类型时，或者当公式自动更正功能不能更正公式时，将产生错误值"#VALUE！"。

在 Excel 2016 中可以使用错误检查功能快速对显示为错误值的公式进行检查，以便用户对存在错误的公式进行修改。具体操作方法如下。

Step01: 打开素材文件"地砖存货记录表.xlsx"，❶在 Sheet2 工作表中故意将 B1 单元格中的数据改成错误值；❷单击"公式审核"组中的"错误检查"按钮，如下图所示。

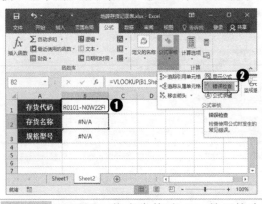

Step02: 打开"错误检查"对话框，单击"在编辑栏中编辑"按钮，如下图所示。

Step03: ❶返回工作表中修改 B1 单元格中的数据；❷单击"错误检查"对话框中的"继续"按钮，如下图所示。

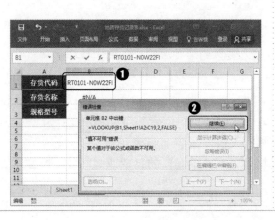

Step04: 经过上一步的操作，即可看到公式根据修改后的 B1 单元格数据查找到了相应的内容，并正确返回查找结果。此时，表中不再有错误值，将弹出"Microsoft Excel"对话框，单击"确定"按钮，如下图所示。

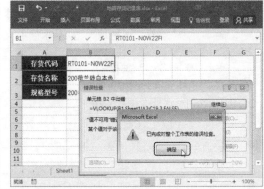

≫ 上机实战——制作业绩奖金表

≫≫ 上机介绍

在 Excel 中使用函数的方式对数据进行计算会省事很多。下面介绍使用函数计算与统计销售业绩奖金表中的数据。最终效果如下图所示。

	A	B	C	D	E	F	G	H	I	J	K
1	编号	姓名	部门	区域	计划金额	实际完成	超额	提成率	累进差额	奖金	
2	0001	孙晓晗	销售1部	青岛	960,000.00	1,600,000.00	640000.00	5%	2000.00	30000.00	
3	0002	赵明月	销售1部	北京	1,790,000.00	1,900,000.00	110000.00	5%	2000.00	3500.00	
4	0003	李楠	销售2部	上海	6,000,000.00	6,100,000.00	100000.00	5%	2000.00	3000.00	
5	0004	张华	销售1部	深圳	1,000,000.00	1,300,000.00	300000.00	5%	2000.00	13000.00	
6	0005	文悦	销售1部	四川	1,570,000.00	1,600,000.00	30000.00	2%	500.00	100.00	
7	0006	韩琪笑	销售1部	天津	1,560,000.00	1,870,000.00	310000.00	5%	2000.00	13500.00	
8	0007	张雪	销售2部	杭州	1,050,000.00	1,100,000.00	50000.00	3%	1000.00	500.00	
9	0008	王梅	销售2部	重庆	1,480,000.00	1,760,000.00	280000.00	5%	2000.00	12000.00	
10	0009	刘冬梅	销售2部	厦门	1,980,000.00	1,060,000.00	-920000.00	0%	0.00	0.00	
11	0010	张磊	销售2部	重庆	860,000.00	1,020,000.00	160000.00	5%	2000.00	6000.00	
12	0011	黄玉	销售2部	青岛	1,080,000.00	1,060,000.00	-20000.00	0%	0.00	0.00	
13	0012	蒋东强	销售2部	天津	1,230,000.00	1,450,000.00	220000.00	5%	2000.00	9000.00	
14	0013	陈思涵	销售1部	宁夏	1,980,000.00	1,560,000.00	-420000.00	0%	0.00	0.00	
15	0014	尹华	销售1部	郑州	1,600,000.00	1,340,000.00	-260000.00	0%	0.00	0.00	
16	合计				24,140,000.00	24,720,000.00	580,000.00				

	销售1部实际完成额	10,320,000.00
	销售2部实际完成额	14,400,000.00

人数统计		奖金统计	
0%	4	奖金合计	90600.00
2%	1	平均奖金	6471.43
3%	1	最高奖金	30000.00
5%	8	最低奖金	0.00

	A	B	C	D
1	业绩奖金标准			
2	分段	30000以下	30000-50000	50000以上
3	超额部分	0	30000	50000
4	提成率	2%	3%	5%
5	累进差额	500	1000	2000

同步文件

素材文件：素材文件\第8章\销售业绩奖金表.xlsx
结果文件：结果文件\第8章\销售业绩奖金表.xlsx
视频文件：视频文件\第8章\上机实战.mp4

≫≫ 步骤详解

本实例中会使用到自定义公式、多种函数，还会涉及嵌套函数和复杂计算，以此判断出各员工业绩对应的奖金，并制作简单的查询系统。具体操作步骤如下。

Step01: 打开素材文件"销售业绩奖金表.xlsx"，❶在"奖金标准"工作表的 B5 单元格中输入"500"；❷在 C5 单元格中输入公式"=(C4-B4)*50000+B5"，如下图所示。

Step02: 在 D5 单元格中输入公式"=(D4-C4)*D3+C5"，如下图所示。

Step03: ❶选择"业绩奖金"工作表；❷在 G2 单元格中输入公式"=F2-E2"，如下图所示。

Step04: 在 H2 单元格中输入公式"=IF G2<0,0,IF(AND(G2>0,G2<=30000),2%,IF (AND(G2>30000,G2<=50000),3%,5%)))"，如下图所示。

> **专家点拨——使用 AND 函数判断指定的多个条件是否同时成立**
>
> AND 函数用于对多个判断结果取交集，即返回同时满足多个条件的那部分内容。其语法结构为：AND (logical1,[logical2],...)。其中，参数 logical1 为必需参数，表示需要检验的第一个条件，其计算结果可以为 TRUE 或 FALSE；参数 logical2,...为可选参数，表示需要检验的其他条件。

Step05: 在 I2 单元格中输入公式"=IF G2<0,0,IF(AND(G2>0,G2<=30000),500,IF (AND(G2>30000,G2<=50000),1000,2000)))"，如下图所示。

Step06: 在 J2 单元格中输入公式"=G2* H2-I2"，如下图所示。

Step07: ❶选择 G2:J2 单元格区域；❷向下拖动填充控制柄至 J15 单元格，计算出其他员工的相关数据，效果如下图所示。

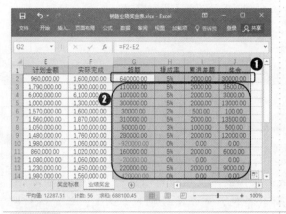

Step08: 在 E16 单元格中输入公式"=SUM(E2:E15)"，如下图所示。

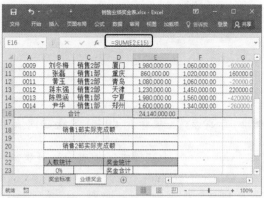

Step09: ❶选择 E16 单元格；❷向右拖动填充控制柄至 G16 单元格，计算出实际完成总额和总超额的值，如下图所示。

Step10: 在 E18 单元格中输入公式"=SUMIF(C2:C15,"销售 1 部",F2:F15)"，如下图所示。

◆ 专家点拨——使用 SUMIF 函数对满足条件的数据求和

　　SUMIF 函数用于对区域中符合指定条件的值求和。其语法结构为：SUMIF(range,criteria,[sum_range])。其中，参数 range 为必需参数，用于条件计算的单元格区域，每个区域中的单元格都必须是数字或名称、数组或包含数字的引用，空值和文本值将被忽略；参数 criteria 为必需参数，用于确定对哪些单元格求和的条件，其形式可以为数字、表达式、单元格引用、文本或函数；参数 sum_range 为可选参数，表示要求和的实际单元格。如果省略 sum_range 参数，Excel 会对在 range 参数中指定的单元格（即应用条件的单元格）求和。

　　步骤 10 中的公式"=SUMIF(C2:C15,"销售 1 部",F2:F15)"，表示对 C2:C15 单元格区域中显示为"销售 1 部"的单元格相对应的在 F2:F15 单元格区域中的行数据求和。

Step11: 在 E20 单元格中输入公式"=SUMIF(C2:C15,"销售 2 部",F2:F15)"，如下图所示。

Step12: 在 C23 单元格中输入公式"=COUNTIF(H2:H15,"0%")"，如下图所示。

专家点拨——使用 COUNTIF 函数对满足条件的数据进行统计

COUNTIF 函数用于对单元格区域中满足单个指定条件的单元格进行计数。其语法结构为：COUNTIF(range,criteria)。其中，参数 range 表示要对其进行计数的一个或多个单元格，空值和文本值将被忽略；参数 criteria 表示统计的条件，可以是数字、表达式、单元格引用或文本字符串。

步骤 12 中的公式 "=COUNTIF(H2:H15,"0%")"，表示对 H2:H15 单元格区域中显示为 "0%" 的单元格计数。

Step13: 在 C24 单元格中输入公式 "=COUNTIF (H2:H15,"2%")"，如下图所示。

Step14: 在 C25 单元格中输入公式 "=COUNTIF (H2:H15,"3%")"，如下图所示。

Step15: 在 C26 单元格中输入公式 "=COUNTIF(H2:H15,"5%")"，如下图所示。

Step16: 在 E23 单元格中输入公式 "=SUM(J2:J15)"，如下图所示。

Step17: 在 E24 单元格中输入公式 "=AVERAGE (J2:J15)"，如下图所示。

Step18: 在 E25 单元格中输入公式 "=MAX (J2:J15)"，如下图所示。

Step19: 在 E26 单元格中输入公式 "=MIN (J2:J15)",如下图所示。

Step20: ❶新建一个工作表并命名为 "业绩查询";❷输入文本,并设置简单的格式;❸在 D4 单元格中输入公式 "=VLOOKUP(D1,业绩奖金!$B$2:$J$15,2,0)",如下图所示。

Step21: 在 D5 单元格中输入公式 "=VLOOKUP (D1,业绩奖金!$B$2:$J$15,9,0)",如下图所示。

Step22: 在 D1 单元格中输入某员工姓名,即可在下方的单元格中返回该员工的所属部门和应得奖金,如下图所示。

▷▷ 本章小结

本章的重点在于掌握公式和函数的基本操作,以及常用函数的使用方法。公式和函数是 Excel 的精髓,可极大地简化数据计算。本书并没有针对所有函数进行讲解,如果读者想使用更多的函数,可以通过 Office 帮助或其他专业书籍获取该函数的语法和基本知识。只要知道了函数的语法并设置相应的参数即可计算出结果。基本上每天都有一些精妙的公式被发掘出来。学公式靠的是逻辑思维和思考问题的方法,不像技巧那样需要死记硬背。不经过认真思考、举一反三是永远学不好的。

第 9 章　Excel 2016 图表与透视表/图的应用

本章导读

　　为了使数据更加直观，可以使用图表的方式简单、明了地显示数据。让烦琐的数据变成一张图片或者一条曲线，可以让表格数据具有更好的视觉效果，同时也更容易分析出这些数据之间的关系和趋势。本章就来介绍图表、迷你图、数据透视表/图的相关知识。

知识要点

➢ 认识图表的组成及类型
➢ 掌握创建图表的方法
➢ 掌握编辑图表的方法
➢ 掌握设置图表布局的方法
➢ 学会使用迷你图
➢ 掌握使用数据透视表
➢ 学会使用数据透视图

● 效果展示

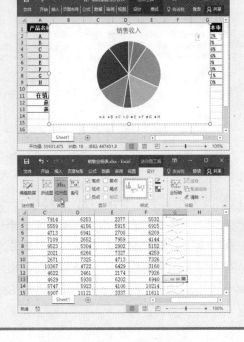

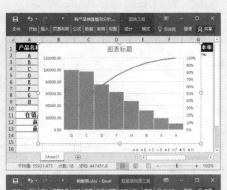

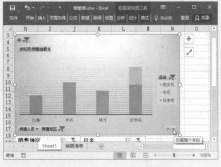

▷▷ 9.1　课堂讲解——认识图表

图表是 Excel 分析数据的一个重要功能，它可以准确、形象、快捷地表达数据信息。要将一堆烦琐数据变成直观、清晰的图表，首先需要了解图表的组成及分类。

9.1.1　图表的组成

Excel 2016 提供了 14 种标准的图表类型，每一种图表类型都分为几种子类型，其中包括二维图表和三维图表。虽然图表的种类不同，但每一种图表的绝大部分组件是相同的，一个完整的图表主要由图表区、图表标题、坐标轴、绘图区、数据系列、网格线和图例等部分组成。下面以柱形图为例讲解图表的组成，如下图所示。

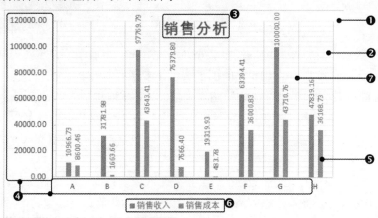

图表组成介绍

序　号	名　称	作　用
❶	图表区	图表区是整个图表的显示区域，也是图表元素的容器，图表的各组成部分都汇集在图表区中
❷	绘图区	在图表区中通过横坐标轴和纵坐标轴界定的矩形区域，用于显示绘制出的数据图形。它包含有所有的数据系列、网格线等元素
❸	图表标题	图表标题用来说明图表内容的主题，它可以在图表中任意移动及修饰（如设置字体、字形及字号等）
❹	坐标轴	图表中的坐标轴包含横（X）坐标轴和纵（Y）坐标轴。通常横坐标轴为分类轴，纵坐标轴为数值轴。坐标轴表示的数值或分类的含义可以使用坐标标题进行标识和说明
❺	数据系列	在数据区域中，同一列（或同一行）数据的集合构成一组数据系列，也就是图表中相关数据点的集合，这些数据源自数据表的行或列。它是根据用户指定的图表类型以系列的方式显示在图表中的可视化数据。图表中可以有一组到多组数据系列，多组数据系列之间通常采用不同的图案、颜色或符号来区分。在上图中，不同产品的销售收入和销售成本形成了 2 个数据系列，它们分别以不同的颜色来区分。在各数据系列数据点上还可以标注出该系列数据的具体值，即数据标签
❻	图例	列举各系列表示方式的方框图，用于指出图表中不同的数据系列采用的标识方式，通常列举不同系列在图表中应用的颜色。图例由 2 部分构成：图例标志，代表数据系列的图案，即不同颜色的小方块；图例项，与图例标志对应的数据系列名称，一种图例标志只能对应一种图例项。
❼	网格线	贯穿绘图区的线条，作为估算数据系列所示值的标准

9.1.2 图表的类型

图表是由图形构成的，不同类型的图表中可能会使用不同的图形。众所周知，图形的特点就是直观，如形状大小、位置、颜色等不同信息我们一眼就能看出，所以，利用图形的这些特性来表现数据，可以让数据更简洁、明了。

在数据统计中，可以使用的图表类型非常多，不同类型的图表表现数据的意义和作用是不同的。例如，下图中的几种图表类型，它们展示的数据是相同的，但表达的含意可能截然不同，从第一个图表中主要看到的是一个趋势和过程；从第二个图表中主要看到的是各数据之间的大小及趋势；而从第三个图表中几乎看不出趋势，只能看到各组数据的占比情况。

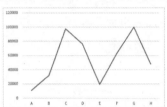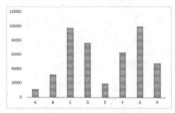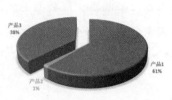

所以，只有将数据信息以最合适的图表类型进行显示时，才会让图表最具有阅读价值，否则再漂亮的图表也是无效的。Excel 2016 中的图表类型主要包括柱形图、条形图、饼图、折线图、散点图等类型，下面就带大家简单了解这些图表类型，以便在创建图表时选择最合适的图表类型。

- 柱形图：用于显示一段时间内的数据变化或说明各项之间数据的比较情况。它强调一段时间内类别数据值的变化，因此，在柱形图中，通常沿水平轴组织类别，而沿垂直轴组织数值，如左下图所示。
- 条形图：用于显示各项目之间数据的差异，它常应用于轴标签过长的图表的绘制中，以免出现柱形图中对长分类标签省略的情况。条形图中显示的数值是持续型的，效果如右下图所示。

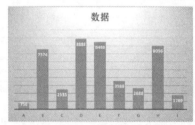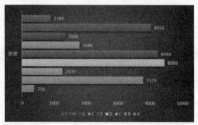

- 饼图：用于显示一个数据系列中各项的大小与各项总和的比例。饼图中的数据点显示为整个饼图的百分比，效果如左下图所示。它只显示一个数据系列的数据比例关系，如果有几个数据系列同时被选中，将只显示其中的一个系列。
- 圆环图：类似于饼图，圆环图也用来显示部分与整体的关系，但是圆环图可以含有多个数据系列，效果如右下图所示。圆环图中的每个环代表一个数据系列。圆环图包括闭合式圆环图和分离式圆环图。

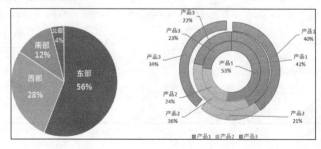

- 折线图：可以显示随时间而变化的连续数据（根据常用比例设置），它强调的是数据的时间性和变动率，因此非常适用于显示在相等时间间隔下数据的变化趋势。在折线图中，类别数据沿水平轴均匀分布，所有的值数据沿垂直轴均匀分布，效果如左下图所示。

- 面积图：面积图与折线图相似，只是将连线与分类轴之间用图案填充，可以显示多组数据系列。面积图可用于绘制随时间发生的变化量，用于引起人们对总值趋势的关注。通过显示所绘制的值的总和，面积图还可以显示部分与整体的关系。面积图强调的是数据的变动量，而不是时间的变动率，效果如右下图所示。

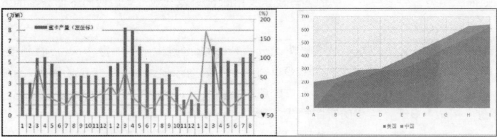

- 散点图：在工作表中以列或行的形式排列的数据可以绘制为散点图。它可以显示单个或多个数据系列中各数值之间的关系，或者将 2 组数字绘制为 XY 坐标的一个系列。散点图有 2 个数值轴，沿横坐标轴（X 轴）方向显示一组数值数据，沿纵坐标轴（Y 轴）方向显示另一组数值数据。散点图将这些数值合并到单一数据点并按不均匀的间隔或簇来显示。散点图通常用于显示和比较成对的数据，如科学数据、统计数据和工程数据，效果如左下图所示。

- 股价图：经常用来显示股价的波动，效果如右下图所示。不过，这种图表也可用于科学数据。例如，可以使用股价图来显示每天或每年温度的波动。股价图数据在工作表中的组织方式非常重要，必须按正确的顺序组织数据才能创建股价。例如，若要创建一个简单的盘高-盘低-收盘股价图，应根据按盘高、盘低和收盘次序输入的列标题来排列数据。

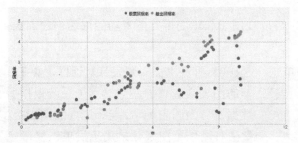
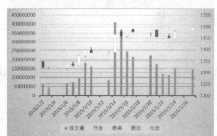

▷▷ 9.2 课堂讲解——创建和编辑图表

对图表有了一定的认识后，即可尝试为表格数据创建图表了。创建图表之后还可以根据需要对其进行相应的编辑，如调整图表的位置、大小，或者更换图表的类型、对数据进行编辑、设置图表样式等，让图表更加符合要求。

9.2.1 创建图表

在 Excel 2016 中可以很轻松地创建具有专业外观的图表。只需先在工作表中选择创建图表的源数据所在的单元格区域，然后在"插入"选项卡的"图表"组中选择相应的图表类型，或使用软件新增的推荐图表功能，即可按照默认的图表布局和图表样式创建专业效果的图表。

> **同步文件**
>
> 视频文件：视频文件\第 9 章\9-2-1.mp4

1．手动创建图表

手动创建图表首先要根据数据的特点决定采用哪种图表类型，然后按照下面介绍的方法进行操作。

Step01: 打开素材文件"各产品销售情况分析.xlsx"，❶选择 A2:B9 单元格区域；❷单击"插入"选项卡"图表"组中的"插入饼图或圆环图"按钮；❸选择需要的饼图样式，如下图所示。

Step02: 经过上一步的操作，即可看到根据选择的数据源和图表样式生成的图表，效果如下图所示。

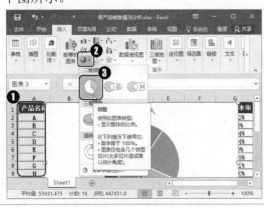

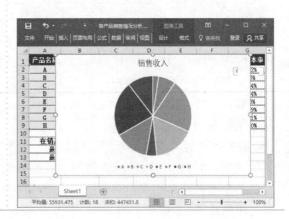

2．使用推荐图表功能快速创建图表

如果不知道数据该使用什么样的图表，可以使用 Excel 的推荐图表功能快速创建图表。具体操作方法如下。

Step01: ❶选择 A2:B9 单元格区域；❷单击"插入"选项卡"图表"组中的"推荐的图表"按钮，如下图所示。

Step02: 打开"插入图表"对话框，❶在"推荐的图表"选项卡左侧显示了系统根据所选数据推荐的图表类型，选择需要的图表类型；❷在右侧预览图表效果满意后单击"确定"按钮，如下图所示。

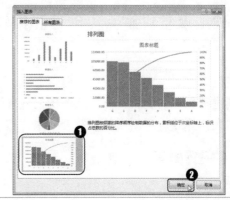

Step03: 经过前面的操作，即可在工作表中看到根据选择的数据源和图表样式生成的图表，如下图所示。

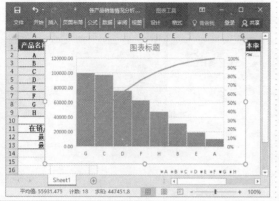

 新手注意：

如果要插入样式更丰富的图表类型，可以在"插入图表"对话框的"所有图表"选项卡中进行选择。

创建图表时，如果只选择了一个单元格，Excel 会自动将紧邻单元格中包含有数据的所有单元格添加到图表中，此外，如果有不想显示在图表中的数据，用户可以在创建图表之前，将包含数据的单元格隐藏起来。

9.2.2 移动图表位置

在工作表中使用数据源创建的图表存放在当前工作表中可能不妥，这时可以通过鼠标拖动将其移动到工作表中的其他位置。有时为了表达图表数据的重要性或为了能清楚分析图表中的数据，需要将图表放大并单独制作作为一张工作表。此时可以使用移动图表功能来完成，具体操作如下。

同步文件

视频文件：视频文件\第 9 章\9-2-2.mp4

Step01: ❶选择要移动到新工作表中的图表；❷单击"图表工具-设计"选项卡"位置"组中的"移动图表"按钮，如下图所示。

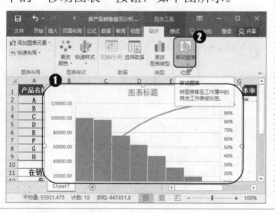

Step02: 打开"移动图表"对话框，❶选中"新工作表"单选按钮；❷在其后的文本框中输入移动图表后新建的工作表名称；❸单击"确定"按钮，如下图所示。

 专家点拨——移动图表中各元素的位置

还可以使用鼠标拖动的方法来移动图表中各组成部分的位置，只是图表组成部分的移动范围始终在图表区范围内。

Step03: 经过前面的操作，返回工作簿中即可看到新建的"组合图表"工作表，如下图所示。

Step04: 选择 Sheet1 工作表中的图表，按住鼠标左键不放将其拖动到合适位置后释放鼠标左键，即可在该工作表中移动图表的位置，如下图所示。

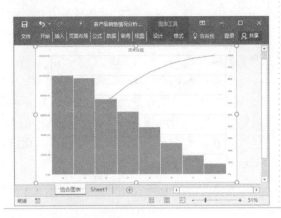

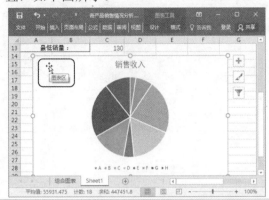

9.2.3　调整图表的大小

默认创建的图表大小如果不合适，用户可以适当地进行调整，在"图表工具-格式"选项卡的"大小"组中进行设置即可。但如果图表是单独存放在一张工作表中，则不能设置图表大小，只能通过改变视图缩放比例来调整图表中内容显示的大小。

同步文件
视频文件：视频文件\第 9 章\9-2-3.mp4

Step01: ❶选择 Sheet1 工作表中的图表；❷在"图表工具-格式"选项卡"大小"组中的"形状高度"和"形状宽度"数值框中输入具体的数值，精确调整图表的大小，如下图所示。

Step02: ❶选择"组合图表"工作表；❷拖动工作表下部的缩放比例滑块，调整图表显示的大小，效果如下图所示。

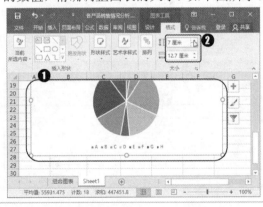

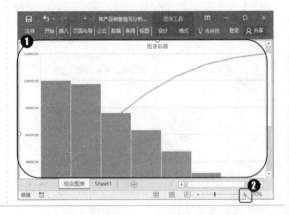

9.2.4　更改图表类型

如果用户对图表各类型的使用情况不是很清楚，就有可能出现创建的图表不能够准确表达数据含义的情况。但不用担心，创建好的图表可以方便地更改为其他图表类型。例如，将之前创建的饼图图表更改为柱形图图表，具体操作方法如下。

同步文件

视频文件：视频文件\第 9 章\9-2-4.mp4

Step01: ❶选择 Sheet1 工作表中的图表；❷单击"图表工具-设计"选项卡"类型"组中的"更改图表类型"按钮，如下图所示。

Step02: 打开"更改图表类型"对话框，❶选择"柱形图"选项；❷在右侧选择合适的柱形图样式；❸单击"确定"按钮即可，如下图所示。

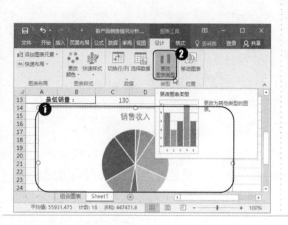

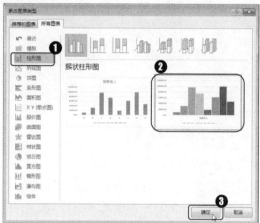

9.2.5 修改图表数据

在创建了图表的表格中，图表中的数据与工作表中的数据源是保持动态关联的。当修改工作表中的数据源时，图表中的相关数据系列也会发生相应的变化。如果要交换图表中的分类各系列，可以选择"切换行/列"命令；如果需要重新选择工作表中的数据作为数据源，可通过"选择数据源"对话框进行修改。具体操作方法如下。

同步文件

视频文件：视频文件\第 9 章\9-2-5.mp4

Step01: ❶选择 Sheet1 工作表中的图表；❷单击"图表工具-设计"选项卡"数据"组中的"选择数据"按钮，如下图所示。

Step02: 打开"选择数据源"对话框，❶单击"图表数据区域"文本框后的折叠按钮，返回工作表中选择 A1:C9 单元格区域；❷在"图例项"列表框中取消勾选最后两个复选框；❸单击"确定"按钮，如下图所示。

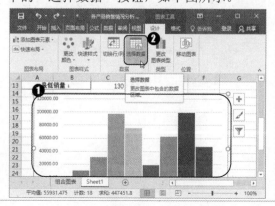

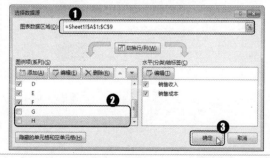

Step03: 经过前面的操作,即可看到修改数据源后的图表效果。单击"数据"组中的"切换行/列"按钮,如下图所示。

Step04: 经过上一步的操作,即可改变图表中数据分类和系列的方向,效果如下图所示。

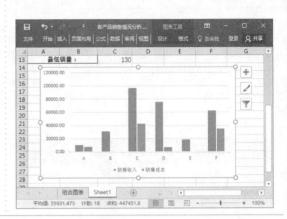

9.2.6 设置图表样式

在创建图表时,应用的都是默认图表样式,为了让图表效果更加专业,可以快速将一个预定义的图表样式应用到图表中,还可以更改图表的颜色方案,快速更改数据系列采用的颜色。如果需要设置图表中各组成元素的样式,则可以在"图表工具-格式"选项卡中进行自定义设置,包括对图表区中文字的格式、填充颜色、边框颜色、边框样式、阴影和三维格式等进行设置,其操作方法与在 Word 中设置各对象的操作方法相似,在此不再赘述。

下面为"各产品销售情况分析表"工作簿中的图表快速设置样式,具体操作方法如下。

 同步文件

视频文件:视频文件\第 9 章\9-2-6.mp4

Step01: ❶选择 Sheet1 工作表中的图表;❷单击"图表工具-设计"选项卡中"图表样式"按钮,选择需要应用的图表样式,即可为图表应用所选图表样式效果,如下图所示。

Step02: ❶单击"图表样式"组中的"更改颜色"按钮;❷选择要应用的颜色方案,即可为图表中的数据系列应用所选的图表配色方案,如下图所示。

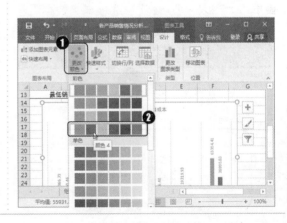

≫ 9.3　课堂讲解——修改图表布局

对创建的图表进行合理的布局可以使图表效果更加美观。本节就来介绍图表布局的相关知识，包括添加图表元素和调整各元素的效果与位置。

9.3.1　使用快速布局样式

在表格中创建的图表会采用系统默认的图表布局，实质上，Excel 2016 中提供了 11 种预定义布局样式，使用这些预定义的布局样式可以快速调整图表的布局效果，具体操作方法如下。

同步文件

视频文件：视频文件\第 9 章\9-3-1.mp4

Step01: ❶选择 Sheet1 工作表中的图表；❷单击"图表工具-设计"选项卡"图表布局"组中的"快速布局"按钮；❸选择需要的布局样式，如下图所示。

Step02: 经过上一步的操作，即可看到应用新布局样式后的图表效果，如下图所示。

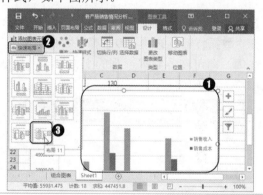

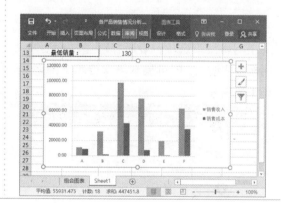

9.3.2　添加图表中的组成元素

图表制作需要有创意，展现出独特的风格，才能更吸引人。除了前面介绍的预置图表布局效果外，用户还可以对图表中的各元素进行设置，并有选择性地进行布局。例如，可以为图表添加标题、设置坐标轴格式、添加坐标轴标题、设置数据标签格式、添加数据表、设置网格线、添加趋势线、误差线等。下面就为图表添加一些合适的元素，并设置相关的格式，具体操作方法如下。

 新手注意

趋势线用于问题预测研究，又称为回归分析。在图表中，趋势线是以图形的方式表示数据系列的趋势。Excel 中趋势线的类型有线性、指数、线性预测和移动平均 4 种，用户可以根据需要选择趋势线，从而查看数据的动向。

误差线通常运用在统计或采用了科学记数法的数据中，误差线显示了相对序列中的每个数据标记的潜在误差或不确定度。Excel 中误差线的类型有标准误差、百分比和标准偏差 3 种。

同步文件

视频文件：视频文件\第 9 章\9-3-2.mp4

Step01: ❶选择 Sheet1 工作表中的图表；❷单击"添加图表元素"按钮；❸选择"图表标题"选项；❹选择"居中覆盖"选项，即可在图表的上部显示出图表标题，如下图所示。

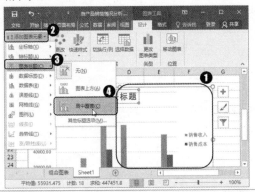

Step02: 经过上一步的操作，将在图表中添加图表标题元素，❶直接在图表标题文本框中输入如下图所示的名称；❷在"开始"选项卡的"字体"组中设置合适的字体格式。

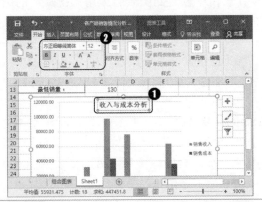

Step03: ❶单击"添加图表元素"按钮；❷选择"网格线"选项；❸选择"主轴次要水平网格线"选项，即可显示出次要水平网格线，如下图所示。

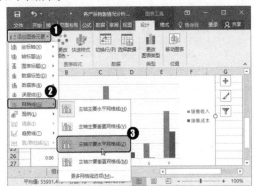

Step04: ❶单击"添加图表元素"按钮；❷选择"数据标签"选项；❸选择"数据标签外"选项，即可在各数据系列的上方显示出数据标签，如下图所示。

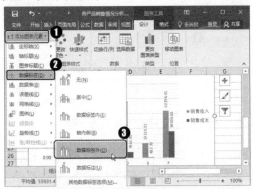

Step05: ❶选择图表中的图例；❷单击"添加图表元素"按钮；❸选择"图例"选项；❹选择"其他图例选项"选项，如右图所示。

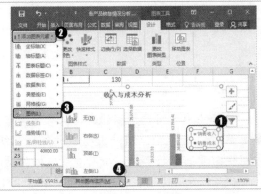

Step06: 打开"设置图例格式"任务窗格，❶ 单击"填充与线条"选项卡；❷ 在"填充"选项组中选择"纯色填充"单选按钮；❸ 单击"颜色"按钮，设置需要填充的背景色，即可为图例部分填充背景颜色，如下图所示。

Step07: ❶ 单击"添加图表元素"按钮；❷ 选择"误差线"选项；❸ 选择"百分比"选项，即可在各数据系列的上方显示出相应的误差线效果，如下图所示。

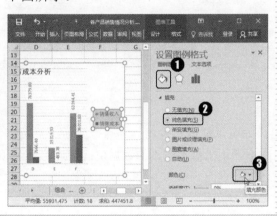

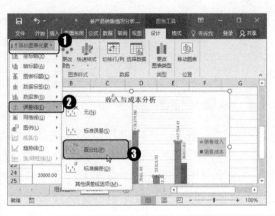

▷▷ 9.4　课堂讲解——使用迷你图显示数据趋势

迷你图是一种微型图表，它是以一个单元格为绘图区域制作的图表，可以提供数据的直观表示。通常用于在数据表中对一系列数值的变化趋势进行标识，如季节性增加或减少、经济周期，或者突出显示最大值和最小值。本节就来介绍迷你图的使用方法。

9.4.1　创建迷你图

使用迷你图只须占用少量空间就可以让用户一眼看出数据的分布形态，所以它的使用也是很频繁的。Excel 2016 中可以快速制作折线迷你图、柱形迷你图和盈亏迷你图 3 种类型的迷你图。根据用户查看数据方式的不同，选择相应的迷你图类型即可，具体操作方法如下。

同步文件

视频文件：视频文件\第 9 章\9-4-1.mp4

Step01: 打开素材文件"销售业绩表.xlsx"，❶ 选择需要存放迷你图的 G2 单元格；❷ 在"插入"选项卡"迷你图"组中选择需要的迷你图类型，如"折线图"，如下图所示。

Step02: 打开"创建迷你图"对话框，❶ 在"数据范围"文本框中引用 C2:F2 单元格区域；❷ 单击"确定"按钮，创建第一个员工的销售数据折线图，效果如下图所示。

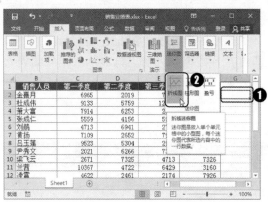 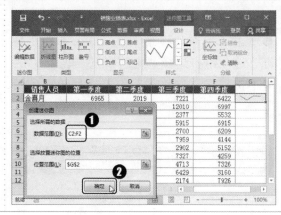

9.4.2 编辑迷你图

创建迷你图后，还可以根据需要编辑其效果，如可以使用提供的"高点""低点""负点""首点""尾点"和"标记"等功能，快速在迷你图上标识出需要强调的数据值；快速将一个预定义的迷你图样式应用到迷你图上，或单独修改迷你图中的线条和各种"点"的样式；甚至更改现有迷你图的类型，以便更好地体现数据的走势。

 同步文件
视频文件：视频文件\第 9 章\9-4-2.mp4

Step01: ❶选择 G2 单元格；❷向下拖动控制柄至 G15 单元格，即可为该列数据填充复制相应的迷你图，但引用的数据源会自动发生改变，就像复制公式时单元格引用会发生改变一样，如下图所示。

Step02: ❶选择迷你图所在的任意单元格；❷勾选"迷你图工具-设计"选项卡"显示"组中的"高点"复选框，即可为每一个迷你图中最高处添加一个标记点，如下图所示。

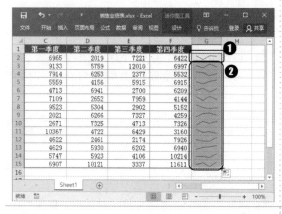 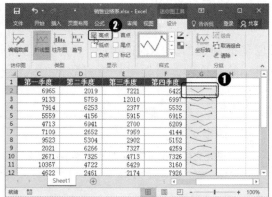

Step03: 在"迷你图工具-设计"选项卡"样式"组中的列表框中选择需要的迷你图样式，如下图所示，即可快速为迷你图应用该样式。

Step04: ❶选择 G13 单元格；❷单击"分组"中的"取消组合"按钮，取消该迷你图与原有迷你图组的关联关系，如下图所示。

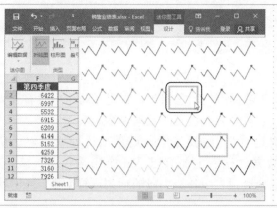
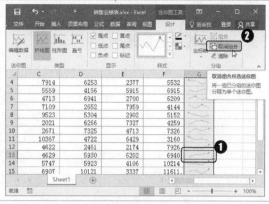

◆ **专家点拨——编辑迷你图源数据**

　　选择制作好的迷你图后，单击"迷你图工具-设计"选项卡"迷你图"组中的"编辑数据"按钮，可以更改创建迷你图的源数据。通过 Excel 自动填充功能复制创建的迷你图，会将"位置范围"设置成单元格区域，即所谓的一组迷你图，当对其中一个迷你图进行设置时，其他迷你图也会进行相同的设置。若要修改这样的一组迷你图中的某个源数据，可以选择"编辑单个迷你图的数据"命令。

Step05: 单击"迷你图工具-设计"选项卡"类型"组中的"柱形图"按钮，即可将该单元格中的迷你图更换为柱形图类型的迷你图效果，如下图所示。

Step06: ❶单击"样式"组中的"标记颜色"按钮；❷选择"高点"选项；❸选择高点需要设置的颜色，即可改变高点的颜色，如下图所示。

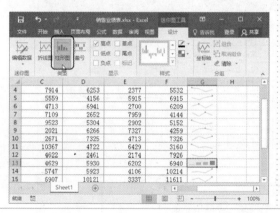
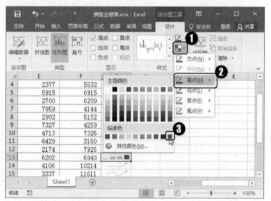

▷▷ 9.5　课堂讲解——使用数据透视表分析数据

　　前面我们学习了使用图表形象地表现数据，但图表只能算是 Excel 中对数据的一种图形显示方式，并不能对数据进行深入分析。本节介绍用 Excel 2016 中的数据透视表分析数据的操作方法。

9.5.1 认识数据透视表

数据透视表，顾名思义，就是将数据看透了。它是一种可以快速对大量数据进行快速汇总和建立交叉列表的交互式表格，也就是一个产生于数据库的动态报告。它是 Excel 中具有强大分析能力的工具，可以帮助用户将行或列中的数字转变为有意义的数据表示。

数据透视表最重要的功能就是能够进行"透视"。透视是指通过重新排列或定位一个或多个字段的位置来重新安排数据透视表。数据透视表主要有以下几个用途。

- 以多种友好方式查询大量数据。通过对数据透视表中各个字段的行列进行交换，能够快速得到用户需要的数据。
- 可以对数值数据进行分类汇总和聚合。按分类和子分类对数据进行汇总，还可以创建自定义计算和公式。
- 展开或折叠要关注结果的数据级别，可以选择性查看感兴趣区域摘要数据的明细。
- 将行移动到列或将列移动到行，以查看源数据的不同汇总。
- 对最有用和最关注的数据子集进行筛选、排序、分组和有条件地设置格式，让用户能够关注和重点分析所需的信息。
- 提供简明、有吸引力并且带有批注的联机报表或打印报表。

一个完整的数据透视表主要由数据库、行字段、列字段、求值项和汇总项等部分组成。而对数据透视表的透视方式进行控制需要在"数据透视表字段"任务窗格中来完成。如下图所示为某订购记录制作的数据透视表。在学习数据透视表的操作之前，先来了解一下数据透视表的基本术语。

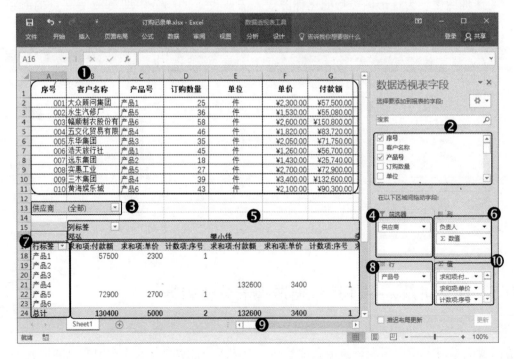

序　号	名　　称	作　　用
❶	数据库	也称为数据源，是从中创建数据透视表的数据清单、多维数据集。数据透视表的数据库可以驻留在工作表中或一个外部文件中
❷	"字段列表"列表框	字段列表中包含了数据透视表中所需要的数据的字段（也称为列）。在该列表框中勾选或取消勾选字段标题对应的复选框，可以对数据透视表进行透视
❸	报表筛选字段	也称为页字段，用于筛选表格中需要保留的项，项是组成字段的成员
❹	"筛选器"列表框	移动到该列表框中的字段即为报表筛选字段，将在数据透视表的报表筛选区域显示
❺	列字段	信息的种类，等价于数据清单中的列
❻	"列"列表框	移动到该列表框中的字段即为列字段，将在数据透视表的列字段区域显示
❼	行字段	信息的种类，等价于数据清单中的行
❽	"行"列表框	移动到该列表框中的字段即为行字段，将在数据透视表的行字段区域显示
❾	值字段	根据设置的求值函数对选择的字段项进行求值。数值和文本的默认汇总函数分别是SUM（求和）和 COUNT（计数）
❿	"值"列表框	移动到该列表框中的字段即为值字段，将在数据透视表的求值项区域显示

9.5.2　创建数据透视表

在 Excel 2016 中可以根据需要手动创建数据透视表，也可以通过推荐的数据透视表功能快速创建相应的数据透视表。

同步文件

视频文件：视频文件\第 9 章\9-5-2.mp4

1. 手动创建数据透视表

由于数据透视表的创建本身是要根据用户想查看数据的某个方面的信息而存在的，这要求用户的主观能动性很强，能根据需要对字段形式进行恰当的判断，从而得到数据在某方面的关联。因此，掌握手动创建数据透视表的方法是学习数据透视表的最基本操作。

通过前面的介绍，已知数据透视表包括 4 类字段，分别为报表筛选字段、列字段、行字段和值字段。手动创建数据透视表就是要连接到数据源，在指定位置创建一个空白数据透视表，然后在"数据透视表字段"任务窗格中的"字段列表"列表框中添加数据透视表中需要的数据字段。此时，系统会将这些字段放置在数据透视表的默认区域中，用户还需要手动调整字段在数据透视表中的区域。具体操作方法如下。

Step01: 打开素材文件"订购记录单.xlsx"，❶选择任意包含数据的单元格；❷单击"插入"选项卡"表格"组中的"数据透视表"按钮，如下图所示。

Step02: 打开"创建数据透视表"对话框，❶选择"选择一个表或区域"单选按钮；❷在"表/区域"参数框中会自动引用表格中所有包含数据的单元格区域；❸在"选择放置数据透视表的位置"选项组中选择"现有工作表"单选按钮，并在下方的"位置"文本框中引用 A14 单元格；❹单击"确定"按钮，如下图所示。

Step03: 经过上一步的操作，即可在新工作表中创建一个空白数据透视表，并打开"数据透视表字段"任务窗格。在"字段列表"列表框中勾选需要添加到数据透视表中的字段对应的复选框，如下图所示。

Step04: 经过上一步的操作，系统会根据默认规则，自动将选择的字段显示在数据透视表的各区域中。❶在"行"列表框中选择"供应商"字段名称；❷按住鼠标左键不放将其拖动到"筛选器"列表框中，如下图所示。

Step05: 经过上一步的操作，即可将"供应商"字段移动到"筛选器"列表框中，作为整个数据透视表的筛选项目。❶单击"行"列表框中"产品号"字段名称右侧的下拉按钮；❷选择"移动到列标签"命令，如下图所示。

Step06: 经过上一步的操作，即可将"产品号"字段修改为列字段，同时数据透视表的透视方式也发生了改变。❶单击"值"列表框中"付款额"字段名称右侧的下拉按钮；❷选择"移至开头"选项，如下图所示。

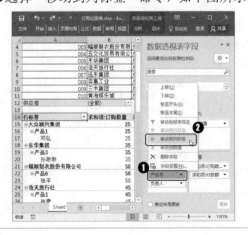

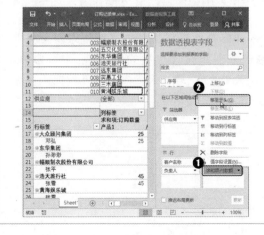

Step07: 经过上一步的操作，即可将"付款额"字段移动到值字段的最顶层，同时数据透视表的透视方式也发生了改变，完成后的效果如右图所示。

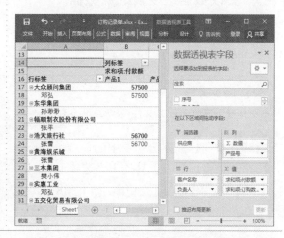

> ### 🔍 新手注意：
>
> 在"创建数据透视表"对话框中选择"使用外部数据源"单选按钮，然后单击"选择连接"按钮可选择外部数据源；选择"新工作表"单选按钮，将会把数据透视表创建到新工作表中。

2. 使用推荐功能快速创建数据透视表

Excel 2016 中提供的推荐的数据透视表功能，可以汇总选择的数据并提供各种数据透视表的预览效果，用户直接选择其中最需要的数据透视表效果即可生成相应的数据透视表。具体操作方法如下。

Step01: ❶选择任意包含数据的单元格；❷单击"插入"选项卡"表格"组中的"推荐的数据透视表"按钮，如右图所示。

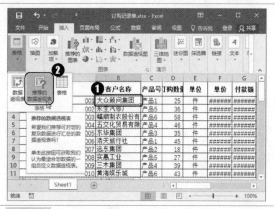

Step02: 打开"推荐的数据透视表"对话框，❶在左侧选择需要的数据透视表效果；❷在右侧预览相应的透视表字段数据，满意后单击"确定"按钮，如下图所示。

Step03: 经过前面的操作，即可在新工作表中创建对应的数据透视表，效果如下图所示。

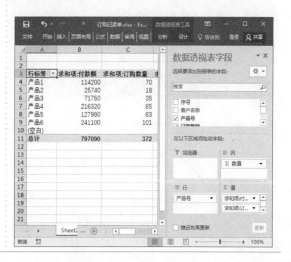

9.5.3 更改数据透视表的源数据

如果需要分析的数据透视表中的源数据选择出错，可以像更改图表的源数据一样进行更改。具体操作方法如下。

同步文件
视频文件：视频文件\第 9 章\9-5-3.mp4

Step01: ❶选择数据透视表中的任意单元格；❷单击"数据透视表工具-分析"选项卡"数据"组中的"更改数据源"按钮，如下图所示。

Step02: 打开"移动数据透视表"对话框，❶单击"表/区域"参数框后的折叠按钮，在工作表中拖动选择需要进行数据透视的单元格区域；❷单击"确定"按钮，如下图所示。

9.5.4 设置值字段

默认情况下，数据透视表中的值字段数据按照数据源中的方式进行显示，且汇总方式为求和。实际上，用户可以根据需要修改数据的汇总方式和显示方式。具体操作方法如下。

同步文件
视频文件：视频文件\第 9 章\9-5-4.mp4

Step01: ❶单击"数据透视表字段"任务窗格"值"列表框中"订购数量"字段名称右侧的下拉按钮；❷选择"值字段设置"选项，如下图所示。

Step02: 打开"值字段设置"对话框，❶单击"值显示方式"选项卡；❷在"值显示方式"下拉列表框中选择需要显示的方式，在此选择"总计的百分比"选项；❸单击"确定"按钮，如下图所示。

Step03: 经过前面的操作，即可在工作表中看到"订购数量"字段的显示方式修改为百分比形式。❶选择需要修改汇总方式的"付款额"字段；❷单击"数据透视表工具-分析"选项卡"活动字段"组中的"字段设置"按钮，如下图所示。

Step04: 打开"值字段设置"对话框，❶在"值汇总方式"选项卡的"计算类型"列表框中选择需要的汇总方式，在此选择"最大值"选项；❷单击"数字格式"按钮，如下图所示。

◆ **专家点拨——设置值显示方式**

直接在数据透视表中值字段的字段名称单元格上双击，也会弹出"值字段设置"对话框。在"值字段设置"对话框的"自定义名称"文本框中可以对字段的名称进行重命名。单击"值显示方式"选项卡，在"值显示方式"下拉列表框中可以选择需要的值显示方式，如普通、差异和百分比等，对数据进行简单分析。

Step05: 打开"设置单元格格式"对话框，❶在"分类"列表框中选择"数值"选项；❷在"小数位数"数值框中设置"小数位数"为 1 位；❸单击"确定"按钮，如下图所示。

Step06: 返回"值字段设置"对话框，单击"确定"按钮，在工作表中即可看到"付款额"字段的汇总方式修改为求最大值了，且计算结果显示为一位小数位数的形式，如下图所示。

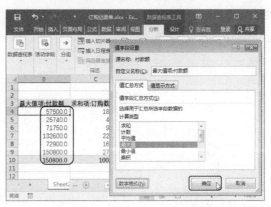

9.5.5 在数据透视表中筛选数据

应用数据透视表透视数据时，有时还需要对字段进行筛选，从而得到更符合要求的数据透视效果。在数据透视表中筛选数据的效果是累加式的，也就是说，每次增加筛选条件都是基于当前已经筛选过的数据的基础上进一步减小数据子集。在数据子集中，用户可以同时创建多达4种类型的筛选：手动筛选、标签筛选、值筛选和复选框设置。下面以案例形式介绍复选框设置筛选的具体操作方法。

同步文件

视频文件：视频文件\第 9 章\9-5-5.mp4

Step01: ❶单击报表筛选字段右侧的下拉按钮；❷选择"丽达集团"选项；❸单击"确定"按钮，如下图所示。

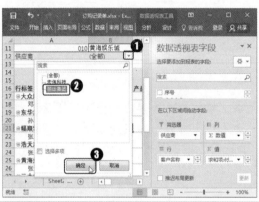

Step02: 经过上一步的操作，即可筛选数据透视表中的数据；❶单击"行"列表框中"负责人"字段名称右侧的下拉按钮；❷选择"上移"选项，如下图所示。

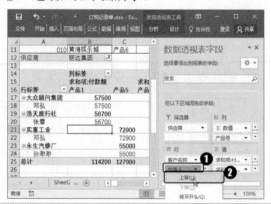

Step03: 经过上一步的操作，即可改变数据透视表的透视效果；❶单击"行标签"筛选按钮；❷勾选要筛选字段的对应复选框；❸单击"确定"按钮，如下图所示。

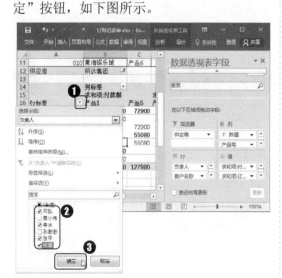

Step04: 经过上一步的操作，即可筛选出需要显示的字段内容；❶单击"列标签"筛选按钮；❷勾选要筛选字段的对应复选框；❸单击"确定"按钮，效果如下图所示。

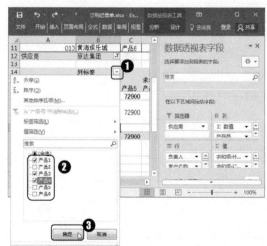

Step05: 经过上一步的操作，即可在前面操作的基础上再次筛选出需要显示的字段内容。单击"邓弘"数据项前面的□按钮，如下图所示。

Step06: 经过上一步的操作，即可暂时隐藏"邓弘"数据项下的明细数据，同时□按钮变成⊞形状，效果如下图所示。

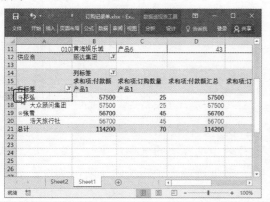 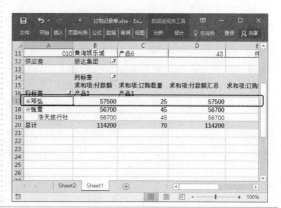

专家点拨——在数据透视表中筛选数据的其他方法

上面的案例中介绍了筛选报表字段、行字段和列字段的方法，它们都会弹出一个下拉列表，在这个下拉列表的"搜索"文本框中可以手动输入要筛选的条件，还可以在"标签筛选"和"值筛选"中选择相应的选项来进行筛选。

9.5.6 切片器的使用

上一节中讲解了通过筛选器筛选数据透视表中数据的方法，可以发现在对多个字段进行筛选时，很难看到当前的筛选状态，必须打开一个下拉列表才能找到有关筛选的详细信息，而且有些筛选方式还不能实现。因此更多的时候，可以使用切片器来对数据透视表中的数据进行筛选。

切片器提供了一种可视性极强的筛选方法来筛选数据透视表中的数据。它包含一组易于使用的筛选组件，一旦插入切片器，用户就可以使用多个按钮对数据进行快速分段和筛选，仅显示所需数据。此外，切片器还会清晰地标记已应用的筛选器，提供详细信息指示当前筛选状态，从而便于其他用户能够轻松、准确地了解已筛选的数据透视表中所显示的内容。

要在 Excel 2016 中使用切片器对数据透视表中的数据进行筛选，首先需要插入切片器，然后根据需要筛选的数据依据，在切片器中选择需要筛选出的数据选项即可。具体操作方法如下。

同步文件

视频文件：视频文件\第 9 章\9-5-6.mp4

Step01: ❶选择数据透视表中的任意单元格；❷单击"数据透视表工具-分析"选项卡"操作"组中的"清除"按钮；❸选择"清除筛选"选项，如下图所示。

Step02: 经过上一步的操作，即可恢复筛选数据透视表数据前的效果。❶单击"筛选"组中的"插入切片器"按钮；❷打开"插入切片器"对话框，在列表框中勾选"产品号""供应商"和"负责人"复选框；❸单击"确定"按钮，如下图所示。

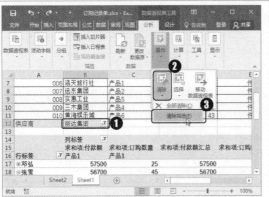

Step03: 经过上一步的操作，将插入"产品号""供应商"和"负责人"3个切片器。❶按住〈Ctrl〉键的同时，选择所有插入的切片器，并将它们移动到空白位置；❷在"供应商"切片器中选择"丽达集团"选项，即可在数据透视表中筛选出丽达集团相关的数据，如下图所示。

Step04: 按住〈Ctrl〉键的同时，在"负责人"切片器中选择"邓弘"和"张雪"选项，即可在数据透视表中筛选出这两位负责人负责的相关数据，如下图所示。

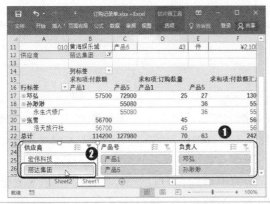
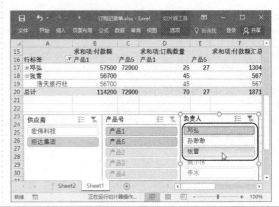

Step05: 在"产品号"切片器中选择"产品1"选项，即可在数据透视表中筛选出所有产品1的相关数据，如下图所示。

Step06: ❶选择数据透视表中的"张雪"数据项；❷单击"数据透视表工具-分析"选项卡"活动字段"组中的"折叠字段"按钮，即可快速隐藏该数据项下的明细数据，如下图所示。

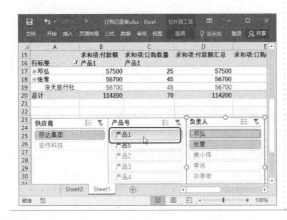
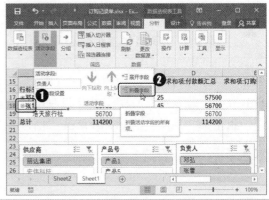

新手注意

单击"活动字段"组中的"展开字段"按钮，可快速展开数据透视表中所选字段项的明细数据。

9.5.7　设置数据透视表格式

Excel 中为数据透视表预定义了多种样式，用户可以使用样式库轻松更改数据透视表的样式，达到美化数据透视表的效果。还可以在"布局"组中设置数据透视表的布局效果，如设置汇总形式、总计形式、报表布局等；也可以在"数据透视表样式选项"组中选择数据透视表样式应用的范围，如列标题、行标题、镶边行和镶边列等。另外，在 Excel 2016 中还为切片器提供了预设的切片器样式，使用切片器样式可以快速更改切片器的外观，从而使切片器更突出、更美观。下面就来美化数据透视表和切片器效果，具体操作方法如下。

 同步文件

视频文件：视频文件\第 9 章\9-5-7.mp4

Step01: ❶选择 Sheet2 工作表；❷选择数据透视表中的任意单元格；❸在"数据透视表工具-设计"选项卡"数据透视表样式"组中的列表框中选择需要的数据透视表样式，如下图所示。

Step02: 经过上一步的操作，即可为数据透视表应用选择的样式。在"数据透视表样式选项"组中勾选"镶边行"复选框，即可看到为数据透视表应用样式后的效果，如下图所示。

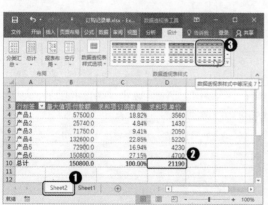

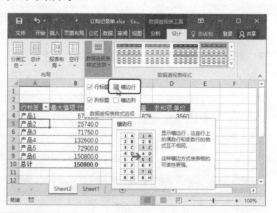

Step03: ❶选择 Sheet1 工作表，按住〈Ctrl〉键的同时，选择插入的前两个切片器；❷单击"切片工具-选项"选项卡"切片器样式"组中的"快速样式"按钮；❸选择需要的切片器样式，如下图所示。

Step04: 经过上一步的操作，即可为选择的切片器应用设置的样式；❶选择插入的第 3 个切片器；❷使用相同的方法在"切片器样式"组中单击"快速样式"按钮；❸选择需要的切片器样式，如下图所示。

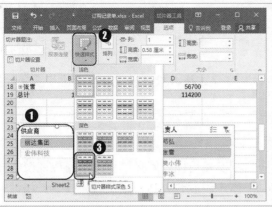
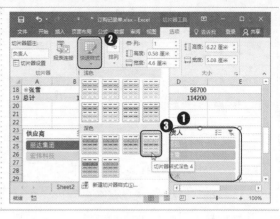

▷▷ 9.6 课堂讲解——使用数据透视图

数据透视图是数据的另一种表现形式，它与数据透视表类似，用于分析和展示数据汇总的结果，不同的是数据透视图以图表的形式来展示数据。总的来说，数据透视图结合了图表和数据透视表的功能，可以更清楚地显示数据透视表中的数据信息。

9.6.1 创建数据透视图

在 Excel 2016 中可以使用"数据透视图"功能一次性创建数据的透视表和透视图。而且，数据透视图与透视表的创建方法相似，具体操作方法如下。

同步文件
视频文件：视频文件\第 9 章\9-6-1.mp4

Step01: 打开素材文件"销售表.xlsx"，❶单击"插入"选项卡"图表"组中的"数据透视图"按钮；❷选择"数据透视图"选项，如下图所示。

Step02: 打开"创建数据透视图"对话框，❶在"表/区域"参数框中引用工作表中的A1:H75 单元格区域；❷选择"新工作表"单选按钮；❸单击"确定"按钮，如下图所示。

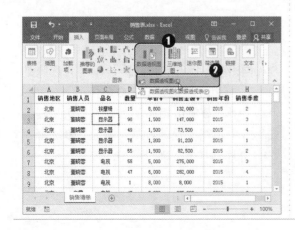
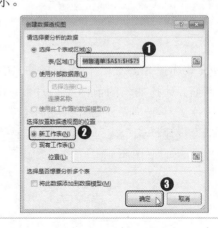

Step03: 经过前面的操作，即可在新工作表中创建一个空白数据透视表和透视图。❶在"数据透视图字段"任务窗格的"字段列表"列表框中勾选需要添加到数据透视图中的字段对应的复选框；❷将合适的字段移动到下方的 4 个列表框中，如下图所示。

Step04: 经过上一步的操作，即可根据设置的透视方式显示数据透视表和透视图。❶选择制作的数据透视图；❷单击"数据透视图工具-设计"选项卡"类型"组中的"更改图表类型"按钮，效果如下图所示。

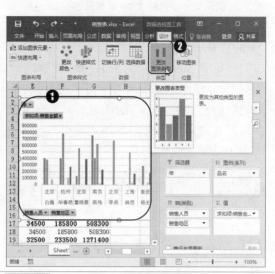

Step05: 打开"更改图表类型"对话框，❶选择"柱形图"选项；❷在右侧选择合适的柱形图样式；❸单击"确定"按钮，如下图所示。

Step06: 经过上一步的操作，即可调整数据透视图的显示效果，如下图所示。

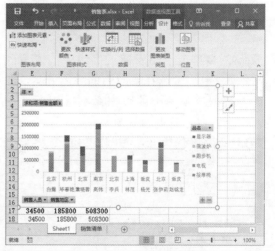

专家点拨——使用数据透视表创建数据透视图

如果在工作表中已经创建了数据透视表，并添加了可用字段，可以单击"数据透视图工具-分析"选项卡"工具"组中的"数据透视图"按钮，直接根据数据透视表中的内容创建数据透视图。

9.6.2 美化数据透视图

在工作表中创建数据透视图之后，会激活"数据透视图工具-分析""数据透视图工具-设计"

和"数据透视图工具-格式"3 个选项卡。其中,"数据透视图工具-分析"选项卡中的工具和数据透视表中的相同,而"数据透视图工具-设计"和"数据透视图工具-格式"选项卡的操作方法与普通图表的操作方法基本相同。例如,美化刚刚制作的数据透视图,具体操作方法如下。

同步文件

视频文件:视频文件\第 9 章\9-6-2.mp4

Step01: ❶选择 Sheet2 工作表中数据透视表中的行标签字段名称单元格;❷在"数据透视图工具-设计"选项卡"图表样式"组中的列表框中选择需要应用的图表样式,即可为数据透视图应用所选图表样式效果,如下图所示。

Step02: ❶单击"添加图表元素"按钮;❷选择"数据标签"选项;❸在子菜单中选择"无"选项,即可取消显示各数据系列上方的数据标签,如下图所示。

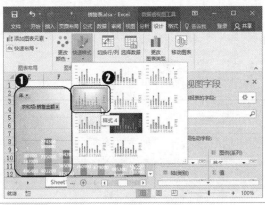

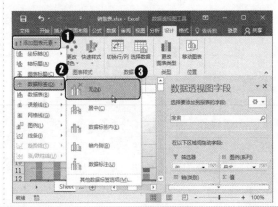

Step03: ❶单击"图表样式"组中的"更改颜色"按钮;❷选择要应用的颜色方案,即可为数据透视图中的数据系列应用所选图表配色方案,效果如下图所示。

Step04: ❶单击"添加图表元素"按钮;❷选择"网格线"选项;❸选择"主轴次要水平网格线"选项,即可显示出次要水平网格线,效果如下图所示。

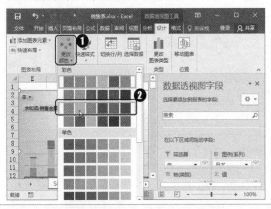

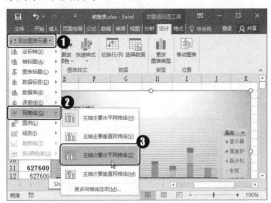

9.6.3 筛选数据透视图中的数据

在数据透视图中也可以筛选要查看的数据,主要通过图表中的筛选按钮和切片器来进行筛选,具体操作方法如下。

同步文件

视频文件：视频文件\第 9 章\9-6-3.mp4

Step01: ❶单击图表中的"年"按钮；❷选择"2016"选项；❸单击"确定"按钮，即可筛选出 2016 年的销售数据，如下图所示。

Step02: ❶单击"数据透视图工具-分析"选项卡"筛选"组中的"插入切片器"按钮；❷打开"插入切片器"对话框，勾选需要插入的切片器复选框；❸单击"确定"按钮，如下图所示。

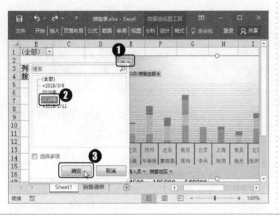

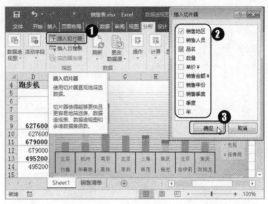

Step03: ❶拖动调整插入切片器的位置到空白处；❷在各切片器中选择需要的字段，即可在数据透视图中看到筛选后符合条件的数据效果，如下图所示。

Step04: 单击图表右下角的"折叠整个字段"按钮，即可隐藏字段下的明细数据，这里表现在图表中的效果是隐藏了各员工的销售地区信息，如下图所示。

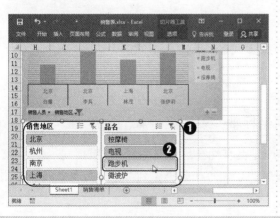

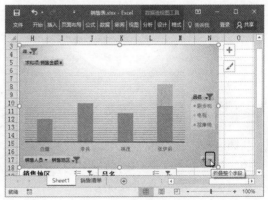

▷▷ 高手秘籍——实用操作技巧

通过对前面知识的学习，相信读者朋友已经掌握了在 Excel 中使用图表和数据透视表（图）分析数据的相关功能。下面结合本章内容介绍一些实用的操作技巧。

同步文件

视频文件：视频文件\第 9 章\高手秘籍.mp4

技巧 01 去除分类轴上的空白日期

使用柱形图图表表达一段时间内数据的变化时，如果使用日期系列作为分类轴的标志，当遇到源数据中的日期不连续时，图表的分类轴依然会按连续的日期显示，这样就会导致在柱形图中形成没有柱体的"缺口"，影响整个图表的效果。此时，可通过图表设置删除没有数据的项对应在分类轴上的日期，具体操作方法如下。

Step01: 打开素材文件"月销售记录表.xlsx"，❶选择图表；❷单击"图表工具-设计"选项卡"图表布局"组中的"添加图表元素"按钮；❸选择"坐标轴"选项；❹选择"更多轴选项"选项，如下图所示。

Step02: 打开"设置坐标轴格式"任务窗格。❶单击"坐标轴选项"选项卡；❷在"坐标轴类型"选项组中选择"文本坐标轴"单选按钮，即可删除图表中没有数据的项对应在分类轴上的日期，如下图所示。

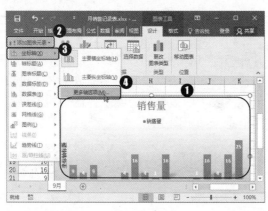

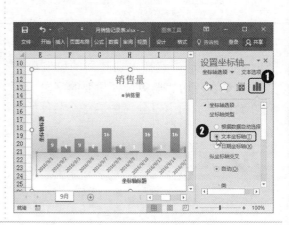

技巧 02 对度量不同的数据系列使用不同坐标轴并设置坐标轴的刻度值

当图表中的几个数据系列的数值相差很大，或是具有混合数据类型时，若采用同一坐标轴，很可能导致其中数值较小的数据系列几乎不可见。为了使每个数据系列都清晰可见，可以使用辅助坐标轴，具体操作方法如下。

Step01: 打开素材文件"饮料销售统计表.xlsx"，❶选择图表中需要添加坐标轴的"销售额"数据系列；❷单击"图表工具-布局"选项卡"当前所选内容"组中的"设置所选内容格式"按钮，如下图所示。

Step02: 打开"设置数据系列格式"任务窗格，❶单击"系列选项"选项卡；❷在"系列绘制在"选项组中选择"次坐标轴"单选按钮，即可在图表右侧显示出相应的次坐标轴，如下图所示。

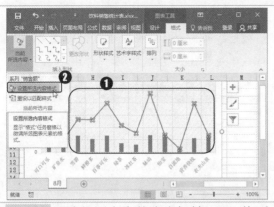 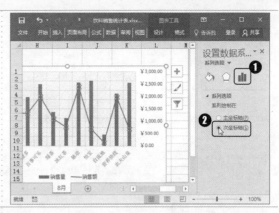

Step03: ❶选择图表中的次坐标轴；❷切换到"设置坐标轴格式"任务窗格，单击"坐标轴选项"选项卡；❸在"坐标轴选项"选项组中的"最大值"文本框中输入"2500"，即可将次坐标轴上的最大值修改为2500，如右图所示。

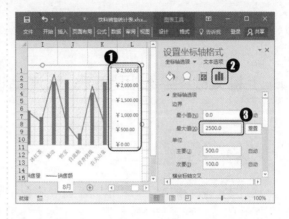

新手注意

在"坐标轴选项"选项卡中可以对坐标轴刻度的单位、最大/最小值、刻度线类型进行设置。

技巧03 以"0"值替代数据源中的空值

使用折线图来直观展现数据在相等时间间隔下的变化趋势时，如果某个时间段内数据为空值，就会使绘制出的折线出现断裂的情况，影响数据信息的展现。之所以会出现这样的图表效果，是因为在 Excel 图表中默认将空值用空距的形式进行显示。想要使折线显示出连续、完整的样子，需要设置用"0"值替代数据源中的空值。具体操作方法如下。

Step01: 打开素材文件"生产报表.xlsx"，❶选择图表；❷单击"图表工具-设计"选项卡"数据"组中的"选择数据"按钮，如下图所示。

Step02: 打开"选择数据源"对话框，单击"隐藏的单元格和空单元格"按钮，如下图所示。

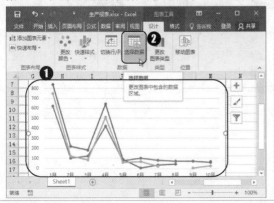 

Step03: 打开"隐藏和空单元格设置"对话框，❶选择"零值"单选按钮；❷单击"确定"按钮；❸返回"选择数据源"对话框，单击"确定"按钮，如下图所示。

Step04: 经过前面的操作，即可看到图表中的折线已经被修补了，在空值处已经用"0"值代替了，效果如下图所示。

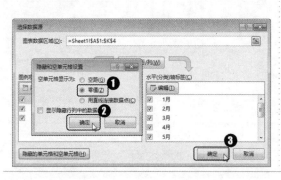

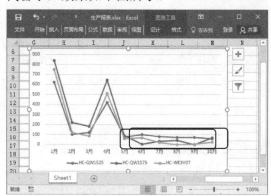

▷▷ 上机实战——使用图表分析产品调研数据

▷▷ 上机介绍

通过本章内容的学习，相信读者已经掌握了图表与数据透视表/图的相关知识。下面的案例利用图表的方式查看与分析数据，使用图表主要是按数据系列的高低、长短或面积的大小来显示值的大小。最终效果如下图所示。

同步文件

素材文件：素材文件\第 9 章\产品接受程度对比图.xlsx
结果文件：结果文件\第 9 章\产品接受程度对比图.xlsx
视频文件：视频文件\第 9 章\上机实战.mp4

▷▷ 步骤详解

本实例的具体操作步骤如下。

Step01: 打开素材文件"产品接受程度对比图.xlsx"，❶选择A1:C6单元格区域；❷单击"插入"选项卡"图表"组中的"推荐的图表"按钮，如下图所示。

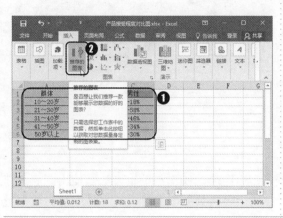

Step02: 打开"插入图表"对话框，❶在"推荐的图表"选项卡左侧选择需要的图表类型；❷单击"确定"按钮，如下图所示。

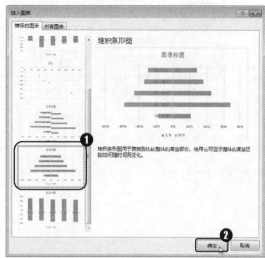

Step03: 经过上一步的操作，即可在工作表中看到根据选择的数据源和图表样式生成的对应图表。在"图表工具-设计"选项卡"图表样式"组中的列表框中选择需要应用的图表样式，即可为图表应用所选图表样式效果，如下图所示。

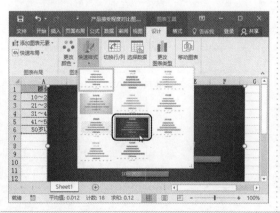

Step04: ❶单击"图表工具-设计"选项卡"图表布局"组中的"添加图表元素"按钮；❷选择"图表标题"选项；❸选择"无"选项，即可取消显示图表中的图表标题，如下图所示。

Step05: ❶选择图表中左侧的数据系列；❷单击"图表工具-格式"选项卡"形状样式"组中的"形状填充"按钮；❸选择需要填充的颜色，如"黄色"，如下图所示。

Step06: ❶选择图表中的垂直轴；❷在"艺术字样式"组中的列表框中选择需要使用的艺术字样式，如下图所示。

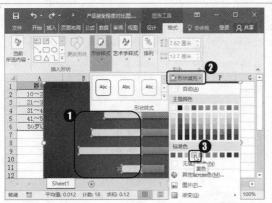
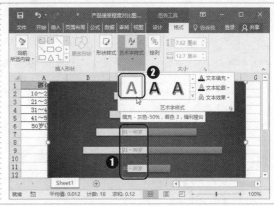

▷▷ 本章小结

　　本章的重点在于掌握 Excel 中图表和数据透视图表/图表的制作与编辑方法。使用图表、迷你图、数据透视表、数据透视图等方式显示数据，能让表格数据更清楚、更容易理解。数据透视表和透视图还能灵活选择数据透视方式，帮助用户从多个角度审视数据。通过本章的学习，希望读者在对 Excel 中的数据进行分析时，可以熟练地选择合适的工具来表现数据。

第 10 章　Excel 2016 数据的管理与分析

本章导读

　　Excel 除了拥有强大的计算功能外，还能够对数据库进行管理与分析。本章首先介绍获取非 Excel 制作的数据的方法，然后讲解使用数据验证的技巧，接着介绍数据分析的常用工具，包括排序、筛选、设置条件格式、分类汇总等相关知识。学会本章介绍的内容后，读者就可以对数据进行简单的管理和分析了。

知识要点

- ➤ 学会获取外部数据的方法
- ➤ 掌握数据验证的设置
- ➤ 学会数据排序的方法
- ➤ 掌握数据筛选操作
- ➤ 掌握如何使用条件格式简单分析数据
- ➤ 学会数据分类汇总的运用

● 效果展示

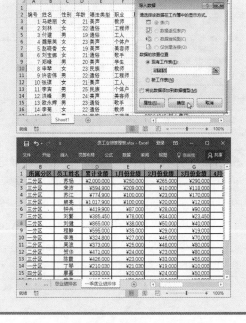

▷▷ **10.1　课堂讲解——获取外部数据**

　　日常使用的数据不一定都是用 Excel 制作的，有时候也需要将其他软件中的数据或网络数据导入到 Excel 中进行管理和分析。如果不辞辛苦地通过各种方法复制数据，然后粘贴到 Excel 工作簿中，再调整行高、列宽，做一些美化工作。当源数据更新时，又不得不对工作表重新进行修改。其实，这些烦琐的工作完全可以交给 Excel 来完成。

　　Excel 不仅可以存储处理本机中的工作表数据，还为获取外部数据上提供了方便的接口，允许将 Access、文本等文档中的数据导入，以实现与外部数据共享，提高办公数据的使用效率。

10.1.1　获取 Access 中的数据

　　在 Office 组件中，Access 程序是一种更专业、功能更强大的数据处理软件，它能快速地处理一系列数据，主要用于大型数据的存放或查询等。如果需要对 Access 程序中的数据进行分析，一般需要导入到 Excel 中进行。下面，就以案例的形式来介绍在 Excel 中导入 Access 数据的方法，具体操作方法如下。

 同步文件

　　视频文件：视频文件\第 10 章\10-1-1.mp4

Step01: ❶新建一个空白工作簿；❷单击"数据"选项卡"获取外部数据"组中的"自Access"按钮，如下图所示。

Step02: 打开"选取数据源"对话框，❶选择要导入数据的 Access 文件的保存路径；❷选择"联系人"文件；❸单击"打开"按钮，如下图所示。

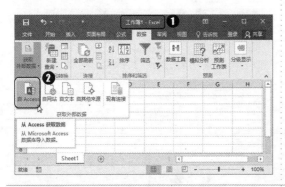

Step03: 打开"选择表格"对话框，❶选择需要导入数据的"联系人"表格；❷单击"确定"按钮，如下图所示。

Step04: 打开"导入数据"对话框，❶选择"现有工作表"单选按钮，并在下方的参数框中引用 A1 单元格作为数据导入的第一个单元格；❷单击"确定"按钮，即可将 Access 文件中的联系人数据导入至 Excel 表格，效果如下图所示。

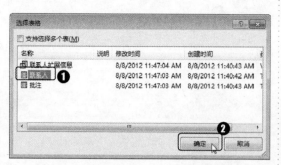

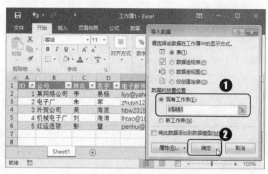

10.1.2　获取文本文档中的数据

文本数据是指以文本文件格式（.txt）保存的数据。在 Excel 中，用户可以打开文本文件，通过复制和粘贴获得数据，也可以将文本文件作为外部数据导入到工作表中。在导入文本文件前，注意为文本文件中不同的内容用相同的分隔符分隔开来，在导入时根据文本文件中采用的分隔符将数据导入到相应的单元格中即可。具体操作方法如下。

同步文件

视频文件：视频文件\第 10 章\10-1-2.mp4

Step01: ❶新建一个空白工作簿；❷单击"数据"选项卡"获取外部数据"组中的"自文本"按钮，如下图所示。

Step02: 打开"导入文本文件"对话框，❶选择文本文件的保存路径；❷选择需要导入的文本文件；❸单击"导入"按钮，如下图所示。

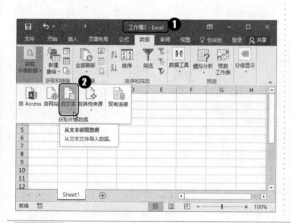

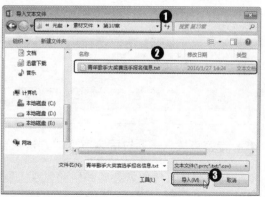

Step03: 打开"文本导入向导-第 1 步，共 3 步"对话框，单击"下一步"按钮，如下图所示。

Step04: 打开"文本导入向导-第 2 步，共 3 步"对话框，❶勾选"Tab 键"复选框；❷单击"下一步"按钮，如下图所示。

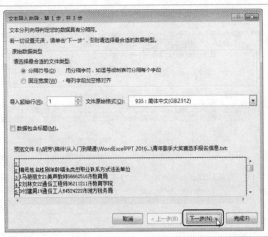

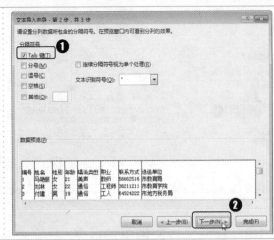

 新手注意

在导入文本时，分隔符需要根据文本文件中各数据间设置的符号类型进行选择。如果导入向导对话框中没有提供相应的符号，可以在"其他"文本框中手动输入符号，再进行导入操作。

Step05: 打开"文本导入向导-第3步，共3步"对话框，预览表格效果，其余为默认选项，单击"完成"按钮，如下图所示。

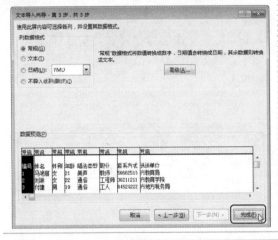

Step06: 打开"导入数据"对话框，❶选择导入数据存放的位置，如A1单元格；❷单击"确定"按钮，即可将文本文件中的数据导入到工作簿中，效果如下图所示。

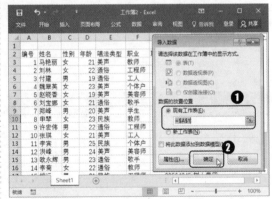

专家点拨——通过固定宽度的方法来导入文本数据

如果要导入的数据具有相同的宽度（即导入后每个单元格中包含的字符个数相同），则可以通过固定宽度的方法来导入。只须在"文本导入向导-第1步"对话框中选择"固定宽度"单选按钮，单击"下一步"按钮，然后在下一个对话框中的"数据预览"标尺上拖动设置每个单元格的宽度即可。

10.1.3　获取网页中的数据

如果用户需要引用某个网页中的数据，也可以直接将其导入到 Excel 工作表中。具体操作方法如下。

同步文件

视频文件：视频文件\第 10 章\10-1-3.mp4

Step01： 保证计算机已连接网络，打开浏览器找到要复制数据的网页，并将网址保存下来。❶新建一个空白工作簿；❷单击"数据"选项卡"获取外部数据"组中的"自网站"按钮，如下图所示。

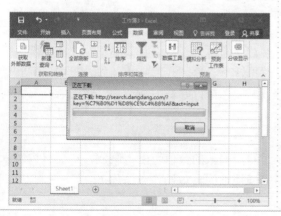

Step02： 打开"新建 Web 查询"对话框，❶在"地址"文本框中输入要导入数据的网址；❷单击"转到"按钮；❸待切换到相应网页后，单击"导入"按钮，如下图所示。

Step03： 经过前面的操作，程序会自动下载该网页上的数据，只需要静静等待片刻即可，如下图所示。

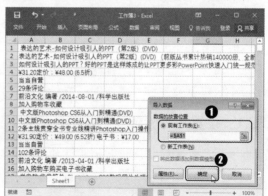

Step04： 当数据下载完成后，会打开"导入数据"对话框，❶选择存放数据的位置，如 A1 单元格；❷单击"确定"按钮，即可将网页数据导入到工作簿中，效果如下图所示。

10.1.4　更新获取的外部数据

使用前面介绍的方法在 Excel 中获取的外部数据，如果数据源发生了改变，Excel 中的数据也会轻松进行更新。具体操作方法如下。

同步文件

视频文件：视频文件\第 10 章\10-1-4.mp4

Step01: ❶单击"数据"选项卡"连接"组中的"全部刷新"按钮；❷选择"全部刷新"选项，如下图所示。

Step02: 程序便在后台开始重新访问源数据，并下载新的数据进行更新，效果如下图所示。

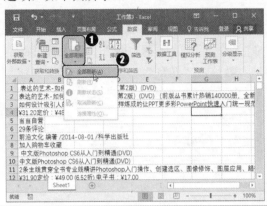

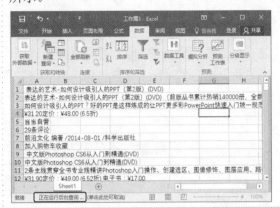

◈ **专家点拨——让获取的外部数据自动更新**

如果希望每次打开工作簿时自动从网站上获取最新的数据，只须在导入的数据区域的任意单元格上单击鼠标右键，在弹出的快捷菜单中选择"数据范围属性"命令，打开"外部数据区域属性"对话框，勾选"刷新控件"选项组中的"打开文件时刷新数据"复选框，单击"确定"按钮。

▷▷ 10.2　课堂讲解——使用数据验证功能

一般查看工作表中的表头就能确定某列单元格数据的内容，或者数值限定在哪个范围内。为了保证表格中输入的数据都是有效的，可以提前设置单元格的数据验证功能。设置数据有效性后，不仅可以减少输入错误的几率，提高工作效率，还可以圈释无效数据。

10.2.1　设置数据验证规则

在编辑工作表时，通过数据验证功能，可以设置能输入的数值范围、限制在单元格内输入文本的长度等，还可以设置出错警告。设置数据验证规则的具体操作方法如下。

 同步文件

视频文件：视频文件\第 10 章\10-2-1.mp4

Step01: 打开素材文件"员工档案信息.xlsx"，❶选择 C4:C21 单元格区域；❷单击"数据"选项卡"数据工具"组中的"数据验证"按钮，如下图所示。

Step02: 打开"数据验证"对话框，❶在"允许"下拉列表框中选择"序列"选项；❷在"来源"参数框中输入以英文逗号为间隔的序列内容，将验证条件设置为"男"或者"女"；❸单击"确定"按钮，如下图所示。

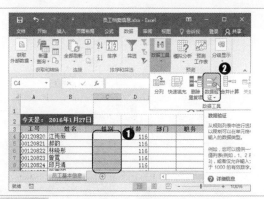

Step03: 返回工作表，❶选择 C4:C21 单元格区域中的任意单元格，其右侧会出现一个下拉按钮，单击该按钮；❷在弹出的下拉列表中选择某个选项，可快速在该单元格中输入所选内容，如下图所示。

Step04: ❶选择 E4:E21 单元格区域；❷单击"数据"选项卡"数据工具"组中的"数据验证"按钮，如下图所示。

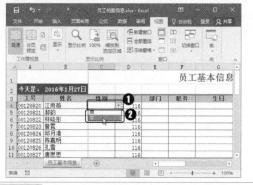

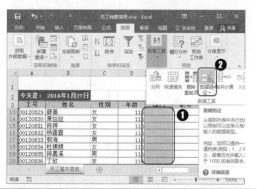

Step05: 打开"数据验证"对话框，❶在"允许"下拉列表框中选择"序列"选项；❷在"来源"参数框中输入以英文逗号为间隔的序列内容；❸单击"确定"按钮，如下图所示。

Step06: ❶选择 F4:F21 单元格区域；❷单击"数据"选项卡"数据工具"组中的"数据验证"按钮，如下图所示。

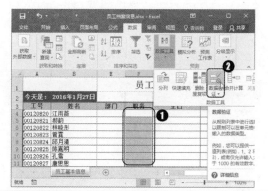

Step07: 打开"数据验证"对话框，❶在"允许"下拉列表框中选择"序列"选项；❷在"来源"参数框中输入以英文逗号为间隔的序列内容，如下图所示。

Step08: ❶单击"出错警告"选项卡；❷在"样式"下拉列表框中选择"警告"选项；❸在"标题"文本框中输入出错标题文字，在"错误信息"文本框中输入错误提醒文字；❹单击"确定"按钮，效果如下图所示。

Step09: ❶选择 G4:G21 单元格区域；❷单击"数据"选项卡"数据工具"组中的"数据验证"按钮，如下图所示。

Step10: 打开"数据验证"对话框，❶在"允许"下拉列表框中选择"日期"选项；❷在"数据"下拉列表框中选择"介于"选项，在下方的两个参数框中将验证条件设置为"介于 1970/1/1 和当前日期之间"；❸单击"确定"按钮，如下图所示。

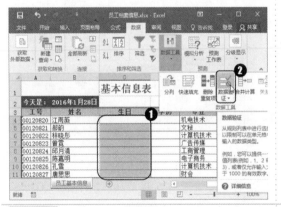

Step11: 使用相同的方法为 H4:H21 单元格区域设置序列类型的数据验证，如下图所示。

Step12: 返回工作表中，在各空白单元格中输入数据，当输入不符合设置的数据验证规则的数据时，将打开提示对话框提示用户输入错误，如下图所示，此处暂不修改直接单击"取消"按钮。

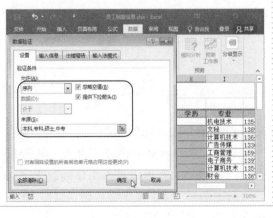

新手注意

　　在"数据验证"对话框的"允许"下拉列表框中，提供了 8 种数据验证允许的条件，分别是：任何值、整数、小数、序列、日期、时间、文本长度、自定义，选择不同的条件，可以进行不同的设置，以便更好地对数据输入进行有效管理和控制。另外，在"输入信息"选项卡中勾选"选定单元格时显示输入信息"复选框，可以在"标题"和"输入信息"文本框中输入提示内容，以便提醒用户应该在单元格中输入的内容。

10.2.2　圈释无效数据

　　数据输入完毕后，为了保证数据的准确性，快速找到表格中的无效数据，可以通过 Excel 中的圈释无效数据功能，实现数据的快速检测，将错误或不符合条件的数据圈释出来。具体操作方法如下。

 同步文件

　　视频文件：视频文件\第 10 章\10-2-2.mp4

Step01: ❶单击"数据"选项卡"数据工具"组中的"数据验证"按钮；❷选择"圈释无效数据"选项，如下图所示。

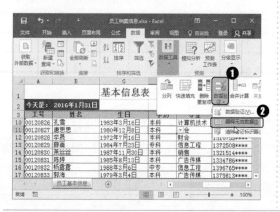

Step02: Excel 即可将不符合数据验证规则的数据用红色的椭圆形框醒目地圈释出来，效果如下图所示。

 专家点拨——清除数据验证

　　为不同的单元格区域设置数据验证规则后，若希望一次性清除设置的所有数据验证规则，可以在"数据验证"对话框中单击"全部清除"按钮，此时会打开提示对话框询问是否清除当前设置并继续，单击"确定"按钮即可。如果只是要删除圈释标记，则可以单击"数据验证"下拉按钮，选择"清除验证标识圈"选项。

▷▷ 10.3 课堂讲解——数据的排序

在查看含有大量数据的工作表时，为了更容易地查看到目前关注的数据，用户可以根据自己的需要对数据进行排序。排序为数据的进一步处理提供了方便，同时也能有效地帮助用户对数据进行分析。Excel 为用户提供了多种数据排序的方法，在使用排序功能之前，首先需要了解排序的规则，然后再根据需要选择排序的方式。

10.3.1 了解数据的排序规则

数据排序是指按照一定的规则对数据列表中的数据进行整理排列。简而言之，就是要让数据列表中的数据根据相关字段按升序或降序的方式进行重新排列。Excel 2016 在对数字、日期、文本、逻辑值、错误值和空白单元格进行排序时会使用一定的排序次序。在按升序排序时，Excel 使用如下表所示的规则排序；在按降序排序时，则使用相反的次序。

排序内容	排序规则（升序）
数字	按从最小的负数到最大的正数进行排序
日期	按从最早的日期到最晚的日期进行排序
字母	按字母从 A 到 Z 的先后顺序排序，在按字母先后顺序对文本项进行排序时，Excel 会从左到右一个字符接一个字符地进行排序
字母、数字、文本	按从左到右的顺序逐个字符进行排序。例如，如果一个单元格中含有文本"A100"，Excel 会将这个单元格放在含有"A1"的单元格的后面、含有"A11"的单元格的前面
文本以及包含数字的文本	按以下次序排序：0 1 2 3 4 5 6 7 8 9（空格）!"#$%&()*,./:;?@[\]^_`{|}~+<=>A B C D E F G H I J K L M N O P Q R S T U V W X Y Z
逻辑值	在逻辑值中，FALSE 排在 TRUE 之前
错误值	所有错误值的优先级相同
空格	空格始终排在最后

10.3.2 按一个条件排序

Excel 中最简单的排序就是按一个条件将数据进行升序或降序的排列，即设置单一的排序条件，让工作表中的各项数据根据某一列单元格中的数据大小进行重新排列。例如，按总业绩从高到低的顺序来排列数据表，具体操作方法如下。

 同步文件

视频文件：视频文件\第 10 章\10-3-2.mp4

Step01: 打开素材文件"员工业绩管理表.xlsx"，❶将 Sheet1 工作表重命名为"原始数据"；❷复制工作表，并重命名为"总业绩排名"；❸选择要进行排序的列（D 列）中的任一单元格；❹单击"数据"选项卡"排序和筛选"组中的"降序"按钮，如下图所示。

Step02: 经过上一步的操作，D2:D22 单元格区域中的数据便按照从大到小进行排列了。并且，在排序后会保持同一记录的完整性，效果如下图所示。

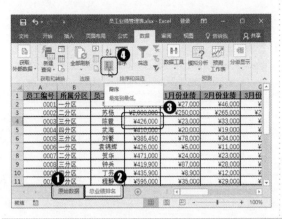 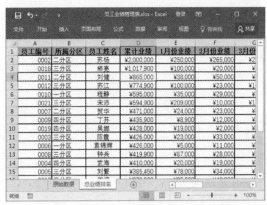

10.3.3 按多个条件排序

在进行单个条件排序时，是使用工作表中的某列作为排序条件，如果该列中具有相同的数据项，此时就需要设置其他排序条件了，让在主要排序条件下数据相同的值再次根据次要排序条件进行排序，让数据得到更有序的排列。例如，让业绩表中的数据以第一个月的业绩为主要关键字，以第二个月和第三个月的业绩为次要关键字进行排序，具体操作方法如下。

 同步文件

视频文件：视频文件\第 10 章\10-3-3.mp4

Step01： ❶复制"原始数据"，并重命名为"一季度业绩排序"；❷选择任意包含有数据的单元格；❸单击"数据"选项卡"排序和筛选"组中的"排序"按钮，如下图所示。

Step02： 打开"排序"对话框，❶在"主要关键字"栏中设置主要关键字为"1 月份业绩"，排序方式为"降序"；❷单击"添加条件"按钮；❸在"次要关键字"栏中设置次要关键字为"2 月份业绩"，排序方式为"降序"；❹再次单击"添加条件"按钮，在第二个"次要关键字"栏中设置次要关键字为"3 月份业绩"，排序方式为"降序"；❺单击"确定"按钮，如下图所示。

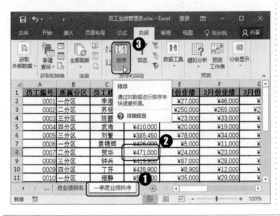

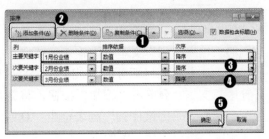

Step03: 经过前面的操作，表格中的数据会按照 1 月份业绩从大到小进行排列，并且在遇到业绩为相同值时再次根据 2 月份的业绩从大到小进行排列，若 1 月和 2 月的业绩都相同，则会根据 3 月份的业绩从大到小进行排列，完成后的效果如右图所示。

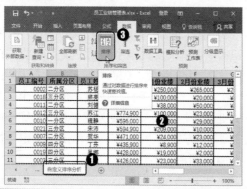

 新手注意

在设置多个排序条件时，首先需要满足主要关键字，然后再对相同的数据以次要关键字进行排序。

10.3.4 自定义排序条件

如果用户对数据的排序有特殊的要求，可以自定义排序条件。这种自定义的排序是一种不按字母或数值顺序排列的排序方式，用户可以根据需要进行设置。下面以设置分区顺序来自定义排序业绩表中的数据，具体操作方法如下。

 同步文件

视频文件：视频文件\第 10 章\10-3-4.mp4

Step01: ❶复制"原始数据"，并重命名为"自定义排序分析"；❷选择任意包含有数据的单元格；❸单击"排序"按钮，如下图所示。

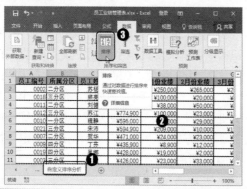

Step02: 打开"排序"对话框，❶在"主要关键字"栏中设置主要关键字为"所属分区"选项；❷在其后的"次序"下拉列表框中选择"自定义序列"选项，如下图所示。

Step03: 打开"自定义序列"对话框，❶在右侧的"输入序列"文本框中输入需要定义的序列，在此输入"四分区,二分区,一分区,三分区"文本；❷单击"添加"按钮，将新序列添加到"自定义序列"列表框中；❸单击"确定"按钮，如右图所示。

Step04： 返回"排序"对话框，即可看到"次序"下拉列表框中自动选择了刚刚自定义的排序序列顺序。❶单击"添加条件"按钮；❷在"次要关键字"栏中设置次要关键字为"累计业绩"，排序方式为"降序"；❸单击"确定"按钮，如下图所示。

Step05： 经过前面的操作，即可让表格中的数据以自定义序列为主要关键字，以累计业绩为次要关键进行排列，效果如下图所示。

▷▷ 10.4　课堂讲解——数据的筛选

在 Excel 中，筛选数据可以将符合用户指定条件之外的数据隐藏起来，工作表中只显示符合筛选条件的数据，这样更方便用户在大型工作表中查看数据。筛选操作在数据表格的统计分析中经常用到，筛选的关键字段可以是文本类型的字段，也可以是数据类型的字段。

10.4.1　筛选出符合单个条件的数据

要快速地在众多数据中查找某一个或某一组符合指定条件的数据，并隐藏其他不符合条件的数据，可以使用 Excel 2016 中的数据筛选功能。一般情况下，在一个数据列表的一个列中含有多个相同的值。使用 Excel 2016 中的自动筛选功能，可以非常方便地找到符合条件的记录。例如，在业绩表中显示出一分区的相关记录，具体操作方法如下。

 同步文件
视频文件：视频文件\第 10 章\10-4-1.mp4

Step01： ❶复制"原始数据"，并重命名为"一分区"；❷选择任意包含数据的单元格；❸单击"数据"选项卡"排序和筛选"组中的"筛选"按钮，如右图所示。

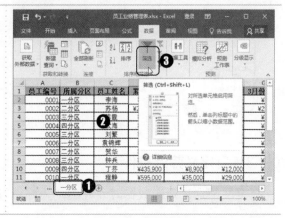

Step02: 经过上一步的操作，表格进入筛选状态，工作表各表头字段名的右侧会出现一个下拉按钮。❶单击"所属分区"字段右侧的下拉按钮；❷勾选"一分区"复选框；❸单击"确定"按钮，如下图所示。

Step03: 经过前面的操作，在工作表中将只显示属于一分区的相关记录，且"所属分区"字段右侧的下拉按钮将变成 形状，如下图所示。

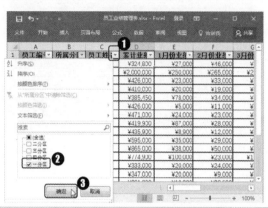

10.4.2　筛选出符合多个条件的数据

利用自动筛选功能不仅可以根据单个条件进行自动筛选，还可以设置多个条件进行筛选。例如，要在前面筛选结果的基础上再筛选出某些员工的数据，具体操作方法如下。

同步文件

视频文件：视频文件\第10章\10-4-2.mp4

Step01: ❶单击"员工姓名"字段右侧的下拉按钮；❷勾选需要显示数据的员工名称对应的复选框；❸单击"确定"按钮，如下图所示。

Step02: 经过上一步的操作，将在刚刚筛选后的数据上再筛选出所选员工的数据记录，且"员工姓名"字段名右侧的下拉按钮也将变成 形状，如下图所示。

10.4.3　自定义筛选条件

自定义筛选在筛选数据时允许用户为筛选设置条件，可以进行比较复杂的筛选操作，从而使操作具有更大的灵活性。自定义筛选也可以根据一列或多列单元格数据进行筛选。在 Excel 2016 中，可以将数字、文本、颜色、日期或时间等数据作为筛选条件进行自定义筛选。例如，筛选出所有姓刘的工作人员，且业绩总额超过 350 000 元的所有记录，具体操作方法如下。

同步文件

视频文件：视频文件\第 10 章\10-4-3.mp4

Step01： ❶复制"一分区"工作表，并重命名为"自定义筛选"；❷单击"排序和筛选"组中的"清除"按钮，如下图所示。

Step02： 经过上一步的操作，即可清除工作表中的筛选效果，显示出所有数据。❶单击"员工姓名"字段右侧的下拉按钮；❷选择"文本筛选"选项；❸选择"包含"选项，如下图所示。

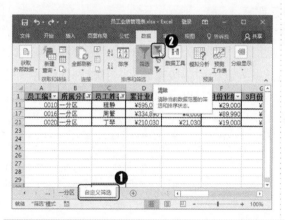

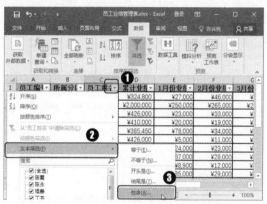

Step03： 打开"自定义自动筛选方式"对话框，❶在"包含"文本框中输入需要包含的文本"刘"；❷单击"确定"按钮，如右图所示。

　　自定义筛选条件时，还可以在"自定义自动筛选方式"对话框中选择"与"或"或"单选按钮，并在下方设置多个筛选条件。

Step04： 经过前面的操作，即可在工作表中只显示所有姓刘的员工的记录。❶单击"累计业绩"字段右侧的下拉按钮；❷选择"数字筛选"选项；❸选择"大于或等于"选项，如下图所示。

Step05： 打开"自定义自动筛选方式"对话框，❶在"大于或等于"文本框中输入"350000"；❷单击"确定"按钮，即可在上一个筛选结果的基础上筛选出累计业绩超过 350000 元的记录，效果如下图所示。

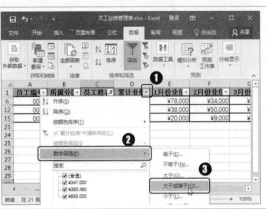 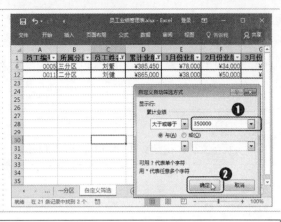

专家点拨——对颜色进行筛选

在填充了不同颜色的列单元格区域中还可以通过颜色来进行筛选，将具有某一种颜色的单元格筛选出来。操作方法为：单击设置了填充颜色列字段名称右侧的下拉按钮，选择"按颜色筛选"选项，再选择需要筛选出的颜色即可。

10.4.4　高级筛选

在进行工作表筛选时，如果需要进行筛选的数据列表中的字段比较多，且筛选的条件比较复杂，则使用前面介绍的筛选方法来操作会比较麻烦，此时可以使用高级筛选来完成符合条件的筛选。进行高级筛选时，首先需要指定一个单元格区域来放置输入的筛选条件，然后以该区域中的条件来进行筛选。例如，筛选出各月业绩均大于 20 000 元的数据，具体操作方法如下。

　同步文件

视频文件：视频文件\第 10 章\10-4-4.mp4

Step01: ❶复制"原始数据"工作表，并重命名为"每月业绩均佳者"；❷在 E25:N26 单元格区域输入高级筛选的条件；❸单击"排序和筛选"组中的"高级"按钮，如下图所示。

Step02: 打开"高级筛选"对话框，❶选择"在原有区域显示筛选结果"单选按钮；❷在下方的"列表区域"和"条件区域"文本框中分别设置要筛选的区域和设置有筛选条件的区域；❸单击"确定"按钮，如下图所示。

Step03： 经过前面的操作，即可筛选出符合条件的数据，如下图所示。

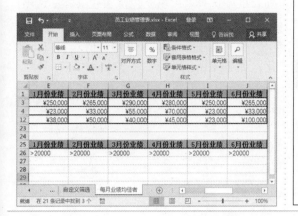

新手注意

　　进行高级筛选时，作为条件筛选的列标题文本必须与数据表格中的列标题文本完全相同。且条件区域中的各列标题必须在同一行并排。在列标题下方列举条件文本，有多个条件时，各条件为"与"关系的将条件文本并排放在同一行中，为"或"关系的要放在不同行中。

　　如果在"高级筛选"对话框中选择"将筛选结果复制到其他位置"单选按钮，并在下方设置筛选后数据复制到的位置，则筛选结果会复制到指定的位置，不会覆盖原表中的数据。

▷▷ 10.5　课堂讲解——使用条件格式

　　在 Excel 中，除了使用筛选功能对表格数据进行分析外，还可以使用条件格式对符合筛选条件的数据设置样式，起到简单的筛选效果。而且这种筛选方式是在原数据表上进行的一种格式修饰，不会影响到表格中的数据。

10.5.1　设置条件格式

　　Excel 2016 提供的条件格式非常丰富，可以根据设置的条件，采用数据条、色阶和图标集等效果突出显示所关注的单元格或单元格区域，用于直观地表现数据。

 同步文件
　　视频文件：视频文件\第 10 章\10-5-1.mp4

1. 使用突出显示单元格规则

　　在 Excel 2016 中，用户可以用不同的颜色或格式突出显示符合某种条件的数据所在的单元格。这样可以使某些特定的数据突出显示，同时可以在不隐藏其他单元格的情况下起到筛选数据的作用。在表格中使用"条件格式"下拉列表中的"突出显示单元格规则"选项，就可以根据特定条件突出显示数据，在该选项的下级子列表中选择不同的选项，可以实现不同的突出效果，具体介绍如下。

- 选择"大于""小于"或"等于"选项，可以将大于、小于或等于某个值的单元格突出显示。
- 选择"介于"选项，可以将单元格中数据在某个数值范围内突出显示。
- 选择"文本包含"选项，可以将单元格中符合设置的文本信息突出显示。
- 选择"发生日期"选项，可以将单元格中符合设置的日期信息突出显示。
- 选择"重复值"选项，可以将单元格中重复出现的数据突出显示。

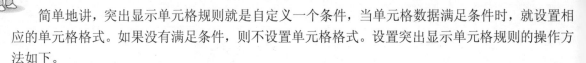
简单地讲，突出显示单元格规则就是自定义一个条件，当单元格数据满足条件时，就设置相应的单元格格式。如果没有满足条件，则不设置单元格格式。设置突出显示单元格规则的操作方法如下。

Step01: 打开素材文件"车辆使用管理.xlsx"，❶选择 D 列单元格；❷单击"开始"选项卡"样式"组中的"条件格式"按钮；❸选择"突出显示单元格规则"选项；❹选择"文本包含"选项，如下图所示。

Step02: 打开"文本中包含"对话框，❶在文本框中输入"私事"；❷在"设置为"下拉列表框中选择"黄填充色深黄色文本"选项；❸单击"确定"按钮，即可看到 D 列单元格中包含"私事"文本的单元格格式发生了变化，如下图所示。

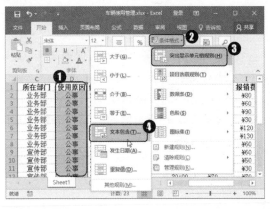
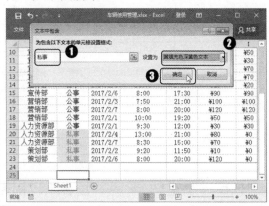

新手注意

如果设置条件格式的单元格区域中有一个或多个单元格包含的公式返回错误，则设置的条件格式就不会应用到所选的整个区域。另外，在设置条件格式的对话框的"设置为"下拉列表框中选择"自定义格式"选项，可以在后续打开的对话框中为满足条件的单元格自定义要设置的格式。

2. 使用项目选取规则

如果用户只需要将数据中满足条件的数据以某种规则显示出来，可以使用"项目选取规则"命令，来显示值最大的 10 项、值最大的 10%项、值最小的 10 项、值最小的 10%项、高于平均值或小于平均值的数据。

项目选取规则允许用户识别项目中最大或最小的百分数或数字所指定的项，或者指定大于或小于平均值的单元格，而且可以使用颜色直观地显示数据，帮助用户了解数据分布和变化。选择"项目选取规则"选项后，在其子列表中选择不同的选项，可以实现不同的项目选取目的。

- 选择"前 10 项"或"最后 10 项"选项，将突出显示值最大或最小的 10 个单元格。
- 选择"前 10%"或"最后 10%"选项，将突出显示值最大或最小的 10%个（相对于所选单元格总数的百分比）单元格。
- 选择"高于平均值"或"低于平均值"选项，将突出显示值高于或低于所选单元格区域所有值的平均值的单元格。

项目选取规则通常使用双色刻度来设置条件格式，即使用两种颜色的深浅程度来比较某个区域的单元格，颜色的深浅表示值的高低。例如，在"车辆使用管理"工作簿中，为车辆消耗费用最高的 3 项数据设置"浅红填充色深红色文本"格式，具体操作方法如下。

Step01: ❶选择 H 列单元格；❷单击"条件格式"按钮；❸选择"项目选取规则"选项；❹选择"前 10 项"选项，如下图所示。

Step02: 打开"前 10 项"对话框，❶在数值框中输入需要设置的最大项数"3"；❷在"设置为"下拉列表框中选择"浅红填充色深红色文本"选项；❸单击"确定"按钮，即可看到 H 列单元格中值最大的 3 项单元格格式已经发生了变化，如下图所示。

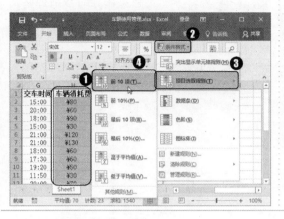

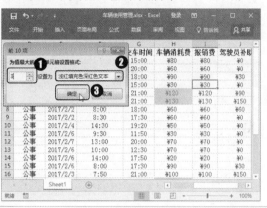

3. 使用数据条设置条件格式

为了对数据进行分析，往往需要考虑使用更直观的方法来显示单元格中数据的大小。在 Excel 2016 中，能够为单元格添加数据条，将数据大小用带颜色的数据条显示出来。数据条的长度代表单元格中的值，数据条越长，表示值越高，反之，则表示值越低。若要在大量数据中分析较高值和较低值时，使用数据条尤为有用。使用数据条设置条件格式的具体操作方法如下。

Step01: ❶选择 I 列单元格；❷单击"条件格式"按钮；❸选择"数据条"选项；❹选择"绿色数据条"选项，如下图所示。

Step02: 经过上一步的操作，即可根据数值大小为所选单元格区域填充不同长短的绿色数据条，效果如下图所示。

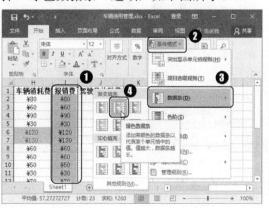

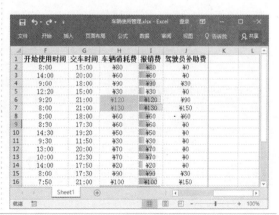

新手注意

对数据进行直观分析时，除了使用数据条外，还可以使用色阶按阈值将数据分为多个类别，其中每种颜色代表一个数值范围。使用色阶设置条件格式的方法与使用数据条的方法基本相同，只需要在"条件格式"下拉列表中选择"色阶"选项即可。

4. 使用图标集设置条件格式

在 Excel 2016 中对数据进行格式设置和美化时，为了表现出一组数据中的等级范围，还可以使用图标对数据进行标识，在图标集中每个图标代表一个值的范围，也就是一个等级。例如，在"三向箭头"图标集中，绿色的上箭头代表较高的值，黄色的横向箭头代表中间值，红色的下箭头代表较低的值。使用图标集标识数据的具体操作方法如下。

Step01: ❶选择 J 列单元格；❷单击"条件格式"按钮；❸选择"图标集"选项；❹选择"红-黑渐变"选项，如下图所示。	**Step02:** 经过上一步的操作，即可根据数值大小在所选单元格区域的数值前添加不同等级的图标，效果如下图所示。
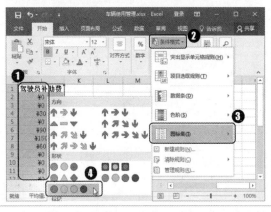	

10.5.2 管理设置的条件格式

为工作表中的数据设置条件格式后，还可以进行管理，如对创建的某个条件格式规则进行编辑，或者删除不再需要的条件格式规则。具体操作方法如下。

Step01: ❶单击"条件格式"按钮；❷选择"管理规则"选项，如下图所示。	**Step02:** 打开"条件格式规则管理器"对话框，❶在"显示其格式规则"下拉列表框中选择"当前工作表"选项；❷在"规则（按所示顺序应用）"列表框中选择图标集选项；❸单击"编辑规则"按钮，如下图所示。

Step03: 打开"编辑格式规则"对话框，❶在"图标样式"下拉列表框中重新选择需要的图标样式；❷在下方的各参数框中设置不同图标代表的范围；❸单击"确定"按钮，如下图所示。	**Step04:** 返回"条件格式规则管理器"对话框，❶在"规则（按所示顺序应用）"列表框中选择数据条选项；❷单击"删除规则"按钮；❸单击"确定"按钮，如下图所示。

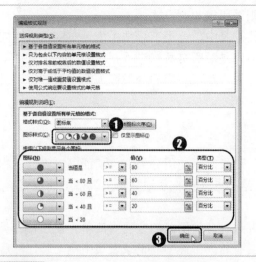

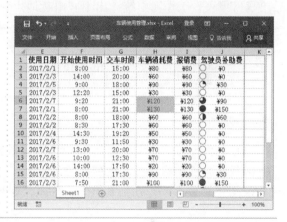

Step05: 返回工作簿中即可看到使用管理规则修改相应单元格中图标集样式的效果，同时还删除了原有的数据条格式，效果如右图所示。

> **新手注意**
>
> 在"条件格式规则管理器"对话框中可以查看所选单元格或当前工作表中应用的条件规则，单击"新建规则"按钮，可以在打开的对话框中选择新建规则基于的类型和具体的规则。

> **新手注意**
>
> 在"条件格式"下拉列表中选择"清除规则"选项，然后在弹出的子列表中选择"清除所选单元格的规则"或"清除整个工作表的规则"选项，也可以清除管理规则。使用管理规则的方法对单元格应用的条件格式进行删除，不会影响到其他样式。

▷▷ 10.6　课堂讲解——数据的分类汇总

　　分类汇总是对数据列表中的数据进行分析的一种方法，先对数据表中指定字段的数据进行分类，然后再对同一类记录中的有关数据进行统计得出汇总结果。

　　在使用分类汇总时，表格区域中需要有分类字段和汇总字段。其中，分类字段是指对数据类型进行区分的列单元格，该列单元格中的数据包含多个值，且数据中具有重复值，如性别、学历、职位等；汇总字段是指对不同类别的数据进行汇总计算的列，汇总方式可以为计算、求和、求平均等。例如，要在工资表中统计出不同部门的工资总和，则将部门数据所在的列单元

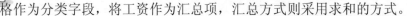

格作为分类字段，将工资作为汇总项，汇总方式则采用求和的方式。

在汇总结果中将出现分类汇总和总计的结果值。其中，分类汇总结果值是对同一类别的数据进行相应的汇总计算后得到的结果；总计结果值则是对所有数据进行相应的汇总计算后得到的结果。使用分类汇总命令后，数据区域将应用分级显示，不同的分类作为第一级，每一级中的内容即为原数据表中该类别的明细数据。

10.6.1　创建简单分类汇总

当表格中的记录愈来愈多，且出现相同类别的记录时，使用分类汇总功能可以将性质相同的数据集合到一起，分门别类后再进行汇总运算。这样就能更直观地显示出表格中的数据信息，方便用户查看。

使用 Excel 根据某一个字段名来创建数据组并进行分类汇总的方法很简单。在进行分类汇总之前，首先需要对数据进行排序，其作用是将具有相同关键字的记录表集中在一起，然后再设置分类汇总的分类字段、汇总字段、汇总方式和汇总后数据的显示位置即可。例如，在"商品出货日报表"工作簿中统计出不同出货地点获得保险的总金额，具体操作方法如下。

同步文件

视频文件：视频文件\第 10 章\10-6-1.mp4

新手注意

对数据进行分类汇总，是 Excel 的一项重要功能。参与分类汇总的数据区域的第一行中必须有数据的标题行，才能在后续设置汇总项时比较便利。在"分类汇总"对话框中，可以设置汇总的方式为求平均值、合计、最大值、最小值等。

Step01： 打开素材文件"商品出货日报表.xlsx"，❶选择作为分类字段"出货地点"列中的任一单元格；❷单击"数据"选项卡"排序和筛选"组中的"升序"按钮，如下图所示。

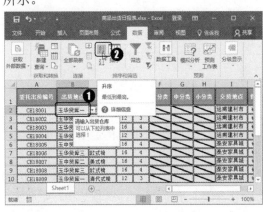

Step02： 经过上一步的操作，即可对需要分类汇总的字段进行排序，将不同出货地点的数据排列在一起。单击"数据"选项卡"分级显示"组中的"分类汇总"按钮，如下图所示。

Step03： 打开"分类汇总"对话框，❶在"分类字段"下拉列表框中选择要进行分类汇总的字段名称"出货地点"；❷在"汇总方式"下拉列表框中选择"求和"选项；❸在"选定汇总项"列表框中选择要进行汇总计算的列，这里勾选"保险"复选框；❹勾选"替换当前分类汇总"和"汇总结果显示在数据下方"复选框；❺单击"确定"按钮，如下图所示。

Step04： 经过前面的操作，即可创建分类汇总。可以看到表格中相同的出货地点的保险总和显示在相应的名称下方，最后还将所有出货地点的保险总和进行统计并显示在工作表的最后一行，效果如下图所示。

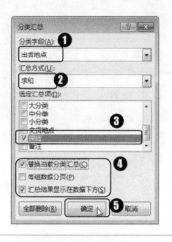

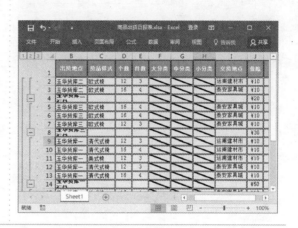

10.6.2　创建嵌套分类汇总

对一个字段的数据进行分类汇总后，若需要对数据进一步细化，即可在原有汇总结果的基础上，再次对该数据表进行分类汇总，也就构成了分类汇总的嵌套。嵌套分类汇总是一种多级的分类汇总。

嵌套汇总可以对同一字段进行多种方式的汇总，也可以对不同字段（两列或两列以上的数据信息）进行汇总。需要注意的是，在分类汇总之前，仍然需要对分类的字段进行排序，否则分类将毫无意义。而且，排序的字段（包括字段的主次顺序）与后面分类汇总的字段必须一致。

例如，在"商品出货日报表"工作簿中统计出不同出货地点、不同货品样式的出货量和出货件数，具体操作方法如下。

同步文件

视频文件：视频文件\第 10 章\10-6-2.mp4

Step01： ❶复制工作表，并重命名为"货品统计"；❷单击"数据"选项卡"分级显示"组中的"分类汇总"按钮，如下图所示。

Step02： 打开"分类汇总"对话框，❶单击"全部删除"按钮；❷单击"确定"按钮，如下图所示。

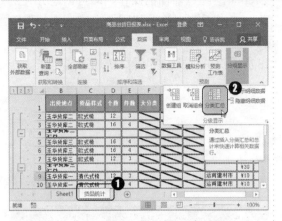

Step03: 经过前面的操作，即可将汇总的数据项全部删除，恢复到原始的数据列表状态；❶选择包含数据的任意单元格；❷单击"数据"选项卡"排序和筛选"组中的"排序"按钮，如下图所示。

Step04: 打开"排序"对话框，❶在"主要关键字"栏中设置分类汇总的主要关键字为"出货地点"，排序方式为"升序"；❷单击"添加条件"按钮；❸在"次要关键字"栏中设置分类汇总的次要关键字为"货品样式"，排序方式为"升序"；❹单击"确定"按钮，如下图所示。

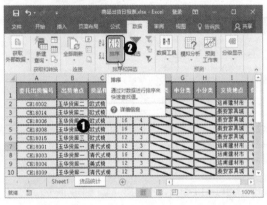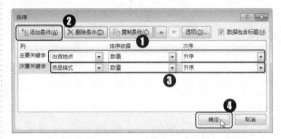

Step05: 经过前面的操作，即可根据要创建分类汇总的主要关键字和次要关键字进行排序。单击"分级显示"组中的"分类汇总"按钮，如右图所示。

 新手注意

进行嵌套分类汇总时，设置数据的排序方法主要关键字一定是一级分类汇总的汇总字段，次要关键字一定是二级分类汇总的汇总字段。

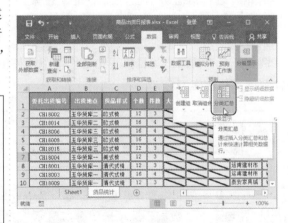

Step06: 打开"分类汇总"对话框,❶在"分类字段"下拉列表框中选择要进行分类汇总的主要关键字"出货地点";❷在"汇总方式"下拉列表框中选择"求和"选项;❸在"选定汇总项"列表框中勾选"个数"和"件数"复选框;❹勾选"替换当前分类汇总"和"汇总结果显示在数据下方"复选框;❺单击"确定"按钮,如下图所示。

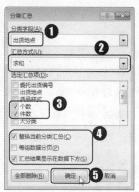

Step07: 经过上一步的操作,即可创建一级分类汇总。单击"分级显示"组中的"分类汇总"按钮,如下图所示。

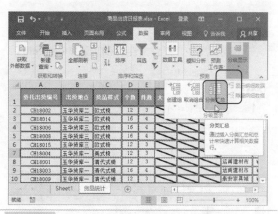

Step08: 打开"分类汇总"对话框,❶在"分类字段"下拉列表框中选择要进行分类汇总的次要关键字"货品样式";❷在"汇总方式"下拉列表框中选择"求和"选项;❸在"选定汇总项"列表框中勾选"个数"和"件数"复选框;❹取消勾选"替换当前分类汇总"复选框;❺单击"确定"按钮,如下图所示。

Step09: 经过上一步的操作,即可创建二级分类汇总。可以看到表格中相同级别的相应汇总项的结果将显示在相应的级别后方,同时隶属于一级分类汇总的内部,拖动鼠标适当调整相应列的列宽,以方便查看汇总效果,如下图所示。

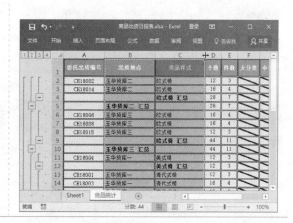

 新手注意

在同一张表中无论是一个分类汇总还是嵌套分类汇总,执行"全部删除"命令之后,即可将分类汇总全部清除掉。

10.6.3 显示与隐藏分类汇总

进行分类汇总后，工作表中的数据将以分级方式显示汇总数据和明细数据，并在工作表的左侧出现 1、2、3……用于显示不同级别分类汇总的按钮，单击它们可以显示不同级别的分类汇总。要更详细地查看分类汇总数据，还可以单击工作表左侧的 + 按钮。例如，查看刚刚创建的分类汇总的数据，具体操作方法如下。

同步文件

视频文件：视频文件\第 10 章\10-6-3.mp4

Step01： 单击窗口左侧分级显示栏中的 1 按钮，如下图所示。

Step02： 经过上一步的操作，将折叠所有分类下的明细数据，仅显示总计项。单击窗口左侧分级显示栏中的 3 按钮，如下图所示。

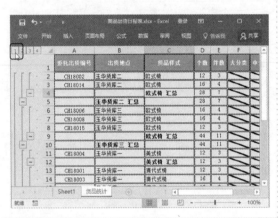

Step03： 经过上一步的操作，将展开 1 级和 2 级分类下的明细数据。单击 3 级分类汇总下的第一个 + 按钮，如下图所示。

Step04： 经过上一步的操作，展开所选分类下的单个分类汇总项目的明细数据。单击 2 级分类汇总下的第一个 − 按钮，如下图所示。

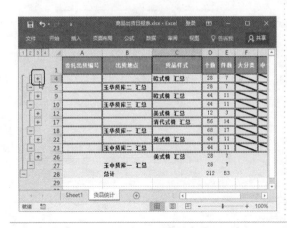
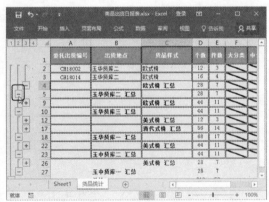

Step05: 经过上一步的操作，折叠所选单个分类汇总项目的明细数据，显示结果如右图所示。

 新手注意：

　　在工作表中选择需要隐藏的分类汇总数据项中的任一单元格，单击"分级显示"组中的"隐藏明细数据"按钮，可以隐藏该分类汇总数据项；再次单击"隐藏明细数据"按钮，可以隐藏该汇总数据项上一级的分类汇总数据项；单击"显示明细数据"按钮，则可以依次显示各级别的分类汇总数据项。

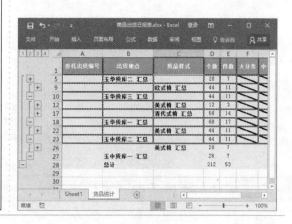

▷▷ 高手秘籍——实用操作技巧

　　通过对前面知识的学习，相信读者朋友已经掌握了如何管理与分析 Excel 工作表中的数据。下面结合本章内容介绍一些实用的操作技巧。

 同步文件
　　视频文件：视频文件\第 10 章\高手秘籍.mp4

技巧 01　对表格中的行进行排序

　　Excel 2016 默认情况下排序操作都是针对列进行的，而有些表格数据在输入时是按列进行排列的，即每一列为一条记录，每一行为一个字段。若要对这类表格中的记录顺序进行排序，则需要针对行进行排序。具体的操作方法如下。

Step01: 打开素材文件"抽样检测统计表.xlsx"，单击"排序和筛选"组中的"排序"按钮，如下图所示。

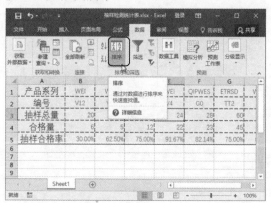

Step02: 打开"排序"对话框，❶单击"选项"按钮；❷打开"排序选项"对话框，在"方向"选项组中选择"按行排序"单选按钮；❸单击"确定"按钮，如下图所示。

Step03: 返回"排序"对话框，❶在"主要关键字"栏中设置主要关键字为"行5"，排序方式为"降序"；❷单击"确定"按钮，如下图所示。

Step04: 经过前面的操作，即可对选择的单元格区域按第5行数据从大到小进行排列，效果如下图所示。

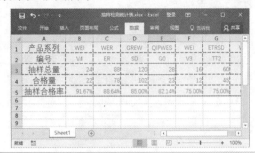

技巧02 让排序结果返回至初始顺序

在经过反复排序操作后，记录表的顺序也会变乱。要快速地还原到初始顺序通过撤销命令显然是不恰当的，这时可以考虑增加列的方法来辅助操作。具体操作方法如下。

Step01: 打开素材文件"优秀员工评选.xlsx"，❶在A列列标上单击鼠标右键；❷在弹出的快捷菜单中选择"插入"命令，如下图所示。

Step02: ❶在新插入列的第一行输入任意字段名，在字段名下方依次输入数字序号1、2、3……；❷选择G列单元格中的任一数据；❸单击"排序和筛选"组中的"降序"按钮，如下图所示。

Step03: 经过前面的操作，即进行了简单的排序，已经打乱了原有表格数据的排列方式。❶选择A列单元格中的任一数据；❷单击"排序和筛选"组中的"升序"按钮，如下图所示。

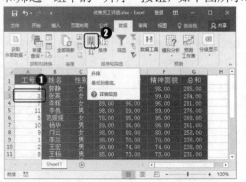

Step04: 经过上一步的操作，又让表格中的数据恢复到了原来的排列效果，如下图所示。

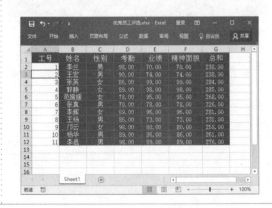

新手注意

本例只是进行了简单的排序，但即使进行了再复杂的排序，也可以通过这样的方法来恢复到初始顺序。

技巧 03　筛选出表格中的非重复值

Excel 中的高级筛选功能除了用于数据内容的筛选操作外，还可以对数据列表中的重复值进行过滤，以保证字段或记录没有重复值。具体操作方法如下。

Step01： 打开素材文件"供应商商品进货旬报月报表.xlsx"，❶选择包含数据的任一单元格；❷单击"排序和筛选"组中的"高级"按钮，如下图所示。

Step02： 打开"高级筛选"对话框，❶选择数据表区域；❷选择"将筛选结果复制到其他位置"单选按钮；❸在"复制到"参数框中设置存放数据的起始单元格；❹勾选"选择不重复的记录"复选框；❺单击"确定"按钮，如下图所示。

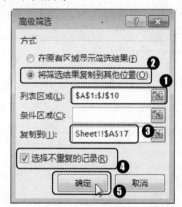

Step03： 经过前面的操作，即可使用筛选功能筛选出非重复的数据项，效果如右图所示。

 新手注意

在"高级筛选"对话框中勾选"选择不重复的记录"复选框后，将筛选结果在原表中显示时，默认情况下自动将重复记录行隐藏起来。如果需要将重复数据删除时，需要先将隐藏的重复记录显示出来，再删除原数据表的重复记录即可。

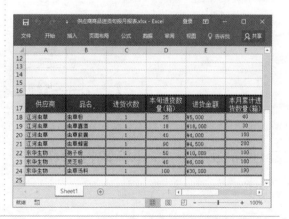

技巧 04　预测工作表

预测工作表是 Excel 2016 新增的功能，根据前面提供的数据，可以预测出后面一段时间的数据。例如，根据近期的温度，预测出未来十天的温度，具体操作方法如下。

Step01： 打开素材文件"天气预测.xlsx"，❶选择 A1:B11 单元格区域；❷单击"数据"选项卡"预测"组中的"预测工作表"按钮，如右图所示。

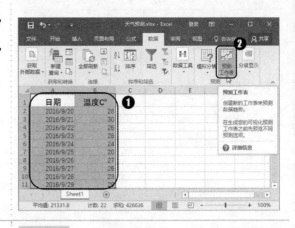

Step02： 打开"创建预测工作表"对话框，❶单击"选项"按钮；❷在"预测结束"中输入结束日期；❸在"使用以下方式聚合重复项"下拉列表框中选择"AVERAGE"选项；❹单击"创建"按钮，如下图所示。

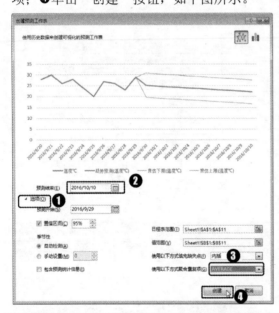

Step03： 经过前面的操作，即可看到制作出的预测图表，效果如下图所示。移动预测图表位置后，可以看到 Excel 还自动在原表格中将预测的数据也制作出来。

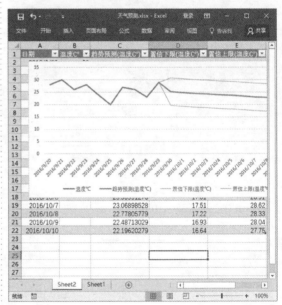

▷▷ **上机实战——订单数据分析**

▷▷ **上机介绍**

在日常办公中，经常会对表格数据进行排序和筛选的操作。本实例主要对统计订单数据工作表中的订单数据设置条件规则、排序、分类汇总，并筛选出当前还在合作的订单项目。最终效果如下图所示。

	A	B	C	D	E	F	G	H	I	J	K
1	产品ID	产品名称	供应商ID	类别ID	单位数量	单价	库存量	订购量	再订购量	中止	
2	66	肉松	2	2	每箱24瓶	¥37.00	4	100	20	FALSE	
3	64	黄豆	12	5	每袋3公斤	¥33.25	22	80	30	FALSE	
4	3	蕃茄酱	1	2	每箱12瓶	¥30.00	13	70	25	FALSE	
5	48	玉米片	22	3	每箱24包	¥32.75	15	70	25	FALSE	
6	31	温馨奶酪	14	4	每箱12瓶	¥32.50	0	70	20	FALSE	
7	45	雪鱼	21	8	每袋3公斤	¥49.50	5	70	15	FALSE	
8	49	薯条	23	3	每箱24包	¥20.00	10	60	15	FALSE	
9	37	干贝	17	8	每袋3公斤	¥26.00	11	50	25	FALSE	
10	2	牛奶	1	1	每箱24瓶	¥39.00	17	40	25	FALSE	
11	32	白奶酪	14	4	每箱12瓶	¥32.00	9	40	25	FALSE	
12	21	花生	8	3	每箱30包	¥30.00	3	40	5	FALSE	
13	11	大众奶酪	5	4	每袋6包	¥23.00	22	30	30	FALSE	
14	74	鸡精	4	7	每盒24个	¥30.00	4	20	5	FALSE	
15	56	白米	26	5	每袋3公斤	¥38.00	21	10	30	FALSE	
16	70	苏打水	7	1	每箱24瓶	¥35.00	15	10	30	FALSE	
17	43	柳橙汁	20	1	每箱24瓶	¥46.00	17	10	25	FALSE	
18	68	绿豆糕	8	3	每箱24包	¥12.50	6	10	15	FALSE	
19	25	巧克力	11	3	每箱30盒	¥34.00	76	0	30	FALSE	
20	27	牛肉干	11	3	每箱30包	¥43.90	49	0	30	FALSE	
21	40	虾米	19	8		¥38.40	123	0	30	FALSE	

`Sheet1　大订单分析　订购数据汇总　进行中的…`

同步文件

素材文件：素材文件\第 10 章\产品订购单.xlsx
结果文件：结果文件\第 10 章\产品订购单.xlsx
视频文件：视频文件\第 10 章\上机实战.mp4

步骤详解

本实例的具体操作步骤如下。

Step01： 打开素材文件"产品订购单.xlsx"，❶选择 G2:G78 单元格区域；❷单击"条件格式"按钮；❸选择"项目选取规则"选项；❹选择"前 10%"选项，如下图所示。

Step02： 打开"前 10%"对话框，❶在数值框中输入"10"；❷在"设置为"下拉列表框中选择"浅红填充色深红色文本"选项；❸单击"确定"按钮，即可看到所选单元格区域中值最大的 10%个单元格的格式已经发生了变化，如下图所示。

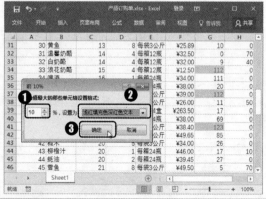

Step03： ❶复制"Sheet1"工作表，并重命名为"大订单分析"；❷单击"排序"按钮，如下图所示。

Step04： 打开"排序"对话框，❶在"主要关键字"栏中设置主要关键字为"订购量"，排序方式为"降序"；❷单击"添加条件"按钮；❸在"次要关键字"栏中设置次要关键字为"再订购量"，排序方式为"降序"；❹单击"确定"按钮，如下图所示。

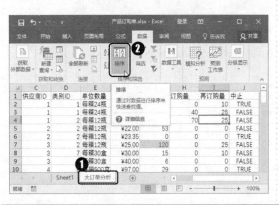

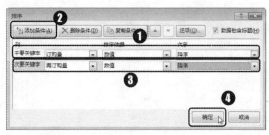

Step05: ❶选择 H 和 I 列单元格；❷单击"条件格式"按钮；❸选择"数据条"选项；❹选择"黄色数据条"选项，效果如下图所示。

Step06: ❶复制"Sheet1"工作表，并重命名为"订购数据汇总"；❷单击"数据"选项卡"排序和筛选"组中的"排序"按钮，如下图所示。

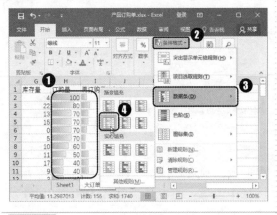

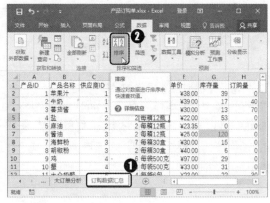

Step07: 打开"排序"对话框，❶在"主要关键字"栏中设置主要关键字为"供应商ID"，排序方式为"升序"；❷单击"添加条件"按钮；❸在"次要关键字"栏中设置次要关键字为"类别ID"，排序方式为"升序"；❹单击"确定"按钮，如下图所示。

Step08: 经过前面的操作,对供应商ID和类别ID进行排序，单击"数据"选项卡"分级显示"组中的"分类汇总"按钮，如下图所示。

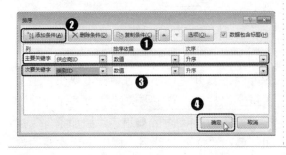

Step09: 打开"分类汇总"对话框，❶在"分类字段"下拉列表框中选择"供应商ID"选项；❷在"汇总方式"下拉列表框中选择"求和"选项；❸在"选定汇总项"列表框中勾选"库存量""订购量"和"再订购量"复选框；❹勾选"替换当前分类汇总"和"汇总结果显示在数据下方"复选框；❺单击"确定"按钮，如下图所示。

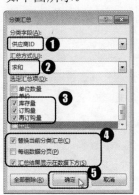

Step10: 经过上一步的操作，对"库存量""订购量"和"再订购量"进行分类汇总，单击 2 按钮，查看合计的总量，效果如下图所示。

Step11: ❶复制"Sheet1"工作表，并重命名为"进行中的订单"；❷单击"数据"选项卡"排序和筛选"组中的"筛选"按钮，如下图所示。

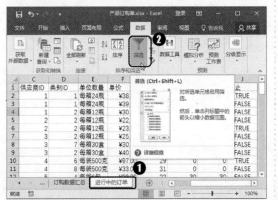

Step12: ❶单击"中止"字段右侧的下拉按钮；❷勾选"FALSE"复选框；❸单击"确定"按钮，如下图所示。

Step13: 经过前面的操作，在工作表中将只显示还未终止订单的相关记录，且"中止"字段右侧的下拉按钮将变成 形状，效果如右图所示。

▷▷ 本章小结

　　Excel 是专业的数据处理软件，除了能够方便地创建各种类型的表格外，还可以从外部导入已经制作好的数据。为防止数据输入出错，可以在制作表格框架的初期就为各列单元格设置好数据有效性。此外，Excel 还具有对数据进行分析处理的能力，本章主要介绍了 Excel 2016 中常用的数据分析方法，包括 Excel 中条件格式的使用，排序、筛选、分类汇总的操作方法。

第 11 章　使用 PowerPoint 2016 制作演示文稿

本章导读

　　PowerPoint 是微软 Office 套件中的重要软件之一，在办公应用中，常常需要应用 PowerPoint 制作用于演示、会议或教学等的演示文稿。本章将对 PowerPoint 幻灯片的基本操作、幻灯片设计、编辑及插入对象等知识进行讲解。

知识要点

> ➤ 掌握幻灯片的基本操作方法
> ➤ 掌握设计幻灯片的方法
> ➤ 掌握母版的使用方法
> ➤ 掌握编辑幻灯片的方法
> ➤ 掌握丰富幻灯片内容的方法

● 效果展示

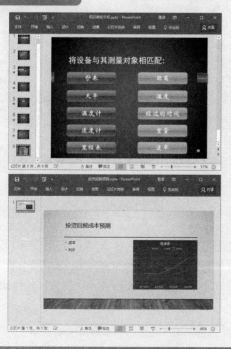

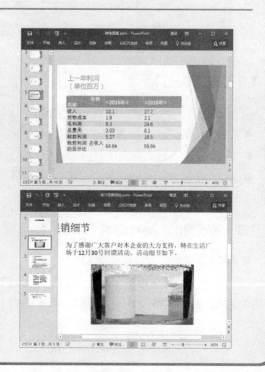

▷▷ 11.1　课堂讲解——幻灯片的基本操作

　　幻灯片是演示文稿的主体，一个演示文稿可以包含多张幻灯片。幻灯片的基本操作包括新建、选择、复制、移动和删除等。

11.1.1　新建幻灯片

　　新建空白演示文稿后，默认只包含一张幻灯片，如果要添加新幻灯片，可以通过以下的方法进行添加，具体操作方法如下。

同步文件

视频文件：视频文件\第 11 章\11-1-1.mp4

Step01: 启动 PowerPoint 2016，❶将光标定位至第一张幻灯片下方；❷单击"幻灯片"组中"新建幻灯片"按钮；❸选择"标题和内容"选项，如下图所示。

Step02: 如果需要新建与上一张幻灯片相同类型的幻灯片，❶将光标定位至第二张幻灯片下方；❷单击"幻灯片"组中的"新建幻灯片"按钮，如下图所示。

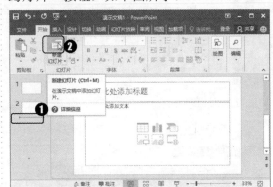

11.1.2　选择幻灯片

　　要对幻灯片进行复制、移动、删除等操作，首先得选择幻灯片。选择幻灯片的方法如下。

● 选择单张幻灯片：直接单击幻灯片。
● 选择多张不连续的幻灯片：按住〈Ctrl〉键的同时单击要选择的各张幻灯片。
● 选择连续的一组幻灯片：选择第一张幻灯片，按住〈Shift〉键，然后单击最后一张幻灯片。

11.1.3　移动和复制幻灯片

　　复制幻灯片用于在演示文稿中快速创建指定幻灯片的副本。对于结构与格式相同的幻灯片，可以复制一份后在其中修改内容，达到快速创建幻灯片的目的。制作好幻灯片后，如果觉得顺序有些错误，可以使用移动幻灯片的功能，重新调整幻灯片位置。具体操作方法如下。

同步文件

视频文件：视频文件\第11章\11-1-3.mp4

Step01: 打开素材文件"年度总结文稿.pptx"，❶选择第3张幻灯片；❷单击"剪贴板"组中的"复制"按钮，如下图所示。

Step02: ❶将光标定位至第3张幻灯片后；❷单击"剪贴板"组中的"粘贴"按钮，如下图所示。

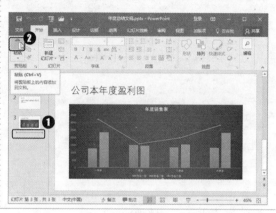

专家点拨——复制幻灯片的技巧

如果需要复制多个相同的幻灯片，可以执行复制命令后，重复进行粘贴即可；如果使用组合键进行操作，则按〈Ctrl+C〉组合键进行复制，使用〈Ctrl+V〉组合键进行粘贴。

Step03: 修改第4张幻灯片的内容，选中并按住鼠标左键不放，拖动调整位置，如下图所示。

Step04: 经过前面的操作，即可复制和移动幻灯片，效果如下图所示。

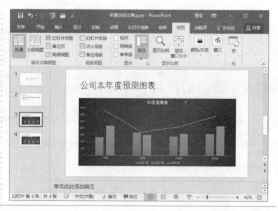

11.1.4 删除幻灯片

在演示文稿中建立与编排多张幻灯片后，如果不再需要用到某张幻灯片，那么就可以将其从演示文稿中删除。具体操作方法如下。

同步文件

视频文件：视频文件\第 11 章\11-1-4.mp4

Step01: 打开素材文件"删除幻灯片.pptx"，❶选择第 5 张和第 6 张幻灯片；❷单击"剪贴板"组中的"剪切"按钮，如下图所示。

Step02: 经过上一步的操作，即可删除最后两张幻灯片，如下图所示。

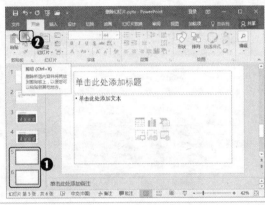

 专家点拨——删除幻灯片

除了使用上述的方法删除幻灯片外，还可以直接选中幻灯片，按〈Backspace〉或〈Delete〉键进行删除。

▷▷ 11.2 课堂讲解——设计幻灯片

幻灯片设计是指演示文稿中幻灯片的整体效果，它包含了幻灯片应用的主题颜色、字体、形状效果、背景样式等。在应用或调整幻灯片设计后，在编辑幻灯片内容时，相应的内容元素会自动应用设计中所包含的颜色、字体及形状效果等。

11.2.1 设置幻灯片大小

一般来说，PowerPoint 幻灯片页面大小都是固定的，这对于制作某些特殊幻灯片的人来说，就限制了他的发挥。因此，要设置幻灯片为适合当前状态，具体操作方法如下。

 同步文件

视频文件：视频文件\第 11 章\11-2-1.mp4

Step01: 打开素材文件"海报.pptx"，❶单击"设计"选项卡；❷单击"自定义"组中的"幻灯片大小"按钮；❸选择"自定义幻灯片大小"选项，如下图所示。

Step02: 打开"幻灯片大小"对话框，❶设置幻灯片的宽度和高度；❷单击"确定"按钮，如下图所示。

 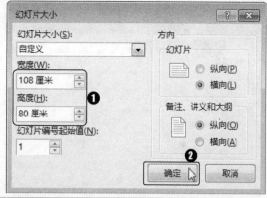

Step03: 打开"Microsoft PowerPoint"对话框，单击"确保适合"按钮，如下图所示。

Step04: 经过前面的操作，即可设置幻灯片的大小，效果如下图所示。

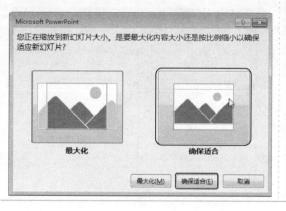 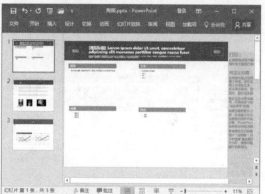

专家点拨——为什么自定义的大小值发生了变化

在设置幻灯片自定义大小时，在弹出的对话框中单击了"确保适合"按钮，计算机会自动根据屏幕的大小自动进行调整，因此会有一点出入。

11.2.2 设置幻灯片主题

在 PowerPoint 2016 中新增了主题的概念，主题包含了一组已经设置好的幻灯片颜色效果、字符效果和图形外观效果等设计元素。将主题应用于幻灯片后，主题中包含的所有设置好的设计元素将应用到该演示文稿的所有幻灯片中。

同步文件
视频文件：视频文件\第 11 章\11-2-2.mp4

Step01: 打开素材文件"采购流程.pptx"，❶单击"设计"选项卡；❷在"主题"组中的列表框中选择需要的主题样式，如下图所示。

Step02: 应用主题样式后，单击"变体"组中的"其他"按钮，如下图所示。

Step03: ❶选择"颜色"选项；❷选择"紫罗兰色Ⅱ"选项，如下图所示。

Step04: 经过前面的操作，应用主题并设置颜色，效果如下图所示。

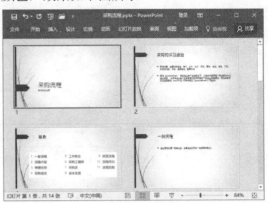

11.2.3　设置幻灯片背景

　　幻灯片是否美观，背景十分重要。默认情况下新建的幻灯片都是以纯白色为背景。如果为幻灯片应用了主题后，在一个演示文稿中，所有幻灯片都会变成为主题背景颜色。为了使幻灯片版面更美观，可以为演示文稿中的幻灯片重新设置背景。背景包括纯色背景、渐变色、纹理和图案等。

同步文件
视频文件：视频文件\第 11 章\11-2-3.mp4

Step01: 打开素材文件"采购流程（设置背景）.pptx"，❶单击"自定义"组中的"设置背景格式"按钮，如右图所示。

Step02: 打开"设置背景格式"窗格，❶选择"图片或纹理填充"单选按钮；❷单击"文件"按钮，如下图所示。

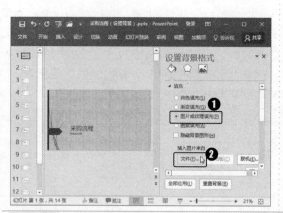

Step03: 打开"插入图片"对话框，❶选择图片保存位置；❷单击需要插入的图片；❸单击"插入"按钮，如下图所示。

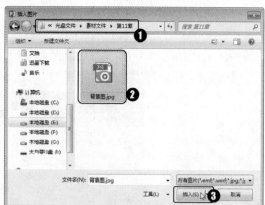

Step04: ❶拖动调整图片透明度；❷单击"关闭"按钮，如下图所示。

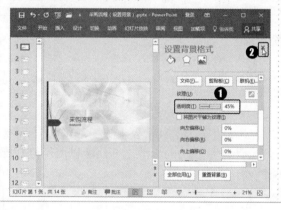

Step05: 经过前面的操作，为幻灯片添加图片背景，效果如下图所示。

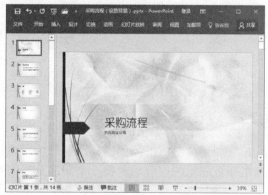

≫ 11.3　课堂讲解——使用幻灯片母版

在 PowerPoint 2016 中，为了丰富幻灯片的背景样式，可以通过母版进行操作。在编辑幻灯片母版之前，首先需要了解母版的类型及修改方法，然后根据自己的要求对幻灯片进行设置。

11.3.1　了解母版的类型

在 PowerPoint 2016 中有幻灯片母版、讲义母版和备注母版 3 种母版类型。

1. 幻灯片母版
当需要设置幻灯片风格时，可以在幻灯片母版视图中进行设置。

2. 讲义母版
当需要将演示文稿以讲义形式打印输出时，可以在讲义母版中进行设置。

3. 备注母版
当需要在演示文稿中插入备注内容时，则可以在备注母版中进行设置。

幻灯片母版相当于是一种模板，它能够存储幻灯片的所有信息，包括文本和对象在幻灯片上的放置位置、文本和对象的大小、文本样式、背景、颜色主题、效果和动画等。在幻灯片母版视图下，可以看到所有可以输入内容的区域，如标题占位符、副标题占位符及母版下方的页脚占位符。这些占位符的位置及属性，决定了应用该母版的幻灯片的外观属性，当改变了这些占位符的位置、大小以及其中文字的外观属性后，所有应用该母版的幻灯片的属性也将随之改变。

在 PowerPoint 2016 中，默认自带了一个幻灯片母版，在这个母版中包含了 11 个幻灯片版式。一个演示文稿中可以包含多个幻灯片母版，每个母版下又包含 11 个版式，如下图所示。

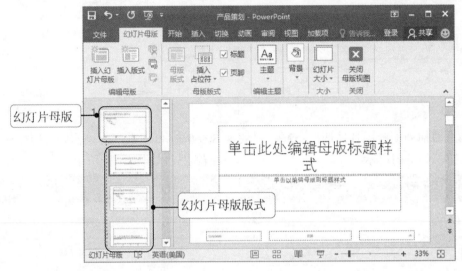

11.3.2 设计幻灯片母版

色彩漂亮且与演示文稿内容协调是评判幻灯片设计是否成功的标准之一，所以用幻灯片配色来烘托主题是制作演示文稿一个非常重要的操作。

 同步文件

视频文件：视频文件\第 11 章\11-3-2.mp4

Step01： 打开素材文件"美食天下.pptx"，❶单击"视图"选项卡；❷单击"母版视图"组中的"幻灯片母版"按钮，如下图所示。

Step02： ❶选择需要删除的幻灯片母版；❷单击"编辑母版"组中的"删除幻灯片"按钮，如下图所示。

Step03: ❶选择需要添加背景的母版幻灯片；❷ 单击"背景"组中的"背景样式"按钮；❸选择"设置背景格式"选项，如下图所示。

Step04: 打开"设置背景格式"窗格，❶选择"图片或纹理填充"单选按钮；❷ 单击"文件"按钮，如下图所示。

Step05: 打开"插入图片"对话框，❶选择图片保存位置；❷单击需要插入的图片；❸单击"插入"按钮，如下图所示。

Step06: 插入图片后，为了让图片显得不那么突出，可以设置透明度，❶拖动调整透明度；❷单击"关闭"按钮，如下图所示。

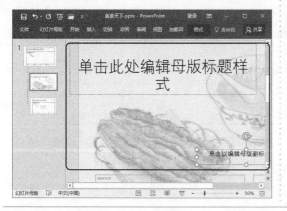

Step07: 在幻灯片母版中拖动调整文本位置，如下图所示。

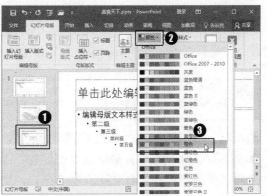

Step08: ❶选择需要设置颜色、字体和效果的幻灯片母版；❷单击"背景"组中的"颜色"按钮；❸选择"橙色"选项，如下图所示。

Step09: ❶单击"背景"组中的"字体"按钮；❷选择"华文楷体"选项，如下图所示。

Step010: ❶单击"背景"组中的"效果"下拉按钮；❷选择"插页"选项，如下图所示。

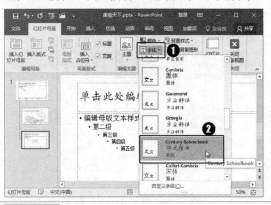

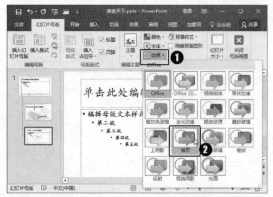

Step011: 设置完幻灯片母版的样式后，单击"关闭"组中的"关闭母版视图"按钮，如右图所示。

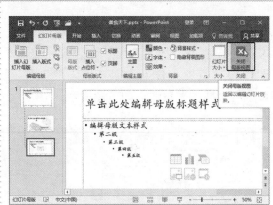

 专家点拨——修改幻灯片母版

在幻灯片母版中设置好样式后，返回至幻灯片页面，如果觉得调整的字体和样式不好，可以重新进入幻灯片母版视图，再次进行调整，直到达到自己需要的效果。

▷▷ 11.4　课堂讲解——编辑幻灯片

在学会了如何对幻灯片背景、主题和幻灯片母版进行设置后，接下来就可以选择幻灯片的版式，输入幻灯片的内容，设置幻灯片的文本格式，制作出满意的幻灯片了。

11.4.1　选择幻灯片版式

使用空白幻灯片或者专业的模板幻灯片，根据幻灯片内容的不同，各幻灯片的版式也有所不同。但是，默认的版式不会根据内容进行改变。若想调整幻灯片版式，可以在不修改内容的前提下，重新选择幻灯片的版式。具体操作方法如下。

 同步文件

视频文件：视频文件\第 11 章\11-4-1.mp4

Step01: 打开素材文件"公司简介.pptx"，❶选择第 2 张幻灯片；❷单击"幻灯片"组中的"版式"按钮；❸选择需要的样式，如下图所示。

Step02: 经过上一步的操作，修改第 2 张幻灯片的版式，效果如下图所示。

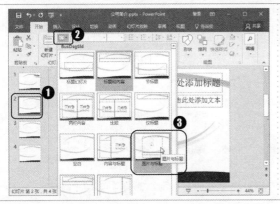
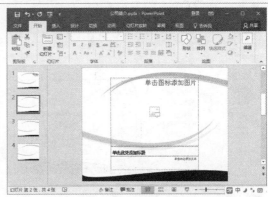

11.4.2 输入幻灯片文本

文本是演示文稿中的主体,一份演示文稿要展现的内容也需要通过文本来实现,在编排幻灯片时,首先需要做的就是在各张幻灯片中输入相应的文本内容。

 同步文件
视频文件:视频文件\第 11 章\11-4-2.mp4

Step01: 打开素材文件"公司简介(输入文本).pptx",❶设置输入法;❷选中需要输入文本的占位符,如下图所示。

Step02: 在幻灯片的占位符中输入相应的文本,效果如下图所示。

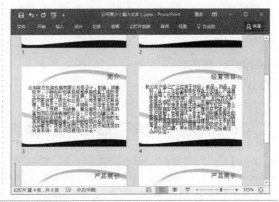

11.4.3 设置幻灯片文本格式

在默认的占位符中输入文本后,格式都是默认的,如果不喜欢这种格式,可以在"开始"选项卡中重新设置文本的格式。

 同步文件
视频文件:视频文件\第 11 章\11-4-3.mp4

Step01: 打开素材文件"公司简介(设置文本格式).pptx",在第 1 张幻灯片中拖动调整文本位置,如下图所示。

Step02: ❶选中第 3 张幻灯片的标题文本;❷单击"段落"组中的"左对齐"按钮 ☰,如下图所示。

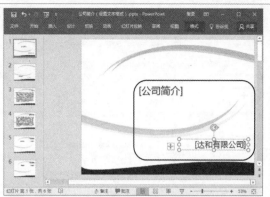

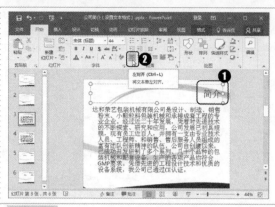

Step03: ❶选中需要设置段落的文本；❷单击"段落"组中的对话框启动按钮 ，如下图所示。

Step04: 打开"段落"对话框，❶设置为"首行缩进"，"度量值"为1.5厘米；❷单击"确定"按钮，如下图所示。

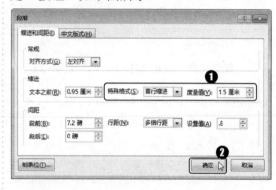

Step05: ❶选中需要设置段落缩进的文本；❷单击"剪贴板"组中的"格式刷"按钮 ，如下图所示。

Step06: ❶选择第4张幻灯片；❷按住鼠标左键不放拖动复制段落格式，如下图所示。

▷▷ 11.5 课堂讲解——丰富幻灯片内容

制作幻灯片除了需要使用文字进行说明外，还需要添加各种对象来展现幻灯片丰富的内容。

本节主要介绍插入自选图形、图片、表格、图表、SmartArt 图形和媒体等对象。

11.5.1　插入与编辑图片

有的演示文稿只有少量文字，对于重要的内容会以图片的方式进行说明。因此，插入与编辑图片就比较重要了。

同步文件

视频文件：视频文件\第 11 章\11-5-1.mp4

Step01: 打开素材文件"公司简介（插入与编辑图片）.pptx"，❶选择第 2 张幻灯片；❷单击幻灯片中的"图片"按钮，如下图所示。

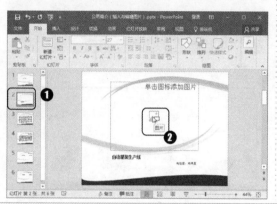

Step02: 打开"插入图片"对话框，❶选择图片保存位置；❷单击"机械图.jpg"图片文件；❸单击"插入"按钮，如下图所示。

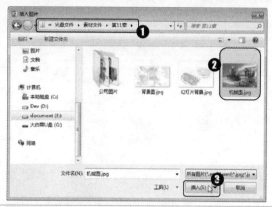

Step03: ❶选中插入的图片，单击"格式"选项卡；❷单击"调整"组中的"颜色"按钮；❸选择"设置透明色"选项，如下图所示。

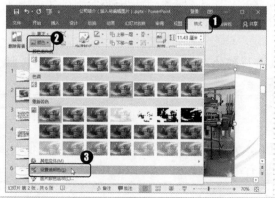

Step04: 执行"设置透明色"命令后，鼠标指针变成 ▨ 形状时，在图片背景色的地方单击，即可将相同的背景更改为透明的，如下图所示。

Step05: 经过前面的操作，图片上相同的颜色设置成了透明的，但相近或不同的颜色则不会发生变化。要删除背景色，可以使用删除背景的方法，单击"调整"组中的"删除背景"按钮，如下图所示。

Step06: ❶单击"优化"组中的"标记要删除的区域"按钮；❷在图片上标记需要删除的区域；❸单击"关闭"组中的"保留更改"按钮，如下图所示。

 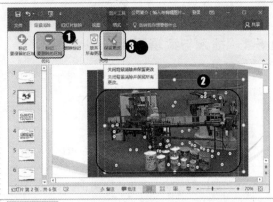

Step07: ❶选中设置好的图片；❷在"大小"组中设置图片的大小，如下图所示。

Step08: 使用插入图片的方法，在第 5 张和第 6 张幻灯片中插入图片，并设置图片透明色，如下图所示。

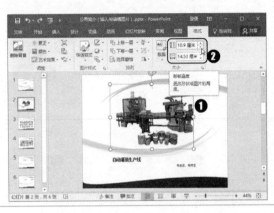 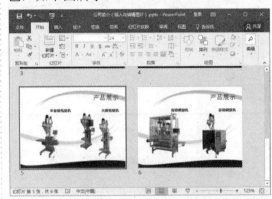

专家点拨——如何从其他地方获取图片

在 PowerPoint 2016 中，已经取消了剪贴画命令，除了用户从本机上获取图片外，还可以单击"图像"组中的"联机图片"按钮，输入要搜索的图片关键字，通过互联网进行搜索然后插入图片。

另外，如果有些图片是通过相机或其他设备得到的，可以先导入至计算机，然后再插入到幻灯片中。

11.5.2　插入与编辑形状

在 PPT 演示文稿中，为了让幻灯片的效果更好，会使用多个元素丰富幻灯片，除了使用插入图片设置样式外，还可以插入一些形状，然后进行编辑填充。

同步文件

视频文件：视频文件\第 11 章\11-5-2.mp4

Step01: 打开素材文件"知识测验节目.pptx"，❶选择第 8 张幻灯片，单击"插入"选项卡；❷单击"插图"组中的"形状"按钮；❸选择"圆角矩形"样式，如下图所示。

Step02: 在幻灯片中，按住鼠标左键不放，拖动绘制形状的大小，如下图所示。

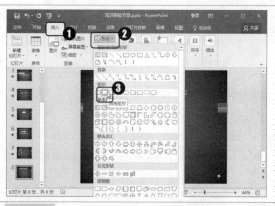

Step03: ❶右击绘制的圆角矩形形状；❷选择"编辑文字"命令，如下图所示。

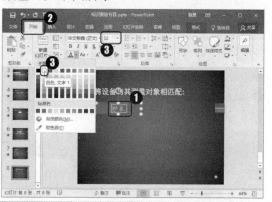

Step04: ❶选中输入的文本；❷单击"开始"选项卡；❸在"字体"组中设置字号大小和颜色，如下图所示。

Step05: ❶选中形状，单击"格式"选项卡；❷选择"形状样式"组中需要的样式，如"中等效果-紫色，强调颜色2"，如下图所示。

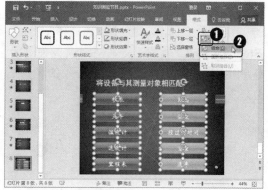

Step06: 复制形状，并输入相关文字，插入直线样式，绘制出连线效果，设置线条为0.75磅，选中所有的形状，❶单击"排列"组中的"组合"按钮；❷选择"组合"选项，如下图所示。

11.5.3 插入与编辑 SmartArt 图形

SmartArt 图形是信息和观点的视觉形态，如流程图、层次结构图、关系图等特殊图形。插入 SmartArt 图形使用户快速创建具有专业设计师水准的插图，轻松传达需要表达的关系或流程过程等信息。下面介绍插入流程图的方法，具体操作方法如下。

同步文件

视频文件：视频文件\第 11 章\11-5-3.mp4

Step01: 打开素材文件"产品研发流程.pptx"，单击幻灯片中的 按钮，如下图所示。

Step02: 打开"选择 SmartArt 图形"对话框，❶选择"流程"选项；❷选择"升序图片重点流程"选项；❸单击"确定"按钮，如下图所示。

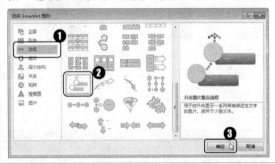

Step03: ❶单击 按钮；❷在 SmartArt 图形框中输入文本；❸单击"设计"选项卡；❹单击"创建图形"组中的"创建形状"按钮，如下图所示。

Step04: 输入流程图的信息，重复操作添加形状和输入文本，文字输入完后，单击流程图中的"图片"按钮，如下图所示。

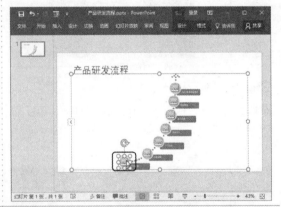

Step05: ❶在"搜索"文本框中输入关键字；❷单击 按钮；❸选择需要插入的图片；❹单击"插入"按钮，如下图所示。

Step06: ❶选择 SmartArt 图形，单击"更改颜色"按钮；❷选择"彩色范围-个性色 4 至5"样式，如下图所示。

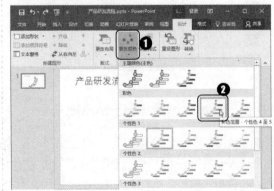

Step07: 选择 SmartArt 图形，选择"快速样式"组中的"嵌入"样式，如右图所示。

 专家点拨——快速更改 SmartArt 版式

设置完 SmartArt 形状后，如果觉得该版式不好，可以在"设计"选项卡的"版式"组中重新选择版式。

11.5.4 插入与编辑文本框

在幻灯片中除了使用文本占位符输入文字外，如果要将文本定位输入至某个位置，还可以使用文本框的方式进行输入。

 同步文件

视频文件：视频文件\第 11 章\11-5-4.mp4

Step01: 打开素材文件"风景图.pptx"，❶单击"插入"选项卡；❷单击"文本"组中的"文本框"按钮；❸选择"竖排文本框"选项，如下图所示。

Step02: 在幻灯片中按住鼠标左键不放拖动绘制文本框大小，如下图所示。

Step03: ❶在文本框中输入需要的文本，并选中文本；❷单击"开始"选项卡；❸单击"字体"组中的"增大字号"按钮 A，如右图所示。

Step04: ❶选中文本框，单击"格式"选项卡；❷选择"形状样式"组中的"强烈效果-蓝色，强调颜色 5"样式，如下图所示。

Step05: 经过前面的操作，添加文本框并设置格式，效果如下图所示。

11.5.5 插入与编辑艺术字

在幻灯片中，有时候会觉得页面中的文本吸引力不够，想要制作出更炫、更酷的效果，可以使用艺术字。具体操作方法如下。

同步文件

视频文件：视频文件\第 11 章\11-5-5.mp4

Step01: 打开素材文件"列表图示.pptx"，❶单击"插入"选项卡；❷单击"文本"组中的"艺术字"按钮；❸选择艺术字样式，如下图所示。

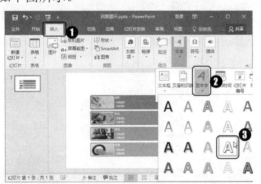

Step02: 自动在幻灯片中显示艺术字文本框，如下图所示。

Step03: 输入需要的艺术字内容，拖动调整艺术字位置，如下图所示。

Step04: ❶选中艺术字，单击"格式"选项卡；❷单击"艺术字样式"组中的"文本填充"按钮；❸选择"图片"选项，如下图所示。

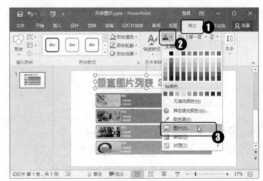

Step05: 打开"插入图片"对话框,单击"浏览"按钮,如下图所示。

Step06: 打开"插入图片"对话框,❶选择图片保存位置;❷选择"幻灯片背景.jpg"图片文件;❸单击"插入"按钮,如下图所示。

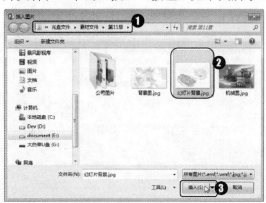

Step07: 经过前面的操作,插入艺术字并使用图片进行填充,效果如右图所示。

11.5.6　插入与编辑表格

一份完整的演示文稿,不仅需要输入文本、图片和形状等对象,为了让数据更加规范,还会插入表格对象,为了让幻灯片更加美观,可以对表格进行格式设置。具体操作方法如下。

> **同步文件**
>
> 视频文件:视频文件\第 11 章\11-5-6.mp4

Step01: 打开素材文件"销售提案.pptx",单击第 5 张幻灯片中的"插入表格"按钮,如下图所示。

Step02: 打开"插入表格"对话框,❶输入列数和行数值;❷单击"确定"按钮,如下图所示。

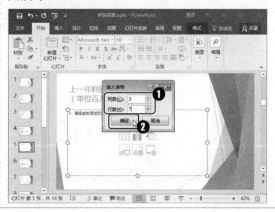

Step03: 输入表格内容，并调整文字大小，❶单击"设计"选项卡；❷单击"绘制边框"组中的"笔颜色"按钮；❸选择"深绿，个性色 2，淡色 60%"样式，如下图所示。

Step04: 设置好笔颜色后，单击"绘制边框"组中的"绘制表格"按钮，如下图所示。

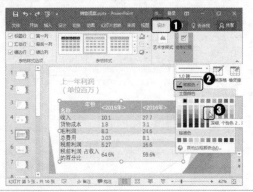
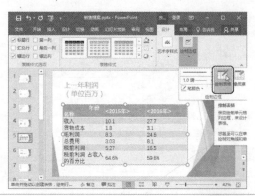

Step05: 将鼠标指针移至单元格左上角顶点处，按住鼠标左键不放拖动进行绘制，如右图所示。

11.5.7 插入与编辑图表

在幻灯片中，一般展示给观众的都是让人一目了然的内容，因此有些详细的数据可以不用显示给观众，为了让销售的数据更加突出，可以使用图表的方式进行表达。

 同步文件

视频文件：视频文件\第 11 章\11-5-7.mp4

Step01: 打开素材文件"投资回报预测.pptx"，单击幻灯片中的"插入图表"按钮，如下图所示。

Step02: 打开"插入图表"对话框，❶选择"折线图"选项；❷单击"折线图"样式；❸单击"确定"按钮，如下图所示。

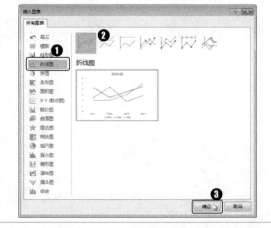

Step03: 此时，将打开"Microsoft PowerPoint 中的图表"对话框；❶输入图表数据；❷单击"关闭"按钮，如下图所示。

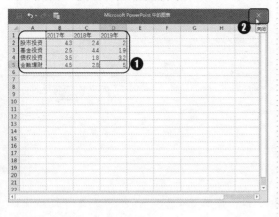

Step04: ❶选中图表，单击"设计"选项卡；❷选择"图表样式"组中的"样式 9"选项，如下图所示。

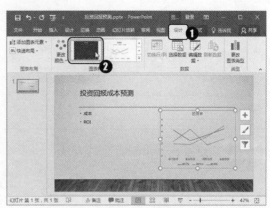

11.5.8　插入与编辑音频文件

一个丰富的演示文稿，只有文字和图片肯定是不够的，还需要适时插入音频对象。在幻灯片中可以插入两种类型的音频，即插入文件中的音频和插入录制音频，其中插入文件中的音频的方法和插入图片类似。具体操作方法如下。

同步文件
视频文件：视频文件\第 11 章\11-5-8.mp4

Step01: 打开素材文件"插入音频.pptx"，❶单击"插入"选项卡；❷单击"媒体"组中的"音频"按钮；❸选择"PC 上的音频"命令，如下图所示。

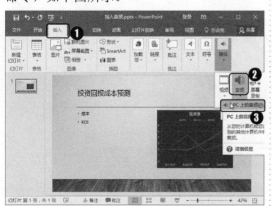

Step02: 打开"插入音频"对话框，❶选择音频保存位置；❷单击需要插入的音频；❸单击"插入"按钮，如下图所示。

Step03: ❶拖动调整音频图标的位置；❷单击"播放"选项卡；❸单击"编辑"组中的"剪裁音频"按钮，如下图所示。

Step04: 打开"剪裁音频"对话框，❶设置开始时间和结束时间；❷单击"确定"按钮，如下图所示。

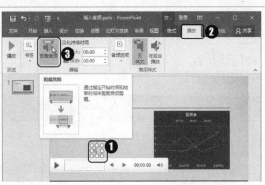

◆ **专家点拨——录制音频的方法**

　　在"媒体"组中单击"音频"按钮，选择"录制音频"选项，打开"录音"对话框，单击 ⊙ 按钮进行录制音频，录制完成后，单击 ▣ 按钮，停止录制，最后单击"确定"按钮完成录制音频的操作。

11.5.9　插入与编辑视频文件

　　为了让制作的幻灯片有声有色，可以为幻灯片添加视频对象，如在广告中可以播放视频内容。插入与剪辑视频的具体操作方法如下。

📑 **同步文件**
　　视频文件：视频文件\第 11 章\11-5-9.mp4

Step01： 打开素材文件"纸巾促销活动.pptx"，单击"插入视频文件"按钮，如下图所示。

Step02： 打开"插入视频"对话框，单击"浏览"按钮，如下图所示。

Step03： 打开"插入视频文件"对话框，❶选择视频保存位置；❷单击"节约用纸.mp4"视频文件；❸单击"插入"按钮，如下图所示。

Step04： 单击"播放"按钮▶，观看视频内容，❶单击"播放"选项卡；❷单击"编辑"组中的"剪裁视频"按钮，如下图所示。

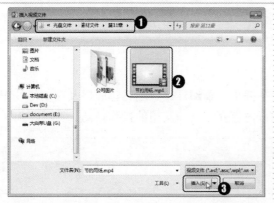 

专家点拨——视频不能插入，怎么办？

在幻灯片中插入视频时，但弹出"Microsoft PowerPoint"提示对话框，有可能是没有安装解码器，此时，需要单击"确定"按钮，在网络中搜索并下载一个对应的解码器，再重新插入视频即可。

Step05: 打开"剪辑视频"对话框，❶设置开始时间和结束时间；❷单击"确定"按钮，完成视频剪辑，如下图所示。

剪辑完视频后，返回 PowerPoint 中需要保存一次，剪辑的视频才会生效，否则剪辑的视频也只是在当前浏览时有用。

Step06: 经过前面的操作，完成插入并剪辑视频，效果如下图所示。

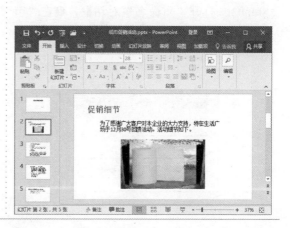

▷▷ 高手秘籍——实用操作技巧

通过对前面知识的学习，相信读者朋友已经掌握了设置幻灯片、编辑母版以及在幻灯片中插入对象丰富幻灯片的基本操作了。下面结合本章内容介绍一些实用的操作技巧。

　同步文件
视频文件：视频文件\第 11 章\高手秘籍.mp4

技巧 01　使用"节"管理幻灯片

使用节可以将幻灯片组织成有意义的组，就像使用文件夹组织文件一样。将节分配给每个同事，明确合作期间的所有权。如果是从空白板开始，则可以使用节来列出演示文稿的主题。例如，在演示文稿中使用节分组幻灯片，具体操作方法如下。

Step01: 打开素材文件"使用节管理.pptx"，❶将光标定位至第 1 张幻灯片后；❷单击"幻灯片"组中的"节"按钮；❸选择"新增节"选项，如下图所示。

Step02: 新建节后，❶右击"幻灯片"中的"节"按钮；❷选择"重命名节"命令，如下图所示。

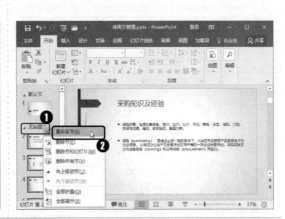

Step03: 打开"重命名"对话框，❶在"节名称"文本框中输入节的新名称；❷单击"重命名"按钮，如下图所示。

Step04: 经过前面的操作，使用节管理幻灯片，效果如下图所示。

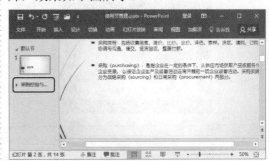

技巧 02　创建相册式的演示文稿

PowerPoint 相册是指快速通过演示文稿将图片以动态方式展现出来的一种功能。可以通过创建相册的功能将照片制作电子相册，具体操作方法如下。

Step01: ❶启动 PowerPoint 2016，单击"插入"选项卡；❷单击"图像"组中的"相册"按钮，如下图所示。

Step02: 打开"相册"对话框，单击"文件/磁盘"按钮，如下图所示。

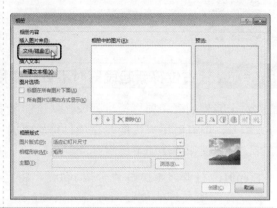

Step03: 打开"插入新图片"对话框，❶选择图片保存位置；❷拖动选中多张图片；❸单击"插入"按钮，如下图所示。

Step04: 返回"相册"对话框，单击"创建"按钮，如下图所示。

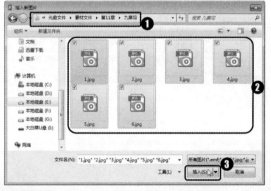

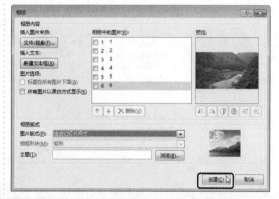

技巧 03　将字体嵌入到演示文稿中

为了获得更好的演示效果，用户通常会在幻灯片中使用一些漂亮的字体。然而，如果放映演示文稿的计算机上没有安装这些字体，PowerPoint 就会用系统存在的其他字体替代这些特殊字体，会影响演示效果。将特殊字体"嵌入"到演示文稿中的具体操作方法如下。

Step01: 打开结果文件"知识测验节目.pptx"，选择"文件"菜单中的"选项"命令，如下图所示。

Step02: 打开"PowerPoint 选项"对话框，❶选择"保存"选项；❷在"共享此演示文稿时保持保真度"选项组中，勾选"将字体嵌入文件"复选框；❸单击"确定"按钮，如下图所示。

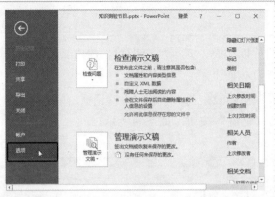 

技巧 04 让占位符新起段落时不自动套用编号或项目符号

对于编号列表和项目符号列表，默认情况下按〈Enter〉键进行换行时，都会自动添加上符号或编号，但有时用户可能要在项目符号或编号列表的项之间另起一个不带项目符号和编号的新行，具体操作方法如下。

Step01： 打开素材文件"分段.pptx"，将光标定位至要换行的位置，按〈Shift+Enter〉组合键，如下图所示。

Step02： 经过上一步的操作，将另起新行而不自动添加项目符号，效果如下图所示。

▷▷ 上机实战——制作企业宣传 PPT

≫≫ 上机介绍

为了让客户更好地了解公司，可以将公司简介制作成一份简单的宣传幻灯片，观看完幻灯片内容后，就会对公司有一个大概的认识。制作演示文稿，需要在不同的幻灯片中输入文字、插入形状、艺术字和图片等各种对象，效果如下图所示。

 同步文件

素材文件：原始文件\第 11 章\企业宣传.pptx、目录 图片、图片.jpg
结果文件：结果文件\第 11 章\企业宣传.pptx
视频文件：视频文件\第 11 章\上机实战.mp4

步骤详解

本实例的具体操作步骤如下。

Step01: 打开素材文件"企业宣传.pptx"，❶在占位符中输入文本；❷单击"插入"选项卡；❸单击"插图"组中的"形状"按钮；❹选择"椭圆"样式，如下图所示。	Step02: 在幻灯片中按住鼠标左键不放拖动绘制出椭圆形的大小，如下图所示。

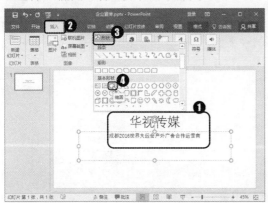

Step03: ❶复制 2 个椭圆，选中第 1 个椭圆；❷单击"格式"选项卡；❸单击"形状样式"组中的"形状填充"按钮；❹选择"橙色"颜色，如下图所示。

Step04: ❶选中第 1 个椭圆；❷单击"形状样式"组中的"形状轮廓"按钮；❸选择"橙色"颜色，如下图所示。

Step05: 依次为其他 2 个椭圆填充颜色，将这 3 个椭圆复制到右下角，❶将光标定位至第 1 张幻灯片后；❷单击"幻灯片"组中的"新建幻灯片"按钮；❸选择"仅标题"样式，如下图所示。

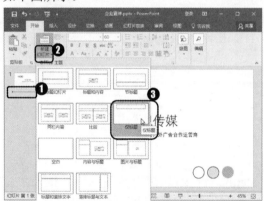

Step06: ❶在文本框中输入"目录"，单击"插入"选项卡；❷单击"图像"组中的"图片"按钮，如下图所示。

Step07: 打开"插入图片"对话框，❶选择图片保存位置；❷框选需要插入的图片；❸单击"插入"按钮，如下图所示。

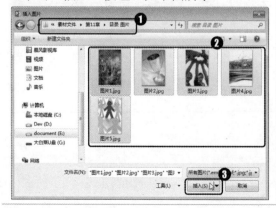

Step08: 插入多张图片后，会全部重叠在一起，拖动调整图片位置，如下图所示。

Step09: ❶将所有图片位置调整好后，单击"文本"组中的"文本框"按钮；❷选择"横排文本框"选项，如下图所示。

Step10: 在幻灯片中按住鼠标左键不放拖动绘制文本框，如下图所示。

Step11: ❶在文本框中输入内容并选中；❷在"开始"选项卡的"字体"组中设置字体格式，如下图所示。

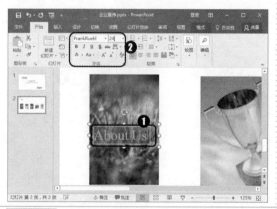

Step12: ❶选中文本框，单击"格式"选项卡；❷单击"形状样式"组中的"形状填充"按钮；❸选择"黑色"颜色，如下图所示。

Step13: 复制文本框，重新输入需要的文本，如下图所示。

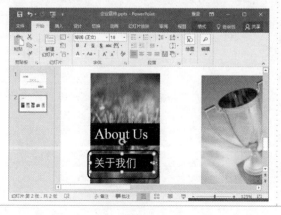

Step14: 将文本框复制到每张图片上，并输入文字，❶单击"视图"选项卡；❷单击"母版视图"组中的"幻灯片母版"按钮，如下图所示。

Step15: ❶单击"插入"选项卡；❷单击"图像"组中的"图片"按钮，如下图所示。

Step16: 打开"插入图片"对话框，❶选择图片保存位置；❷单击需要插入的图片；❸单击"插入"按钮，如下图所示。

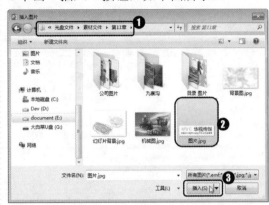

Step17: ❶移动图片的位置；❷单击"关闭"组中的"关闭母版视图"按钮，如下图所示。

Step18: ❶选中第1张幻灯片，单击"设计"选项卡；❷单击"自定义"组中的"设置背景格式"按钮，如下图所示。

Step19: ❶选择"渐变填充"单选按钮，设置预设渐变选项；❷单击"关闭"按钮，如下图所示。

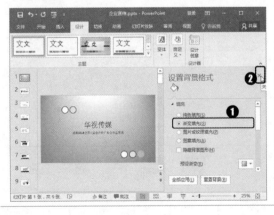

Step20: 为第1张幻灯片设置背景后，在标题文本框中输入文本，并设置字体格式。

▷▷ 本章小结

　　本章主要学习如何制作一个丰富的演示文稿，内容包括输入幻灯片文本、设置字体格式、编辑幻灯片背景、设置主题以及插入对象等知识点。通过本章的学习，相信读者可以快速制作出一个满足需要的演示文稿。

第 12 章　PowerPoint 2016 演示文稿的动画与放映设置

本章导读

　　创建演示文稿的目的不是为了存储信息，而是通过演示文稿的放映将内容展现出来，体现演讲者的意图。因此，为了让幻灯片放映更加流畅，各对象出现的方式及显示的时长都需要进行设置。本章主要讲解与演示文稿的动画与放映相关的知识。

知识要点

➢ 掌握应用幻灯片切换动画的方法
➢ 掌握设置切换幻灯片的速度与时间的方法
➢ 掌握创建幻灯片对象动画的方法
➢ 掌握创建幻灯片交互式动画的方法

效果展示

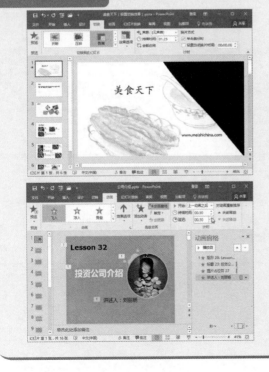
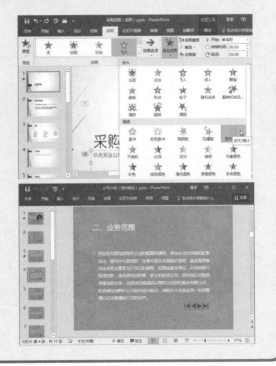

>> 12.1　课堂讲解——设置幻灯片的页面切换动画

　　页面切换动画是向幻灯片添加视觉效果的另一种方式。幻灯片页面切换效果是指在放映幻灯片时，进入屏幕或离开屏幕时幻灯片的切换动画效果。使幻灯片之间的播放衔接更加自然、生动。本节就来介绍设置幻灯片页面切换动画的相关操作。

12.1.1　应用幻灯片切换动画

　　新建空白演示文稿后，默认只包含一张幻灯片，如果要添加新幻灯片，可以通过以下的方法进行添加，具体操作方法如下。

同步文件

　　视频文件：视频文件\第 12 章\12-1-1.mp4

Step01:　打开素材文件"美食天下.pptx"，❶单击"切换"选项卡；❷选择"切换到此幻灯片"组中的"剥离"样式，如下图所示。

Step02:　经过上一步的操作，即可设置幻灯片切换动画，效果如下图所示。

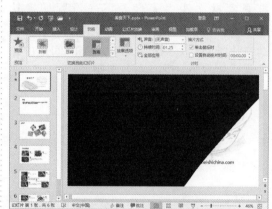

12.1.2　设置幻灯片切换效果

　　为幻灯片应用了切换样式后，根据不同的样式，在右侧的效果选项中会提供不同的方式，用户可以根据自己的需要重新设置方向。但不是每种切换样式都会有方向的选择，设置动画切换样式后，如果右侧的效果选项变为可选状态则可以重新设置，否则不能设置动画方向。

同步文件

　　视频文件：视频文件\第 12 章\12-1-2.mp4

Step01:　打开素材文件"美食天下（设置切换效果）.pptx"，❶单击"切换到此幻灯片"组中的"效果选项"按钮；❷选择"向右"选项，如下图所示。

Step02:　经过上一步的操作，设置幻灯片切换动画方向向右，效果如下图所示。

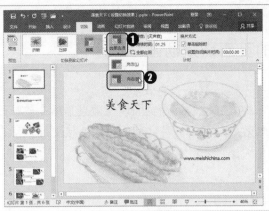 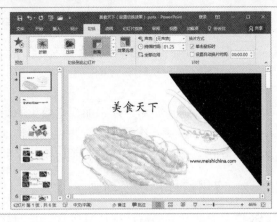

12.1.3 设置幻灯片切换速度和计时

应用幻灯片切换动画样式后，不仅可以设置动画的方向，还可以根据需要对动画切换的速度进行控制。具体操作方法如下。

 同步文件

视频文件：视频文件\第 12 章\12-1-3.mp4

打开素材文件"美食天下（设置切换速度）.pptx"，❶勾选"计时"组中的"设置自动换片时间"复选框；❷在右侧时间框中输入换片需要的时间，如右图所示。

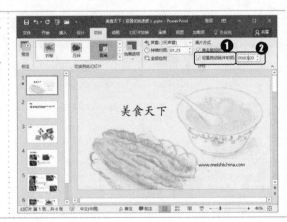

12.1.4 添加切换声音

为了让幻灯片页面切换时更有效果，可在幻灯片切换时为其配上声音。演示文稿中预设了爆炸、抽气、风声等多种声音。用户可根据幻灯片的内容和页面切换动画效果选择适当的声音。

 同步文件

视频文件：视频文件\第 12 章\12-1-4.mp4

Step01： 打开素材文件"美食天下（添加切换声音）.pptx"，❶单击"计时"组中的"无声音"按钮；❷选择"微风"选项，如下图所示。

Step02： ❶在"计时"组中设置持续时间；❷单击"全部应用"按钮，如下图所示。

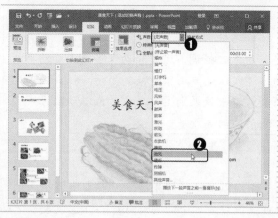 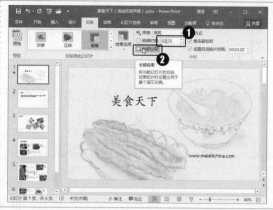

 专家点拨——为幻灯片设置页面切换动画的注意事项

在"声音"下拉列表中选择"其他声音"命令，可以选择计算机中的其他音频文件作为切换的声音。如果不单击"全部应用"按钮，设置的页面切换效果只会应用在当前的单张幻灯片中。用户可以为同一演示文稿中的多张幻灯片设置不同的页面切换动画，但是尽量不要在同一演示文稿中应用超过3种以上的幻灯片切换动画，以免显得凌乱。

▷▷ 12.2 课堂讲解——设置幻灯片对象动画

让幻灯片中的对象"动"起来，可以突出演示文稿的重点内容和控制信息流程，提高演示文稿的趣味性。用户可以为幻灯片中的文本、形状、声音、图像等对象设置动画效果。

12.2.1 添加单个动画效果

一般来说，PowerPoint幻灯片页面大小都是固定的，这对于追求艺术的人，或者制作某些特殊幻灯片的人来说，就限制了他的发挥。因此，可以为幻灯片设置适合的状态，具体操作方法如下。

 同步文件

视频文件：视频文件\第12章\12-2-1.mp4

Step: 打开素材文件"采购流程.pptx"，❶选择第1张幻灯片中的标题文本框；❷单击"动画"选项卡；❸选择"动画"组中的"翻转式由远及近"样式，如右图所示。

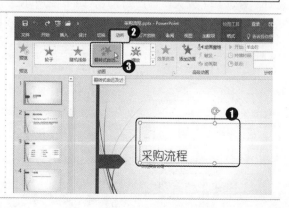

专家点拨——动画库中的动画分类

PowerPoint 2016 提供的预定义动画主要包括进入、强调、退出和动作路径 4 类动画效果。其中，进入效果为对象从隐藏到显示的动画过程，主要用于对象的显示；强调效果主要用于动画已存在于屏幕时以动画方式进行强调；退出效果则主要用于对象以动画方式退出屏幕；动作路径效果则用于制作对象按路径运动的动画效果。

12.2.2 为同一对象添加多个动画效果

在幻灯片中为了让动画效果更好，并且持续不断地以多个动画来展示，就需要按照动画的先后进行设置，如先设置动画的进入效果，再设置强调效果。下面为幻灯片的标题设置 2 个动画，具体操作方法如下。

 同步文件

视频文件：视频文件\第 12 章\12-2-2.mp4

Step01： 打开素材文件"采购流程（动画）.pptx"，❶选择需要设置动画的文本框；❷选择"动画"组中的"飞入"样式，如下图所示。

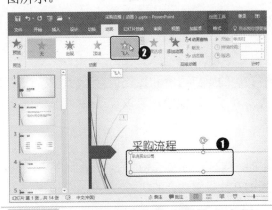

Step02： ❶单击"动画"组中的"效果选项"按钮；❷选择"自左侧"选项，如下图所示。

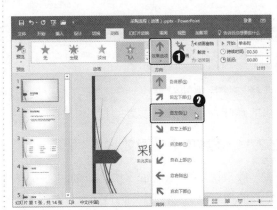

Step03： ❶选择需要设置动画的文本框；❷单击"高级动画"组中的"添加动画"按钮；❷选择"放大/缩小"样式，如下图所示。

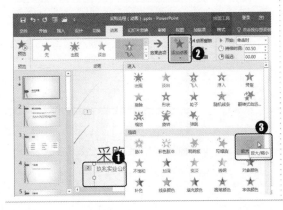

Step04： 经过前面的操作，即可为标题设置 2 种不同的动画，如下图所示。

12.2.3　编辑动画效果

为幻灯片对象添加动画效果后，对动画的运行方式、运行速度、播放顺序等内容进行编辑，可以让动画效果更加符合演示文稿的意图。

 同步文件

　　视频文件：视频文件\第 12 章\12-2-3.mp4

Step01: 打开素材文件"公司简介.pptx"，❶单击"高级动画"组中的"动画窗格"按钮；❷选择第 2 个动画；❸单击"计时"组中"开始"右侧的下拉按钮；❹选择"上一动画之后"选项，如下图所示。

Step02: ❶选择第 3 个动画；❷单击"计时"组中"开始"右侧的下拉按钮；❸选择"与上一动画同时"选项，如下图所示。

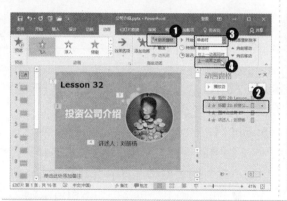

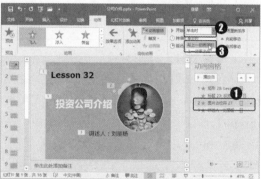

Step03: ❶选择第 4 个动画；❷单击"计时"组中"开始"右侧的下拉按钮；❸选择"上一动画之后"选项，如下图所示。

Step04: ❶选择第 4 个动画；❷在"计时"组中设置延迟时间，如下图所示。

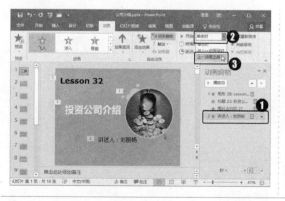

◆ **新手注意**

　　用户在设置动画时通常没有注意动画播放的先后顺序，在播放时觉得顺序不对，然后才对顺序进行调整，如果顺序是对的，则不需要再进行调整。

▷▷ 12.3 课堂讲解——设置幻灯片的交互动画

在设置超链接前，演示文稿中的幻灯片是相对独立的，放映时只能按照顺序依次浏览。通过设置超链接和动作按钮，将各张幻灯片链接在一起，使演示文稿成为一个整体。通过单击即可跳转到相对应的幻灯片。

12.3.1 插入超链接

超链接是指从一个目标指向另一个目标的链接关系，这个目标可以是另一张幻灯片，也可以是相同幻灯片上的不同位置，还可以是一个电子邮件地址、一个文件，甚至是一个应用程序。而在幻灯片中用来超链接的对象，可以是一段文本或者是一个图片。

 同步文件

视频文件：视频文件\第 12 章\12-3-1.mp4

1. 链接到另一张幻灯片

链接到另一张幻灯片是超链接最常用的功能，通过幻灯片彼此的链接，实现放映时的随意跳转，使演讲者更好地控制演讲节奏。实现此功能的具体操作方法如下。

Step01: 打开素材文件"公司介绍（超链接）.pptx"，❶选择需要链接的文本框；❷单击"插入"选项卡；❸单击"链接"组中的"超链接"按钮，如下图所示。

Step02: 打开"插入超链接"对话框，❶选择"本文档中的位置"选项；❷在"请选择文档中的位置"列表框中选择需要超链接的幻灯片；❸单击"确定"按钮，如下图所示。

Step03: 经过前面的操作，进入播放状态，指向设置了超链接的对象时，鼠标指针会变成手形🖐，此时单击即可跳转至目标幻灯片，如右图所示。

2．链接到网站

在商务演讲中，可能需要随时上网查阅资料，如查看公司网站上的产品信息等。通过在幻灯片中添加指向公司网站的超链接，省去切换放映状态、打开浏览器并输入网址的麻烦。例如，将指定的文本链接至"百度"网站，具体操作方法如下。

Step01： ❶在第 3 张幻灯片中输入要链接的文本；❷单击"链接"组的"超链接"按钮，如下图所示。

Step02： 打开"插入超链接"对话框，❶选择"现有文件或网页"选项；❷在"地址"组合框中输入需要链接的网址；❸单击"确定"按钮，如下图所示。

Step03： 经过前面的操作，进入播放状态，指向设置了超链接的对象时，鼠标指针会变成手形，在指针下方会显示出链接的网址，此时单击超链接文本即可自动打开网址，如右图所示。

3．链接到其他文件

在演讲过程中，可能需要查看与演示文稿内容相关的其他资料，直接设置跳转到其他文件的超链接即可。具体操作方法如下。

Step01： 选中最后一张幻灯片中的正文文本框，单击"超链接"按钮，❶在"查找范围"中选择文件路径；❷选择需要链接的文件；❸单击"确定"按钮，如下图所示。

Step02： 经过上一步的操作，进入播放状态，指向设置了超链接的对象，鼠标指针会变成手形，此时单击超链接文本即可将链接的文件打开，如下图所示。

4．编辑超链接

为对象设置超链接后，可以继续对超链接进行编辑，包括更改超链接文本颜色、删除超链接，如果对图形进行超链接，还可以使用屏幕提示的功能进行说明。下面介绍编辑超链接颜色和取消超链接的方法，具体操作方法如下。

Step01: ❶选中超链接的文本，单击"设计"选项卡；❷单击"变体"组中的"其他"按钮；❸选择"颜色"选项；❹选择"自定义颜色"选项，如下图所示。

Step02: 弹出"新建主题颜色"对话框，❶设置超链接颜色；❷单击"保存"按钮，如下图所示。

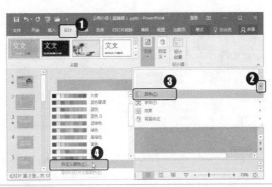

Step03: ❶右击第 3 张幻灯片中的超链接；❷选择快捷菜单中的"取消超链接"命令，如下图所示。

Step04: 取消超链接后，在幻灯片放映状态下，将鼠标指针移至文本时就不会显示手形图标，如下图所示。

12.3.2 插入动作按钮

除了使用超链接实现幻灯片之间的跳转外，还可以使用动作设置。动作设置比超链接功能更为强大，通过为所选对象添加一个动作，不仅可以实现单击该对象跳转到指定链接目标，还可以实现鼠标悬停时执行指定操作的功能。动作设置除了通过添加动作按钮来实现，还可以通过为对象添加动作来实现。

同步文件

视频文件：视频文件\第 12 章\12-3-2.mp4

1．添加动作按钮

在幻灯片中添加动作按钮，即可为该按钮设置动作链接，指定该按钮在放映时要发生的动作。要实现此功能，首先要在幻灯片中添加或绘制动作按钮。具体操作方法如下。

Step01: 打开素材文件"公司介绍（动作按钮）.pptx"，❶选中第3张幻灯片，切换至幻灯片母版中，单击"插入"选项卡；❷单击"插图"组中的"形状"按钮；❸选择"开始"样式，如下图所示。

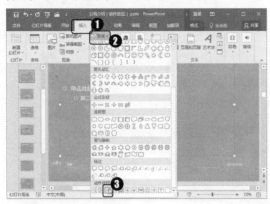

Step02: 回到幻灯片界面后，按住鼠标左键不放拖动，绘制动作按钮的大小，如下图所示。

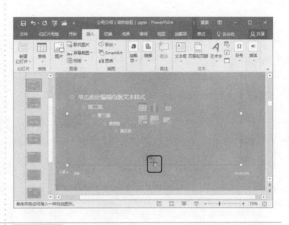

Step03: 打开"操作设置"对话框，❶设置要超链接到的幻灯片；❷单击"确定"按钮，如下图所示。

Step04: 使用相同的方法，在幻灯片母版中插入其他动作按钮，如"后退和前一项""前进和下一项""结束"，绘制完成后，选中绘制的所有动作按钮并拖动调整位置，如下图所示。

Step05: 绘制完动作按钮后，切换至幻灯片浏览视图即可查看绘制的动作按钮，如果所有的幻灯片都是用的同一个版式，那么绘制的动作按钮将会在所有幻灯片中显示，效果如右图所示。

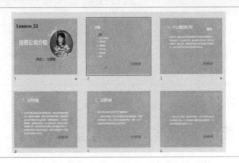

2. 为对象添加动作设置

链接到另一张幻灯片是超链接最常用的功能，通过幻灯片彼此的链接，实现放映时的随意跳转，使演讲者更好地控制演讲节奏。要实现此功能的具体操作方法如下。

Step01: ❶选中第 14 张幻灯片中要设置动作的形状；❷单击"链接"组中的"动作"按钮，如下图所示。

Step02: 打开"操作设置"对话框，❶选择"超链接到"单选按钮，单击"下一张幻灯片"右侧的下拉按钮；❷选择"幻灯片"选项，如下图所示。

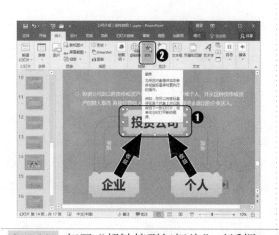

Step03: 打开"超链接到幻灯片"对话框，❶在"幻灯片标题"列表框中选择需要链接的对象；❷单击"确定"按钮，如下图所示。

Step04: 返回至"操作设置"对话框，单击"确定"按钮，如下图所示。

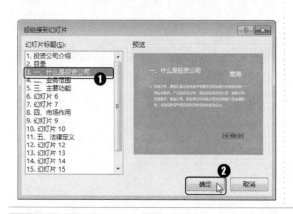

◆ **专家点拨——超链接与动作按钮的区别**

　　超链接是将幻灯片中的某一部分与另一部分链接起来，它链接到本文档中的幻灯片，也可以链接到其他文件；插入动作只能与指定的幻灯片进行链接两者应用区域不同，但都十分有用。

▷▷ 高手秘籍——实用操作技巧

　　通过对前面知识的学习，相信读者朋友已经掌握了设置幻灯片切换动画、幻灯片对象动画、对象的超链接等操作方法。下面结合本章内容介绍一些实用技巧。

📖 同步文件

视频文件：视频文件\第12章\高手秘籍.mp4

技巧01　创建路径动画

在软件应用中，"路径"是一个通用词汇，如文件有保存路径、图像处理软件 Photoshop 中也有路径。不同的场合中定义不一样，但在 PPT 中，路径动画就是幻灯片对象沿着指定的线路进行移动，所以很多人把路径动画称为轨迹动画。

Step01: 打开素材文件"路径动画.pptx"，❶选中文本框，单击"动画"选项卡；❷在"动画"组中选择"循环"路径动画，如下图所示。

Step02: 添加路径动画后，如果觉得路径太小，可以拖动调整路径动画的大小，如下图所示。

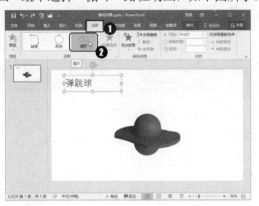

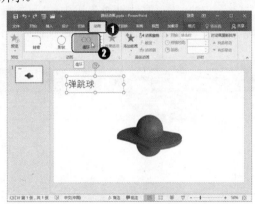

Step03: ❶选中图片；❷在"动画"组中选择"自定义路径"样式，如下图所示。

Step04: 按住鼠标左键不放拖动绘制路径，完成后双击进行确认，如下图所示。

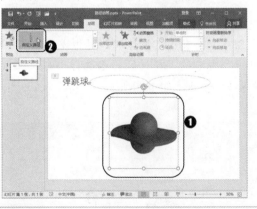

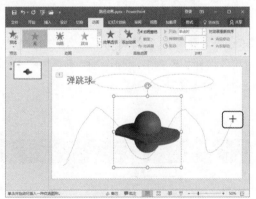

技巧02　在幻灯片母版中创建母版动画

在幻灯片中，不仅可对各幻灯片中的对象设置动画，为了让某些特定图片或内容一直显示动画效果，则可以对这部分内容使用母版动画来实现。具体操作方法如下。

Step01: 打开素材文件"母版动画.pptx"，❶切换至幻灯片母版视图，单击"插入"选项卡；❷单击"图像"组中的"图片"按钮，如下图所示。

Step02: 打开"插入图片"对话框，❶选择图片存放路径；❷单击需要插入的图片；❸单击"插入"按钮，如下图所示。

Step03: ❶选中插入的图片，单击"动画"选项卡；❷单击"高级动画"组中的"添加动画"按钮；❸选择"直线"动作路径，如下图所示。

Step04: 默认为向下的直线路径，可拖动调整路径方向，如下图所示。

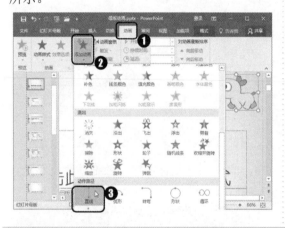

Step05: ❶单击"高级动画"组中的"动画窗格"按钮；❷右击动画选项；❸选择"计时"命令，如下图所示。

Step06: 打开"向下"对话框，❶单击"期间"右侧的下拉按钮；❷选择"非常慢（5秒）"选项，如下图所示。

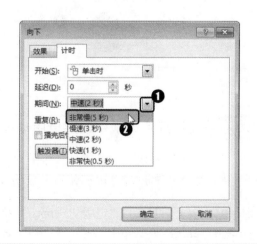

Step07: ❶在"重复"下拉列表框中选择"直到幻灯片末尾"选项；❷单击"确定"按钮，如下图所示。

Step08: 关闭"动画窗格"，❶选择插入的图片；❷单击"计时"组中"开始"右侧的下拉按钮；❸选择"与上一动画同时"选项，如下图所示。

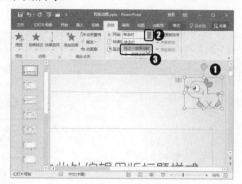

技巧 03　添加动画触发器设置动画被触发的条件

　　动画触发器的作用就是让动画在播放前必须单击幻灯片中的指定对象才会执行。这样可以避免动画随意出现造成的播放困扰，也能充分满足用户的自定义需求。

Step01: 打开素材文件"触发器.pptx"，❶单击"插入"选项卡；❷单击"插图"组中的"形状"按钮；❸选择"矩形"样式，如下图所示。

Step02: 回到幻灯片界面后，按住鼠标左键不放拖动绘制矩形大小，如下图所示。

Step03: ❶选中绘制的矩形，单击"格式"选项卡"形状样式"组中的对话框启动按钮；❷在"填充"选项组中拖动调整透明度为100%；❸选择"无线条"单选按钮，如右图所示。

Step04: ❶单击"动画"选项卡；❷设置动画为"浮入"样式；❸单击"高级动画"组中的"动画窗格"按钮；❹右击设置的动画选项；❺选择"计时"命令，如下图所示。

Step05: 打开"上浮"对话框，❶设置"期间"为"慢速（3秒）"；❷选择"单击下列对象时启动效果"单选按钮；❸在右侧下拉列表框中选择"矩形2"选项；❹单击"确定"按钮，如下图所示。

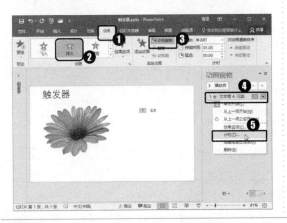

技巧 04　为幻灯片添加电影字幕式效果

在幻灯片动画设置中，除了应用普通的动画效果外，还可以设置电影字幕式的动画效果。具体操作方法如下。

Step01: 打开素材文件"字幕.pptx"，❶选择要设置动画的文本，单击"添加动画"按钮；❷选择"更多进入效果"选项，如下图所示。

Step02: 打开"添加进入效果"对话框，❶选择"华丽型"选项组中的"字幕式"样式；❷单击"确定"按钮，如下图所示。

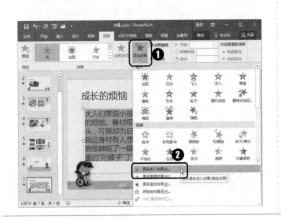

▷▷ 上机实战——制作交互式课件 PPT

▶▶ 上机介绍

对于课件类型的演示文稿，不需要制作特别多的动画效果，因为课件在使用时，只要根据讲解的内容进行播放即可。本例主要是通过制作动画、动作、超链接等方法，为幻灯片的相关对象设置一定的动画或动作效果。最终效果如下图所示。

同步文件

素材文件：原始文件\第 12 章\《企业财务会计》课件.pptx
结果文件：结果文件\第 12 章\《企业财务会计》课件.pptx
视频文件：视频文件\第 12 章\上机实战.mp4

▶▶步骤详解

本实例的具体操作步骤如下。

Step01： 打开素材文件"《企业财务会计》课件.pptx"，❶选择标题文本框；❷单击"动画"选项卡；❸选择"动画"组中的"飞入"样式，如下图所示。

Step02： ❶单击"动画"组中的"效果选项"按钮；❷选择"自左侧"选项，如下图所示。

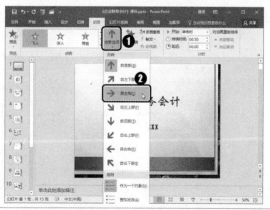

Step03: ❶选择标题文本框；❷单击"高级动画"组中的"添加动画"按钮；❸选择"加深"样式，如下图所示。

Step04: ❶选择副标题文本框；❷选择"动画"组中的"淡出"样式，如下图所示。

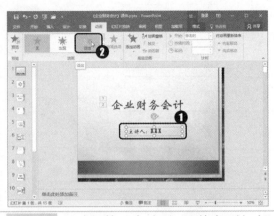

Step05: ❶单击"高级动画"组中的"动画窗格"按钮；❷选择第2个动画；❸单击"计时"组中"开始"右侧的下拉按钮；❹选择"与上一动画同时"选项，如下图所示。

Step06: ❶选择第3个动画；❷单击"计时"组中"开始"右侧的下拉按钮；❸选择"上一动画之后"选项，如下图所示。

Step07: 其他幻灯片的动画效果可根据结果文件进行设置，❶选中第8张幻灯片中的部分内容；❷单击"插入"选项卡；❸单击"链接"组中的"动作"按钮，如下图所示。

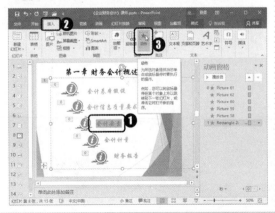

Step08: 打开"操作设置"对话框，❶单击"鼠标悬停"选项卡；❷选择"超链接到"单选按钮；❸单击"下一张幻灯片"右侧的下拉按钮；❹选择"幻灯片"选项，如下图所示。

Step09: 打开"超链接到幻灯片"对话框，
❶选择"11.会计要素"选项；❷单击"确定"
按钮，如下图所示。

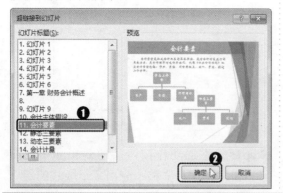

Step10: 返回"操作设置"对话框，❶勾选
"播放声音"复选框；❷选择"风声"选项；
❸单击"确定"按钮，如下图所示。

Step11: ❶制作一个返回的形状，并选中；
❷单击"插入"选项卡；❸单击"链接"组
中的"超链接"按钮，如下图所示。

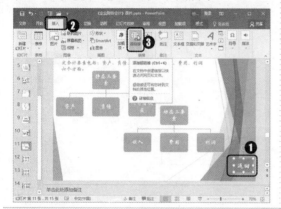

Step12: 打开"插入超链接"对话框，❶选
择"本文档中的位置"选项；❷选择"请选
择文档中的位置"列表框中的"8."选项；
❸单击"确定"按钮，如下图所示。

Step13: ❶选择第2张幻灯片，单击"视图"
选项卡；❷单击"母版视图"组中的"幻灯
片母版"按钮，如下图所示。

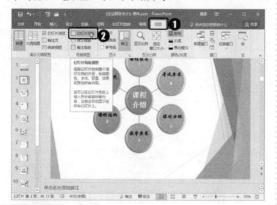

Step14: ❶单击"插入"选项卡；❷单击"插
图"组中的"形状"按钮；❸选择"结束"
样式，如下图所示。

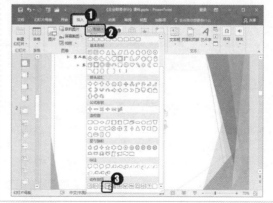

Step15: 回到幻灯片界面后，按住鼠标左键不
放拖动绘制动作按钮的大小，如下图所示。

Step16: 打开"操作设置"对话框，❶设置
超链接到的幻灯片；❷单击"确定"按钮，
效果如下图所示。

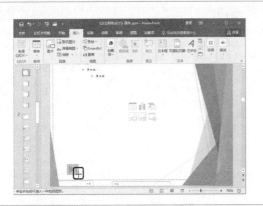

Step17: ❶使用相同的方法，在幻灯片母版中插入其他按钮，如"后退和前一项""前进和下一项""开始"；❷绘制完成后单击"关闭"组中的"关闭母版视图"按钮，如下图所示。

Step18: 添加动作按钮后的效果如下图所示。如果在演示文稿中应用多个版式的幻灯片或者多个母版，插入的动作按钮只能显示在相同类型的幻灯片中，其他不同类型的则不显示。

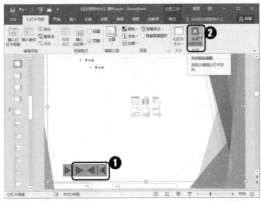

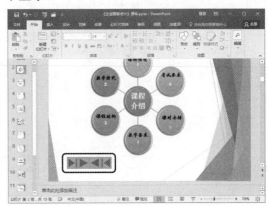

Step19: ❶单击"切换"选项卡；❷单击"切换到此幻灯片"组中的"擦除"样式，如下图所示。

Step20: ❶单击"切换到此幻灯片"组中的"效果选项"按钮；❷选择"从左上部"选项，如下图所示。

Step21: ❶在"计时"组中设置幻灯片切换选项；❷单击"全部应用"按钮，如右图所示。单击"全部应用"按钮后，该演示文稿中的所有幻灯片都使用此效果进行切换。

▷▷ 本章小结

　　本章主要介绍了如何为幻灯片的对象设置动画效果，根据幻灯片的内容设置动作按钮，以及为播放幻灯片设置切换效果。通过本章的学习，相信读者朋友可以根据自己的需要为幻灯片添加动画效果。

第 13 章　PowerPoint 2016 演示文稿的放映与输出

本章导读

　　创建演示文稿的目的是通过放映，将演示文稿的内容展现出来，体现演讲者的意图。因此，放映是非常重要的。在 PowerPoint 2016 中提供了很多功能，如插入声音和视频、添加幻灯片动画、设置幻灯片切换等，只有在放映时才能观赏到效果。此外，如果不能直接放映演示文稿，可以将演示文稿打包成 CD 或者发布到 Web 上分享幻灯片。

知识要点

➢ 掌握设置幻灯片放映方式的方法
➢ 掌握放映幻灯片的方法
➢ 掌握将演示文稿制作成视频的方法
➢ 掌握打包和发布幻灯片的方法

效果展示

▷▷ 13.1　课堂讲解——设置放映方式

制作好演示文稿后，可通过放映演示文稿来观看幻灯片的总体效果。在放映之前，对放映的方式进行设置也非常重要。

13.1.1　设置放映类型

幻灯片放映类型包括演讲者放映、观众自行浏览、在展台浏览。根据不同的场合，灵活选择幻灯片放映类型，以达到更好的展示目的。例如，设置放映方式为观众自动，具体操作方法如下。

同步文件

视频文件：视频文件\第 13 章\13-1-1.mp4

Step01： 打开素材文件"目录.pptx"，❶单击"幻灯片放映"选项卡；❷单击"设置"工具组中的"设置幻灯片放映"按钮，如下图所示。	**Step02：** 打开"设置放映方式"对话框，❶在"放映类型"选项组中选择"观众自行浏览"单选按钮；❷单击"确定"按钮，如下图所示。

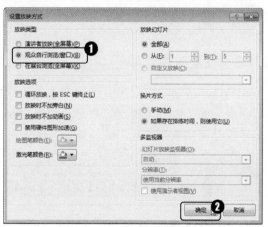

 专家点拨——放映类型的功能

- 演讲者放映（全屏幕）：在放映幻灯片时呈全屏显示。在演示文稿的播放过程中，演讲者具有完整的控制权，可根据设置采用人工或自动方式放映，也可以暂停演示文稿的放映，对幻灯片中的内容作标记，还可以在放映过程中录入旁白。
- 观众自行浏览（窗口）：在放映幻灯片时将在标准窗口中显示演示文稿的放映情况。在播放过程中，不能通过单击进行放映，但可以通过拖动滚动条浏览幻灯片。
- 在展台浏览（全屏幕）：将自动运行全屏幻灯片放映。在放映过程中，除了保留鼠标指针用于选择屏幕对象进行放映外，其他的功能全部失效，要终止放映可按〈Esc〉键，如果放映完毕 5 分钟后无其他指令将循环放映演示文稿，故又被称为自动放映方式。

13.1.2　放映指定的幻灯片

在制作好的演示文稿中，如果本次不放映所有的幻灯片，只播放部分幻灯片，可以在"设置放映方式"对话框中设置播放的幻灯片，具体操作方法如下。

同步文件
视频文件：视频文件\第 13 章\13-1-2.mp4

Step01: 打开素材文件"企业总结.pptx"，❶单击"幻灯片放映"选项卡；❷单击"设置"组中的"设置幻灯片放映"按钮，如下图所示。

Step02: 打开"设置放映方式"对话框，❶在"放映幻灯片"选项组中设置放映的幻灯片；❷单击"确定"按钮，如下图所示。

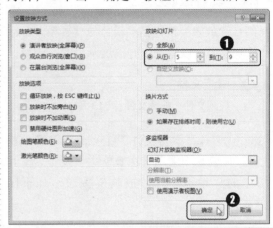

13.1.3　设置放映选项

在幻灯片放映中，只设置了放映类型和放映指定的幻灯片，将会对幻灯片的内容从头到尾进行播放。如果需要设置幻灯片是否循环放映，是否加旁白、动画等，就需要设置放映选项。下面设置循环播放幻灯片，具体操作方法如下。

同步文件
视频文件：视频文件\第 13 章\13-1-3.mp4

Step01: 打开素材文件"企业总结（设置放映选项）.pptx"，❶单击"幻灯片放映"选项卡；❷单击"设置"组中的"设置幻灯片放映"按钮，如下图所示。

Step02: 打开"设置放映方式"对话框，❶在"放映选项"选项组中勾选"循环放映，按 ESC 键终止"复选框；❷单击"确定"按钮，如下图所示。

13.1.4 使用排练计时

要实现演示文稿的自动播放，可以通过设置幻灯片切换时间来实现。但是如果每张幻灯片的持续时间不一样，需要一张一张地设置，不仅烦琐，而且不好掌握时间。因此，最佳的方式是通过使用排练计时功能，模拟演示文稿的播放过程，从而自动记录每张幻灯片的持续时间，自动设置幻灯片切换时间。

同步文件

　　视频文件：视频文件\第13章\13-1-4.mp4

Step01： 打开素材文件"企业总结（排练计时）.pptx"，❶单击"幻灯片放映"选项卡；❷单击"设置"组中的"排练计时"按钮，如下图所示。

Step02： 当第一张幻灯片的播放时间合适后，单击"录制"窗格中的"下一项"按钮➜，继续设置下一张幻灯片的播放时间，直至设置完最后一张幻灯片，如下图所示。

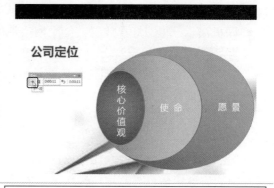

Step03： 排练计时完成后，会弹出提示对话框，单击"是"按钮，保留幻灯片计时。进入幻灯片浏览视图，在每张幻灯片下方显示计时时间，如下图所示。

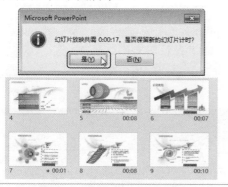

新手注意

　　"录制"窗格中有两个计时，前面一个表示当前幻灯片的播放时间，后面一个表示整个PPT当前播放总共使用的时间。若在排练过程中出现差错，可以单击"录制"窗格中的"重复"按钮↺，重新开始当前幻灯片的排练计时；如果单击"录制"窗格中的"暂停"按钮‖，可以暂停当前的排练，并弹出"Microsoft PowerPoint"提示对话框，需要继续的话则单击对话框中的"继续录制"按钮。

 专家点拨——设置换片方式

　　设置完幻灯片放映方式后，如果放映的幻灯片不需要自动播放，则可以在"设置放映方式"对话框中设置换片方式为"手动"；如果该演示文稿使用了排练计时，也可以使用排练计时的方式进行幻灯片放映。

▷▷ 13.2 课堂讲解——放映幻灯片

当设置好放映前的选项后，接下来就可以观看幻灯片放映了，用户可以选择开始放映的位置，还可以在放映过程中进行控制。

13.2.1 启动幻灯片放映

设置好放映方式后，即可开始放映幻灯片。在 PowerPoint 2016 中，"幻灯片放映"选项卡的"开始放映幻灯片"组中包括"从头开始""从当前幻灯片开始""联机演示"和"自定义幻灯片放映"4 种方式，单击相应的按钮即可设置对应的幻灯片放映方式。

- 从头开始：指无论选择哪张幻灯片，播放时都会从第一张幻灯片开始放映。
- 从当前幻灯片开始：指播放幻灯片时从当前选定的幻灯片开始放映。
- 联机演示：将幻灯片放置在一个网络地址中，使用户能够与任何人、在任何位置轻松共享演示文稿。只需发送一个链接并单击，所邀请的每个人就能够在 Web 浏览器中观看同步的幻灯片放映，即使他们的计算机没有安装 PowerPoint 2016 也没关系。
- 自定义幻灯片放映：可以设置需要播放的幻灯片，或调整幻灯片的播放顺序等。

13.2.2 放映中的过程控制

在幻灯片的放映过程中，还可以进行放映过程控制，如定位到指定的幻灯片、使用画笔为幻灯片中的内容作标记等。这些操作都可以通过右键快捷菜单或者单击屏幕左下方提供的控制按钮来实现。

 同步文件

视频文件：视频文件\第 13 章\13-2-2.mp4

Step01: 打开素材文件"企业总结（控制放映过程）.pptx"，单击"开始放映幻灯片"组中的"从头开始"按钮，如下图所示。

Step02: 进入放映状态，❶右击幻灯片；❷选择"查看所有幻灯片"命令，选择要播放的下一张幻灯片，如下图所示。

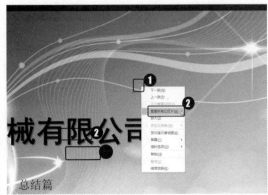

Step03: 将所有幻灯片以浏览视图的方式进行显示，单击需要放映的幻灯片，如下图所示。

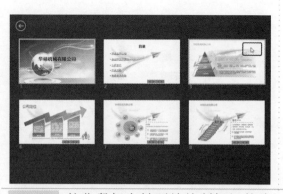

Step04: 在放映时，如果需要对某些重要的内容作标记，❶右击幻灯片；❷选择"指针选项"命令；❸选择"笔"命令，如下图所示。

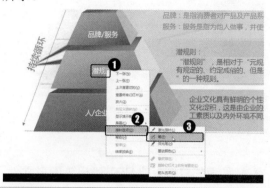

Step05: 按住鼠标左键不放绘制标记的线条，如下图所示。

Step06: 打开"Microsoft PowerPoint"提示对话框，单击"保留"按钮，如下图所示。

▷▷ 13.3　课堂讲解——输出演示文稿

如果要分享演示文稿，但是对方计算机没有安装 PowerPoint 程序，可以将演示文稿打包，或者直接刻录到 CD 上以供播放。

13.3.1　将演示文稿制作成视频文件

为了适应更多幻灯片的播放场合，可以将 PowerPoint 文件转换为视频，这些视频能够高清晰地保留幻灯片的演示风格和动画效果。具体操作方法如下。

同步文件
视频文件：视频文件\第 13 章\13-3-1.mp4

Step01: 打开素材文件"游戏手柄宣传片.pptx"，❶选择"文件"菜单中的"导出"命令；❷单击中间的"创建视频"按钮；❸单击右侧的"创建视频"按钮，如下图所示。

Step02: 打开"另存为"对话框，❶选择视频保存位置；❷输入文件名；❸单击"保存"按钮，如下图所示。

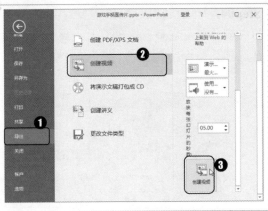

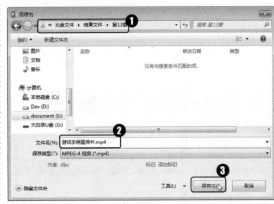

> **知识拓展——将 PPT 输出为图形文件**
>
> 　　根据工作的需要，有时需要将幻灯片输出为图形文件。PowerPoint 支持将演示文稿中的幻灯片输出为 GIF、JPG、PNG、TIFF、BMP、WMF 等格式的图形文件。这有利于用户在更大范围内交换或共享演示文稿中的内容。其方法为：在"另存为"对话框中选择保存路径和输入文件名，在"保存类型"下拉列表框中选择一种图片格式，如"PNG 可移植网络格式"，单击"保存"按钮即可。

Step03: 此时，即可保存为视频文件，在状态栏上显示出视频的制作进度，如下图所示。

Step04: 经过前面的操作，将视频创建到目标位置，效果如下图所示。

13.3.2　打包幻灯片

　　打包演示文稿是共享演示文稿的一个非常实用的功能，通过打包演示文稿，程序会自动创建一个文件夹，包括演示文稿和一些必要的数据文件（如链接文件），以供在没有安装 PowerPoint 的计算机中观看。例如，将演示文稿打包到文件夹，具体操作方法如下。

> **同步文件**
>
> 视频文件：视频文件\第 13 章\13-3-2.mp4

Step01: 打开素材文件"游戏手柄宣传片.pptx"，❶选择"文件"菜单中的"导出"命令；❷单击中间的"将演示文稿打包成CD"按钮；❸在右侧单击"打包成 CD"按钮，如下图所示。

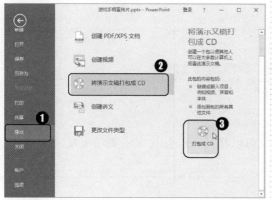

Step02: 打开"打包成 CD"对话框；❶在"将CD 命名为"文本框中输入文件夹名称；❷单击"复制到文件夹"按钮，如下图所示。

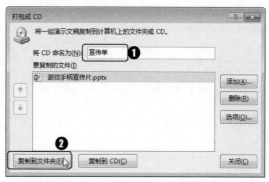

Step03: 打开"复制到文件夹"对话框，单击"浏览"按钮，如下图所示。

Step04: 打开"选择位置"对话框；❶选择CD 保存位置；❷单击"选择"按钮，如下图所示。

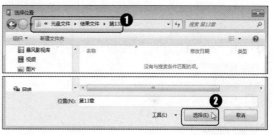

Step05: 返回"复制到文件夹"对话框，单击"确定"按钮，如下图所示。

Step06: 系统将弹出一个对话框提示用户打包演示文稿中的所有链接文件，单击"是"按钮，开始复制到文件夹，如下图所示。

◈　**专家点拨——如何修改打包后的演示文稿**

　　将演示文稿打包后，如果要更改演示文稿的内容，可以直接打开文件夹中的演示文稿，将其中修改后保存即可。

Step07: 开始打包幻灯片，在复制过程中会显示出一个进度对话框，如下图所示。

Step08: 复制完成后，单击"关闭"按钮，如下图所示。

13.3.3　发布幻灯片

将幻灯片发布到幻灯片库中后，在需要的时候可以将其从幻灯片库中调出来使用。具体操作方法如下。

同步文件

视频文件：视频文件\第 13 章\13-3-3.mp4

Step01: 打开素材文件"游戏手柄宣传片.pptx"，❶选择"文件"菜单中的"共享"命令；❷单击中间的"发布幻灯片"按钮；❸单击"发布幻灯片"按钮，如下图所示。

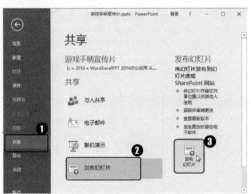

Step02: 打开"发布幻灯片"对话框，❶单击"全选"按钮；❷单击"浏览"按钮，如下图所示。

Step03: 打开"选择幻灯片库"对话框，❶选择文件保存路径；❷单击"选择"按钮，如右图所示。

Step04: 返回"发布幻灯片"对话框，单击"发布"按钮，如下图所示。

Step05: 发布幻灯片后，程序会自动将原来演示文稿中选中的幻灯片，发布到幻灯片库中，如下图所示。

▷▷ 高手秘籍——实用操作技巧

通过对前面知识的学习，相信读者朋友已经学会了放映与输入演示文稿的相关知识。下面结合本章内容介绍一些实用技巧。

同步文件
视频文件：视频文件\第 13 章\高手秘籍.mp4

技巧 01　将演示文稿保存为自动播放的文件

使用 PowerPoint 2016 建立的演示文稿默认保存的格式为 pptx，如果要让演示文稿保存为自动播放的文件，在设置保存选项时选择为幻灯片放映即可。

Step01: 打开素材文件"企业总结.pptx"，❶选择"文件"菜单中的"另存为"命令；❷单击中间的"浏览"按钮，如下图所示。

Step02: 打开"另存为"对话框，❶选择文件保存路径；❷在"保存类型"下拉列表框中选择"PowerPoint 放映（*.ppsx）"选项；❸单击"保存"按钮，如下图所示。

技巧 02　放映幻灯片时隐藏声音图标及鼠标指针

在幻灯片中插入音频后，会在幻灯片中显示音频图标，播放时也会显示出来。如果放映幻灯片时不想显示音频图标和鼠标指针，可以进行相关设置。具体操作方法如下。

Step01: 打开素材文件"旅游景点 1.pptx"，❶选择音频图标，单击"播放"选项卡；❷在"音频选项"组中勾选"放映时隐藏"复选框，如下图所示。

Step02: ❶单击"幻灯片放映"选项卡；❷单击"开始放映幻灯片"组中的"从头开始"按钮，如下图所示。

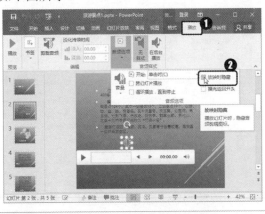

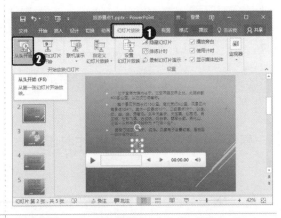

Step03: 进入幻灯片放映状态，❶右击幻灯片；❷ 选择"指针选项"命令；❸选择"箭头选项"命令；❹选择"永远隐藏"命令，如下图所示。

Step04: 经过前面的操作，在幻灯片放映时就不会显示音频图标和鼠标指针了，效果如下图所示。

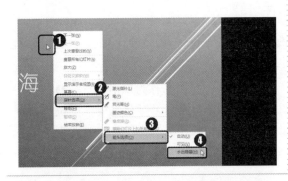

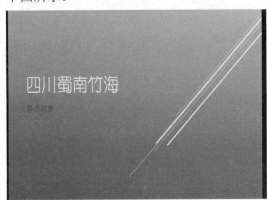

> **专家点拨——如何让隐藏的鼠标指针显示出来**
>
> 在幻灯片放映中，单击鼠标右键，依次选择"指针选项"→"箭头选项"→"自动"或"可见"命令即可。

技巧 03　将演示文稿发布为 PDF 文档

将演示文稿转换为 PDF 格式的文件，不仅安全度更高，而且支持跨平台浏览，是在互联网上进行数字化信息传播的理想文档格式。具体操作方法如下。

Step01: 打开素材文件"旅游景点.pptx"，❶选择"文件"菜单中的"导出"命令；❷单击中间的"创建 PDF/XPS 文档"按钮；❸单击"创建 PDF/XPS"按钮，如下图所示。

Step02: 打开"发布为 PDF 或 XPS"对话框；❶选择文件保存路径；❷单击"发布"按钮，如下图所示。

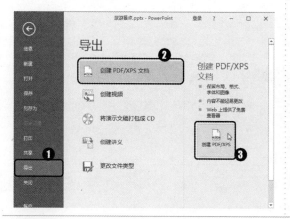

Step03: 演示文稿自动转换完成后，在 PDF 阅读器中显示转换的效果，如下图所示。

Step04: 经过前面的操作，即可将演示文稿转换为 PDF 文档，效果如下图所示。

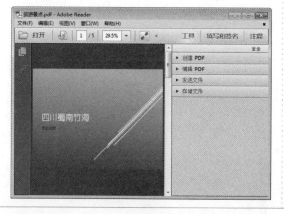

▷▷ 上机实战——放映年终总结演示文稿

≫ 上机介绍

每到年底，在公司或者企业工作的人，无论是员工还是管理者，都要对自己这一年来的工作进行总结。为了让年终总结更加清楚明了，可以制作成演示文稿放映出来，配上自己的演讲内容，即可达到完美的效果。最终效果如下图所示。

 同步文件

素材文件：原始文件\第 13 章\年终总结.pptx
结果文件：结果文件\第 13 章\年终总结
视频文件：视频文件\第 13 章\上机实战.mp4

>> 步骤详解

本实例的具体操作步骤如下。

Step01: 打开素材文件"年终总结.pptx"，❶单击"幻灯片放映"选项卡；❷单击"设置"组中的"排练计时"按钮，如下图所示。

Step02: 当第 1 张幻灯片的播放时间合适后，单击"录制"窗格中的"下一项"按钮→，继续设置下一张幻灯片的播放时间，直至设置完最后一张幻灯片，如下图所示。

Step03: 排练计时完成后，会弹出提示对话框，单击"是"按钮，保留幻灯片计时。进入幻灯片浏览视图，在每张幻灯片下方会显示计时时间，如右图所示。

Step04: 单击"设置"组中的"设置幻灯片放映"按钮，如下图所示。

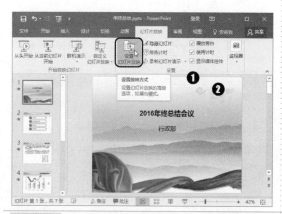

Step06: ❶选择"文件"菜单中的"导出"命令；❷单击中间的"将演示文稿打包成 CD"命令；❸在右侧单击"打包成 CD"按钮，如下图所示。

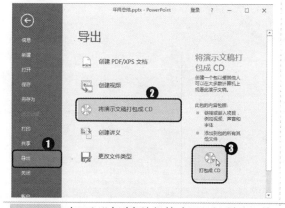

Step08: 打开"复制到文件夹"对话框，单击"浏览"按钮，如下图所示。

Step05: 打开"设置放映方式"对话框，❶设置放映类型为"观众自行浏览（窗口）"；❷单击"确定"按钮，如下图所示。

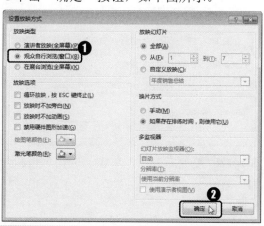

Step07: 打开"打包成 CD"对话框，❶在"将 CD 命名为"文本框中输入文件夹名称；❷单击"复制到文件夹"按钮，如下图所示。

Step09: 打开"选择位置"对话框，❶选择文件保存位置；❷单击"选择"按钮，如下图所示。

Step10: 返回"复制到文件夹"对话框，单击"确定"按钮，如下图所示。

Step11: 系统将弹出一个对话框提示用户打包演示文稿中的所有链接文件，单击"是"按钮。开始复制到指定文件夹，并显示进度对话框，如下图所示。

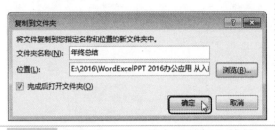

Step12: 复制完成后，单击"关闭"按钮，如下图所示。

Step13: 将年终总结演示文稿打包至结果文件中的效果如下图所示。

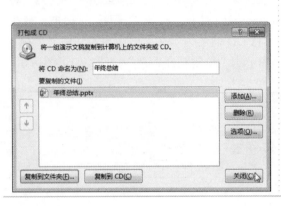

▷▷ 本章小结

　　本章主要学习了幻灯片的放映与输出知识，主要包括幻灯片放映方式、控制放映过程、打包输出等知识点。通过本章的学习，相信读者朋友能够将制作好的幻灯片以各种不同的形式进行放映与输出，以适应不同的放映场合。

第14章 实战应用——Word/Excel/PPT
在文秘与行政办公中的应用

本章导读

　　随着办公自动化在企业中的普及，Office 得到越来越广泛的应用，它可以帮助行政办公人员广泛、全面、迅速地收集、整理、加工、存储和使用信息，使企业内部人员方便快捷地共享信息，高效地协同工作；改变过去复杂、低效的手工办公方式，为科学管理和决策服务，从而达到提高行政效率的目的。本章通过制作考勤制度文档、访客出入登记簿、企业规章制度培训 PPT 等文秘与行政办公中的典型应用实例，介绍 Word、Excel、PowerPoint 三大组件在行政文秘日常工作中的具体应用。

知识要点

➢ 制作公司考勤制度文件
➢ 制作访客出入登记簿
➢ 制作企业规章制度培训 PPT

效果展示

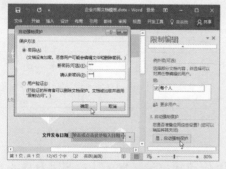

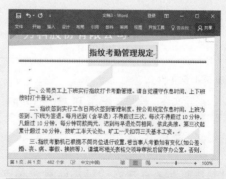

▷▷ 14.1 制作公司考勤制度文件

考勤管理是行政工作中的一个重点内容，每个公司都会制定有适合本公司的考勤制度，而且一般情况下会形成正规的文档进行管理。像这样的文档在公司中还有很多，而这些文档大多具有相同的格式，如相同的页眉、页脚、背景、修饰、字体格式等，若将这些相同的元素制作在一个模板文件中，以后就可以直接应用该模板创建带有这些元素的文件了。本节将制作一个公司的模板文件，并根据模板新建公司考勤制度文件，完成后的效果如下图所示。

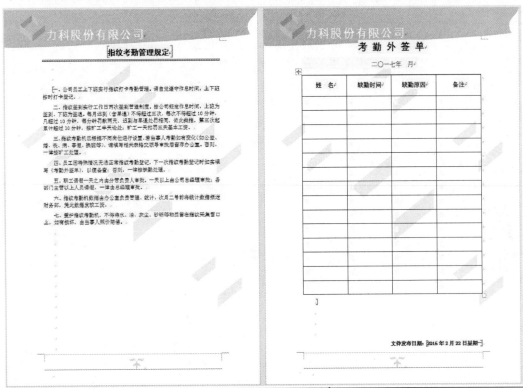

同步文件

视频文件：视频文件\第 14 章\14-1.mp4

14.1.1 创建模板文件

要制作企业文件模板，首先需要在 Word 2016 中新建一个模板文件，同时为该文件添加相关的属性以进行说明和备注。下面就来创建一个模板文件，具体操作方法如下。

Step01： 新建一篇空白文档，❶单击"文件"选项卡，在弹出的"文件"菜单中选择"另存为"命令；❷在中间双击"这台电脑"选项，如下图所示。

Step02： 打开"另存为"对话框，❶选择文件保存路径；❷在"文件名"文本框中输入模板名称；❸在"保存类型"下拉列表框中选择"Word 模板"选项；❹单击"保存"按钮，如下图所示。

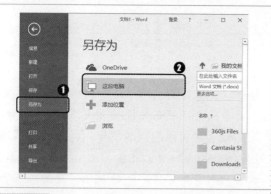

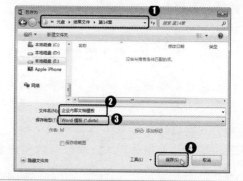

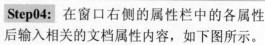

Step03: ❶在"文件"菜单中选择"信息"命令；❷单击"显示所有属性"超级链接，如下图所示。

Step04: 在窗口右侧的属性栏中的各属性后输入相关的文档属性内容，如下图所示。

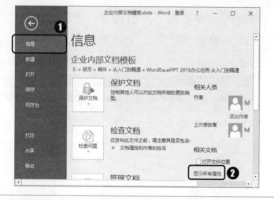

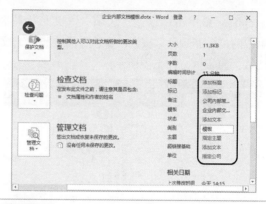

Step05: 制作文档模板时，常常需要使用到"开发工具"选项卡中的一些文档控件。因此，要在 Word 2016 的功能区中显示出"开发工具"选项卡，可在"文件"菜单中选择"选项"命令，如下图所示。

Step06: 打开"Word 选项"对话框，❶选择"自定义功能区"选项；❷在右侧的"自定义功能区"列表框中勾选"开发工具"复选框；❸单击"确定"按钮，如下图所示。

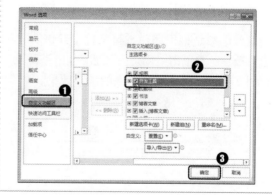

14.1.2　添加模板内容

创建好模板文件后，就可以将需要在模板中显示的内容添加和设置到该文件中，以便今后应用该模板直接创建文件。通常情况下，模板文件中添加的内容应是固定的一些修饰成分，如固定的标题、背景、页面版式等。本例将添加页眉、页脚、背景修饰、格式文本内容控件和日期选择器内容控件等内容到模板文件中。

◆ **专家点拨——掌握排版文档的常规流程**

　　无论是制作模板，还是制作普通的文档，都应学会从全局到细节进行操作，即先对文档进行整体布局，然后再一一对细节进行处理。简单来讲，就是先设置页面格式，确定纸张大小和页边距，将版心位置确定下来，再设置页面的背景颜色和水印等，将整体基调定下来，接着设置各种样式，最好为版心内容中可能涉及的各种页面元素（文字、图、表等）都设置成适当的样式，方便后期驾驭和管理，如果长期需要制作同一种或相似页面效果的文档，或希望自己辛苦调整的样式有着重复使用性，就将文档存储为模板，最后在已经制作成的"空壳"内开始架构文档的内容和各主要组成部分。

Step01: ❶单击"设计"选项卡"页面背景"组中的"页面颜色"按钮；❷选择需要设置为文档背景的颜色，如下图所示。

Step02: ❶单击"页面背景"组中的"水印"按钮；❷选择"自定义水印"选项，如下图所示。

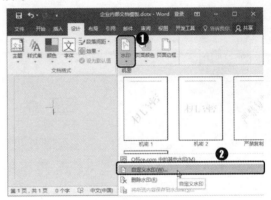

Step03: 打开"水印"对话框，❶选择"图片水印"单选按钮；❷单击"选择图片"按钮，在打开的对话框中选择素材文件中提供的"标志"图片；❸单击"确定"按钮，如下图所示。返回文档中即可查看到插入的水印效果。

Step04: 由于插入的图片有白色的背景色，可将其去除。❶保持图片的选择状态，单击"图片工具-格式"选项卡"调整"组中的"重新着色"按钮；❷选择"设置透明色"选项，如下图所示。

Step05: 此时，鼠标指针将变为 ↙ 形状，将其移动到刚插入图片的白色背景上单击，如下图所示，系统即可拾取所选点的颜色，从而将图片中的所有白色设置为透明色。

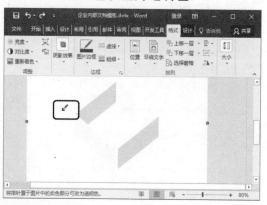

Step06: 复制该图片，并调整图片的大小和位置，直到得到如下图所示的效果。

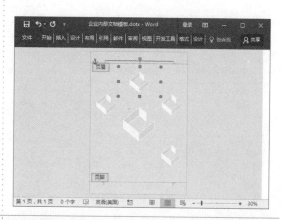

Step07: ❶单击"页眉和页脚工具–设计"选项卡"页眉和页脚"组中的"页眉"按钮；❷选择"编辑页眉"选项，如下图所示。

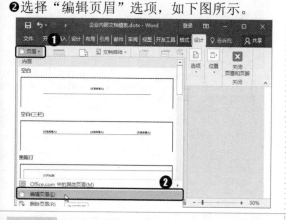

Step08: ❶双击页眉区域中的空白段落；❷单击"开始"选项卡"段落"组中的"下框线"按钮；❸选择"无框线"选项，如下图所示。

Step09: ❶单击"插入"选项卡"插图"组中的"形状"下拉按钮；❷选择"矩形"样式，如下图所示。

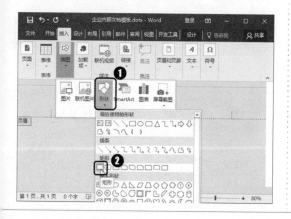

Step10: ❶按住鼠标左键不放，在页眉区域中拖动绘制形状大小；❷单击"绘图工具–格式"选项卡"插入形状"组中的"编辑形状"按钮；❸选择"编辑顶点"选项，如下图所示。

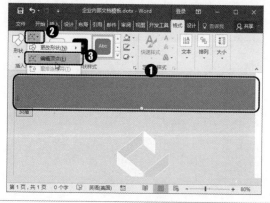

Step11: 拖动调整形状上显示出的节点，直到得到需要的图形效果，如下图所示。

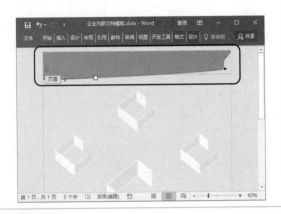

Step12: ❶单击"页眉和页脚工具-设计"选项卡"插入"组中的"图片"按钮；❷在打开的对话框中选择素材文件中提供的"标志"图片，如下图所示。

Step13: ❶单击"图片工具-格式"选项卡"排列"组中的"环绕文字"按钮；❷选择"浮于文字上方"选项，如下图所示。

Step14: ❶拖动调整图片的大小和位置；❷单击"图片工具-格式"选项卡"调整"组中的"删除背景"按钮，如下图所示。

Step15: 此时，图片进入删除背景状态。❶单击"背景消除"选项卡"优化"组中的"标记要保留的区域"按钮；❷在图片中需要保留的部分上单击进行标记；❸单击"关闭"组中的"保留更改"按钮，即可完成图片背景的删除操作，如下图所示。

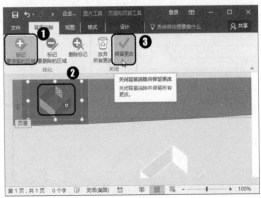

Step16: ❶单击"插入"选项卡"文本"组中的"艺术字"按钮；❷选择需要的艺术字样式，如下图所示。

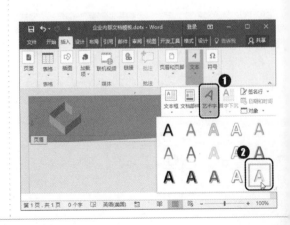

Step17: ❶在艺术字文本框中输入相应的文字内容，并设置合适的格式，再将其移动到页眉中的合适位置；❷单击"页眉和页脚工具-设计"选项卡"导航"组中的"转至页脚"按钮，如下图所示。

Step18: ❶单击"页眉和页脚工具-设计"选项卡"页眉和页脚"组中的"页脚"按钮；❷选择需要的页脚效果，如下图所示。

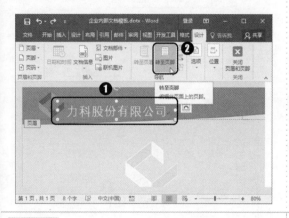

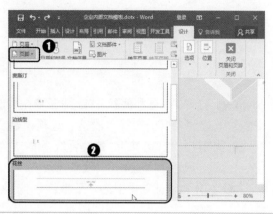

Step19: ❶在"页眉和页脚工具-设计"选项卡"位置"组中的"页脚底端距离"数值框中设置合适的页脚高度；❷单击"关闭"组中的"关闭页眉和页码"按钮，退出页眉和页脚编辑状态，如下图所示。

Step20: 在模板文件中通常要制作出一些固定的格式，可利用"开发工具"选项卡中的格式文本内容控件进行设置。这样，在应用模板创建新文件时就只需要修改少量文字内容即可。单击"开发工具"选项卡"控件"组中的"格式文本内容控件"按钮，如下图所示。

Step21: 单击"开发工具"选项卡"控件"组中的"设计模式"按钮，进入设计模式，如下图所示。

Step22: ❶修改控件中的文本为"单击或点击此处添加标题"，选中整个文本；❷在"字体"组中设置合适的字体格式；❸单击"段落"组中的"居中"按钮；❹单击"边框"按钮；❺选择"边框和底纹"选项，如下图所示。

Step23: 打开"边框和底纹"对话框，❶在"应用于"下拉列表框中选择"段落"选项；❷设置边框类型为"自定义"；❸设置线条样式为"粗-细线"，颜色为"蓝色"，线条宽度为"1.5磅"；❹单击"预览"栏中的"下框线"按钮；❺单击"确定"按钮，如右图所示。

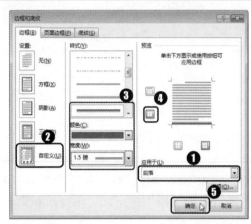

Step24: ❶在第 3 行处插入格式文本内容控件，修改其中的文本并设置合适的格式；❷单击"控件"组中的"属性"按钮，如下图所示。

Step25: 打开"内容控件属性"对话框，❶设置标题为"正文"；❷勾选"内容被编辑后删除内容控件"复选框；❸单击"确定"按钮，如下图所示。

Step26: ❶在文档合适位置输入文本"文件发布日期"；❷单击"开发工具"选项卡"控件"组中的"日期选取器内容控件"按钮，如下图所示。

Step27: ❶为内容控件设置合适的格式；❷单击"控件"组中的"属性"按钮，如下图所示。

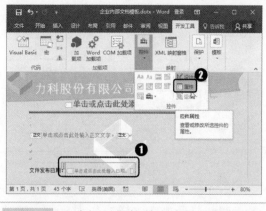

Step28: 打开"内容控件属性"对话框，❶勾选"无法删除内容控件"复选框；❷在"日期显示方式"列表框中选择日期格式；❸单击"确定"按钮，如下图所示。

Step29: ❶选择日期控件所在的段落；❷单击"开始"选项卡"段落"组中的"右对齐"按钮；❸设置文本字体为"宋体"，字号为"小四"，如下图所示。

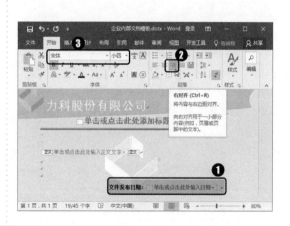

14.1.3 定义文本样式

为方便在应用模板创建文件时能快速设置内容格式，可在模板中预先设置一些可用的样式效果，在编辑文件时直接选择相应样式即可。本例直接将标题文本格式创建为一个样式，再修改正文文本的样式，具体操作方法如下。

Step01: ❶选择顶部标题段落；❷单击"开始"选项卡"样式"组中的"样式"按钮；❸选择"创建样式"选项；❹在打开的对话框中设置样式名称为"文档标题"；❺单击"确定"按钮，如下图所示。

Step02: ❶在"开始"选项卡"样式"组列表框中的"正文"样式上单击鼠标右键；❷在弹出的快捷菜单中选择"修改"命令，如下图所示。

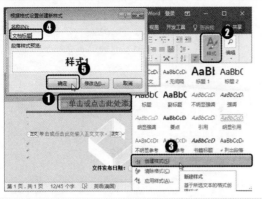

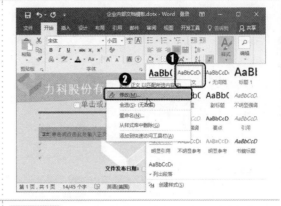

Step03: 打开"修改样式"对话框，❶在"格式"选项组中设置文字格式；❷单击"格式"按钮；❸选择"段落"选项，如下图所示。

Step04: ❶在打开的"段落"对话框中设置缩进为首行缩进 2 字符；❷单击"确定"按钮，如下图所示。

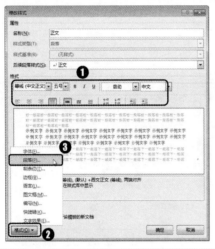

◆ **新手注意**

　　设置样式时一定要注意该样式的应用范围，在"创建样式"或"修改样式"对话框的下方即可进行设置，可以是添加到样式库中的，也可以仅仅用于当前文档的样式，还可以是用于通过相同模板创建的所有文档中。

Step05: 返回"修改样式"对话框，❶选择底部的"基于该模板的新文档"单选按钮；❷单击"确定"按钮关闭对话框，如下图所示。

Step06: 返回文档中可看到页眉的文字采用了修改后的正文样式，❶双击页眉处进入页眉页脚编辑状态；❷删除页眉文本前的空格；❸单击"页眉和页脚工具-设计"选项卡"关闭"组中的"关闭页眉和页码"按钮，如下图所示。

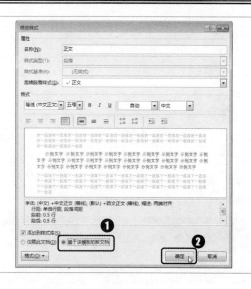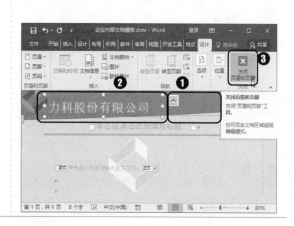

14.1.4 保护模板文件

为了在应用模板创建新文件时用户只能对特定的内容进行修改，不影响到模板的整体结构及其修饰效果，应对模板文件进行保护。具体操作方法如下。

Step01: ❶在"文件"菜单中选择"信息"命令；❷单击右侧的"保护文档"按钮；❸选择"限制编辑"选项，如下图所示。

Step02: 打开"限制编辑"任务窗格，❶勾选"仅允许在文档中进行此类型的编辑"复选框；❷选择文档中的标题文本内容控件；❸勾选"限制编辑"任务窗格中"例外项"列表框中的"每个人"复选框，如下图所示。

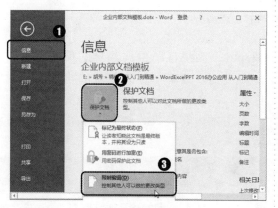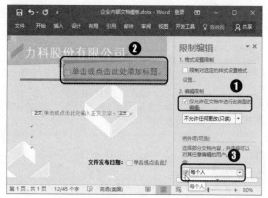

◈ 专家点拨——保护文档

当文档需要多次修改和编辑，或将文档作为模板，而文档中有部分内容不需要被修改时，可对文档进行保护。在保护文档时，可在"限制编辑"任务窗格中设置禁止对指定样式的格式进行修改或对内容进行编辑，设置完成后需保存文件。

Step03： ❶选择文档中的正文格式文本内容控件；❷勾选"限制编辑"任务窗格中"例外项"列表框中的"每个人"复选框，如下图所示。

Step04： ❶选择文档中发布日期处的日期选取器内容控件；❷勾选"限制编辑"任务窗格中"例外项"列表框中的"每个人"复选框；❸单击"是，启动强制保护"按钮；❹打开"启动强制保护"对话框，选择"密码"单选按钮；❺在"新密码"文本框中设置文档保护的密码"123"，并在"确认新密码"文本框中再次输入密码；❻单击"确定"按钮，如下图所示。设置完成后保存并关闭文件即可。

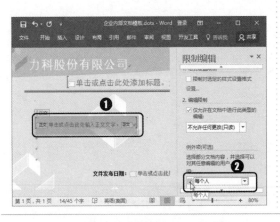
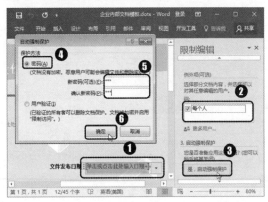

14.1.5　应用模板新建考勤制度文件

要应用模板创建新文件，可在操作系统的资源管理器中双击模板文件图标，或通过"新建"命令来根据模板创建一个空白文档，然后在模板中添加相应的内容，最后保存制作的新文档即可。下面就应用刚创建的文件模板新建指纹考勤管理规定文档。

Step01： ❶在"文件"菜单中选择"新建"命令；❷在右侧单击"个人"选项卡；❸选择刚刚创建的模板文件选项，如下图所示。

Step02： 系统自动根据选择的模板新建一篇空白文档，❶单击标题区域的格式文本内容控件，输入标题文字；❷单击文档中的正文格式文本内容控件，输入正文内容，如下图所示。

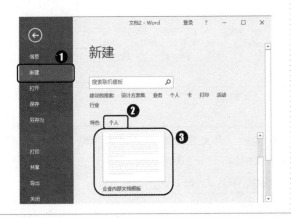
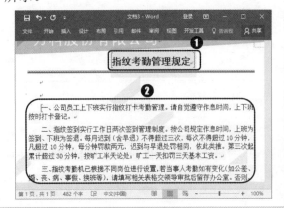

Step03: ❶单击"插入"选项卡"表格"组中的"表格"按钮；❷选择"插入表格"命令；❸打开"插入表格"对话框，在"列数"和"行数"数值框中输入如下图所示的值；❹单击"确定"按钮。

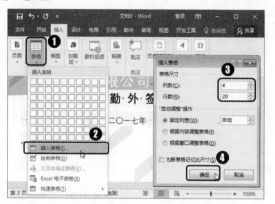

Step04: ❶在表格第 1 行中输入相应的表头内容，并设置合适的字体格式；❷单击"段落"组中的"居中"按钮，如下图所示。

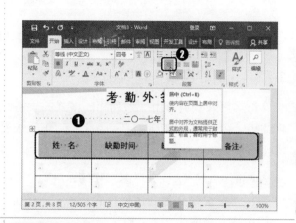

Step05: ❶选择多余的行；❷单击"表格工具-布局"选项卡"行和列"组中的"删除"按钮；❸选择"删除行"选项，如下图所示。

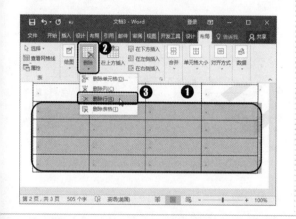

Step06: ❶单击文档末尾的"文件发布日期"文本右侧的日期选择器内容控件中的下拉按钮；❷在弹出的日期面板中选择文件发布的日期，这里单击"今日"按钮，如下图所示。

▷▷ 14.2　制作访客出入登记簿

　　许多单位都会对出入公司的客人进行出入登记，尤其是对访问公司重要部门的客人进行登记，一般由公司前台和企业大门处负责进行登记。访客出入登记簿上的数据可以方便相关人员掌握并管理企业的来访人员动态，减少安全漏洞，同时还可以提升企业形象。本小节就来制作一个简单的访客出入登记簿，完成后的效果如下图所示。

同步文件

　　视频文件：视频文件\第 14 章\14-2.mp4

14.2.1　创建表格

　　访客出入登记簿由一系列相同格式的表格组成，来访客人只需要在表格中如实记录各项数据即可。由于格式的一致性，因此先制作一张表格，然后通过复制来获得其他表格即可，具体操作方法如下。

Step01: ❶新建一个空白工作簿，并以"访客出入登记簿"为名进行保存；❷在各单元格中输入相应的文本；❸选择 A1:A2 单元格区域；❹单击"开始"选项卡"对齐方式"组中的"合并后居中"按钮，如下图所示。

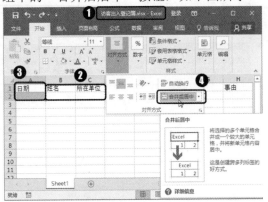

Step02: ❶使用相同的方法合并表格中的其他单元格，并设置合适的字体格式和对齐方式；❷选择所有要设置为表格填写内容的单元格区域；❸单击"字体"组中的"边框"按钮；❹选择"所有框线"选项，如下图所示。

Step03: ❶选择 B 列单元格区域；❷单击"单元格"组中的"插入"按钮，如下图所示。

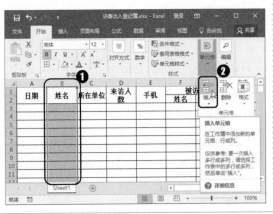

Step04: ❶在插入列的第一个单元格中输入"预约"；❷选择 B1:B2 单元格区域；❸单击"合并后居中"按钮，如下图所示。

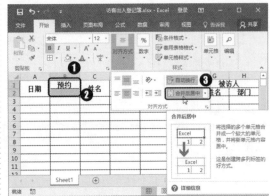

14.2.2 编辑表格

完成表格内容和框架的制作后，为了方便后期数据的输入，还可以对各列单元格输入数据的格式进行设置、对允许输入的内容进行规范化，具体操作方法如下。

Step01: ❶选择 A 列单元格；❷单击"数字"组中列表框右侧的下拉按钮；❸选择"短日期"选项，如下图所示。

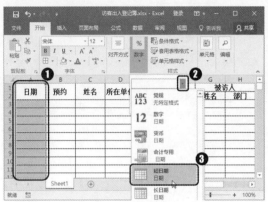

Step02: ❶选择 F 列单元格区域；❷单击"数字"组中列表框右侧的下拉按钮；❸选择"文本"选项，如下图所示。

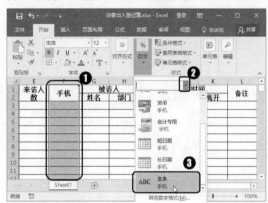

Step03: ❶选择 J 列和 K 列单元格区域；❷单击"数字"组中列表框右侧的下拉按钮；❸选择"时间"选项，如下图所示。

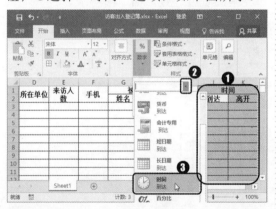

Step04: ❶选择 B 列单元格区域；❷单击"数据"选项卡"数据工具"组中的"数据验证"按钮，如下图所示。

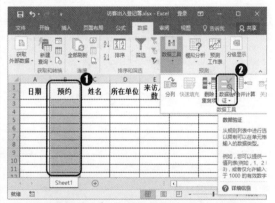

Step05: 打开"数据验证"对话框，❶在"设置"选项卡的"允许"下拉列表框中选择"序列"选项；❷在"来源"参数框中输入"有,无"；❸单击"确定"按钮，如右图所示。

Word/Excel/PowerPoint 2016 办公应用从入门到精通

Step06: ❶选择 H 列单元格区域；❷单击"数据验证"按钮，如下图所示。

Step07: 打开"数据验证"对话框，❶在"设置"选项卡的"允许"下拉列表框中选择"序列"选项；❷在"来源"参数框中输入如下"有，无"；❸单击"确定"按钮，如下图所示。

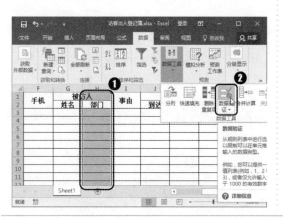

14.2.3 美化表格

对于用于填写内容的表格，最好各行设置不同的填充底色，方便使用者一目了然地看清内容，避免出错。下面就对制作好的表格设置简单实用的格式，具体操作方法如下。

Step01: 拖动调整各列单元格的列宽至合适宽度，如下图所示。

Step02: ❶分别选择 G、H、J、K 列单元格区域；❷拖动调整单元格的列宽，让这几列单元格的宽度一致，如下图所示。

Step03: ❶选择 A3:L1124 单元格区域；❷单击"开始"选项卡"样式"组中的"套用表格格式"按钮；❸选择需要套用的表格样式，如右图所示。

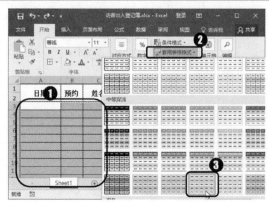

Step04: ❶打开"套用表格式"对话框,单击"确定"按钮;❷在"表格工具-设计"选项卡的"表格样式选项"组中取消勾选"标题行"复选框,如下图所示。

Step05: ❶选择第 3 行单元格;❷单击"开始"选项卡"单元格"组中的"删除"按钮,如下图所示。

Step06: ❶选择 A1:L2 单元格区域;❷单击"字体"组中的"填充颜色"按钮,选择"深灰色"选项;❸单击"字体颜色"按钮;❹选择"白色,背景 1"选项,如下图所示。

Step07: ❶双击工作表标签,修改工作表名称为"1 月";❷复制多个工作表,并依次进行重命名,完成后的效果如下图所示。

▷▷ 14.3 制作企业规章制度培训 PPT

PPT 的作用很强大,尤其在演讲时 PPT 的用处不言而喻。本例将制作一个企业规章制度培训 PPT,这类演示文稿在企业中的应用很广泛。由于这类 PPT 的受众基本上是企业员工,所以制作时没有太多要求,只要能将具体的内容传达出来即可。而且为了显示出企业文件的正规性,一般会制作得比较中规中矩。

这类演示文稿一般包含的文本内容比较多,所以在制作时要尽量将文本进行简化,在格式统一的前提下,将部分可以转化的内容用图片、图形或图表的形式来展示,选图上一定要严谨。本例最终效果如下图所示。

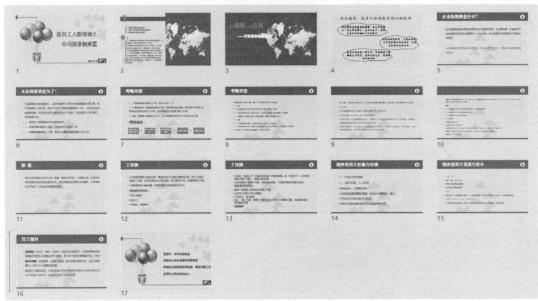

同步文件

视频文件：视频文件\第 14 章\14-3.mp4

14.3.1　制作幻灯片母版

　　在制作比较正式的演示文稿时，一般不建议先制作幻灯片内容再来设计幻灯片的主题及其他需要统一的部分，因为按照这样的操作步骤，如果主题的背景和字体发生较大的变化就可能会影响到幻灯片内容的显示，所以在实际操作中应先设计好幻灯片的母版和大致格式。例如，制作一个企业规章制度培训用 PPT 的幻灯片母版效果，具体操作方法如下。

Step01: ❶新建一个空白演示文稿；❷单击"设计"选项卡"自定义"组中的"幻灯片大小"按钮；❸选择"宽屏（16:9）"选项，如下图所示。	**Step02:** 单击"视图"选项卡"母版视图"组中的"幻灯片母版"按钮，切换到幻灯片母版视图，如下图所示。
	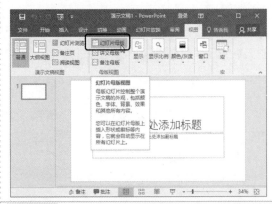
Step03: ❶单击"幻灯片母版"选项卡"背景"组中的"颜色"按钮；❷选择"自定义颜色"选项，如下图所示。	**Step04:** 打开"新建主题颜色"对话框，❶单击"着色 1"后的颜色按钮；❷选择"其他颜色"选项，如下图所示。

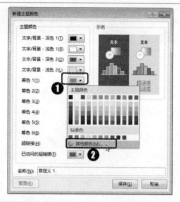

Step05: 打开"颜色"对话框，❶单击"自定义"选项卡；❷在下方的数值框中输入颜色的 RGB 值；❸单击"确定"按钮，如下图所示。

Step06: ❶使用相同的方法设置该配色方案中其他着色的效果；❷在"名称"文本框中输入该主题配色的名称；❸单击"保存"按钮，如下图所示。

Step07: ❶在左侧任务窗格中选择需要设计的幻灯片母版版式；❷单击"插入"选项卡"插图"组中的"形状"按钮；❸选择"矩形"形状，如下图所示。

Step08: ❶拖动绘制一个和幻灯片等大小的矩形，并填充为蓝色；❷单击"绘图工具-格式"选项卡"排列"组中的"下移一层"按钮；❸选择"置于底层"选择，如下图所示。

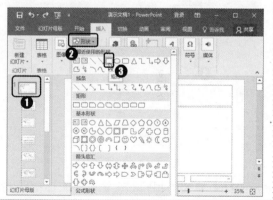

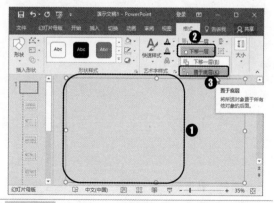

Step09: ❶在左侧任务窗格中选择第 2 个幻灯片母版版式；❷单击"幻灯片母版"选项卡"编辑母版"组中的"插入版式"按钮，如下图所示。

Step10: 经过上一步的操作，即可在所选幻灯片母版版式的后面插入一个新幻灯片母版版式，选择该幻灯片母版版式中多余的占位符，按〈Delete〉键删除，如下图所示。

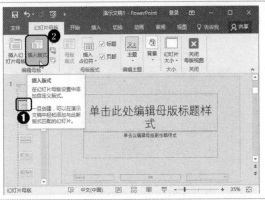

Step11: 单击"插入"选项卡"图像"组中的"图片"按钮，并在打开的对话框中选择需要插入到该幻灯片母版版式中的图片，如下图所示。

Step12: ❶单击"插入"选项卡"插图"组中的"形状"按钮；❷选择"矩形"形状，如下图所示。

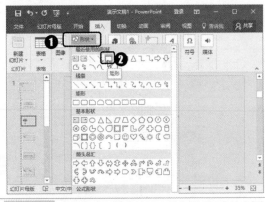

Step13: ❶在页面左上角拖动绘制一个矩形，并填充为蓝色；❷单击"形状"按钮；❸选择"肘形连接符"形状，如下图所示。

Step14: ❶从刚刚绘制的矩形出发拖动绘制连接符号，让该符号连接到幻灯片的左侧和右侧，并通过插入图片的中心轴上；❷单击"形状"按钮；❸选择"三角形"形状，如下图所示。

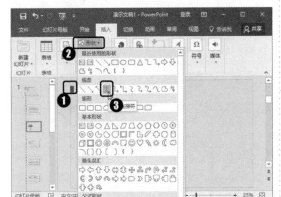

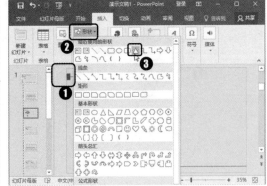

Step15: ❶在页面右上角绘制一个三角形，并填充为蓝色；❷复制得到多个三角形，并改变大小得到如下图所示的效果。

Step16: ❶使用相同的方法，在页面中绘制一个矩形和圆形，选择圆形，单击"绘图工具-格式"选项卡"形状样式"组中的"形状填充"按钮；❷选择"纹理"选项；❸选择"其他纹理"选项，如下图所示。

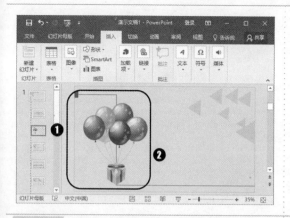

Step17: ❶在"设置形状格式"任务窗格中选择"图案填充"单选按钮；❷在下方选择需要填充的图案样式，如下图所示。

Step18: 通过复制得到多个圆形，并改变大小，得到如下图所示的效果。

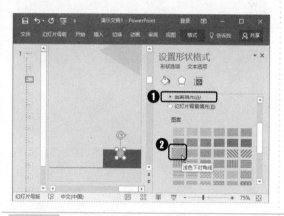

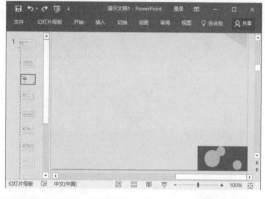

Step19: ❶在左侧任务窗格中选择第4个幻灯片母版版式；❷在幻灯片的上方和下方分别绘制一个蓝色的矩形，将标志图片放置在右上角，如下图所示。

Step20: ❶将标题占位符移动到合适的位置，并设置合适的字体格式；❷选择正文占位符中的文本，并设置合适的字号，如下图所示。

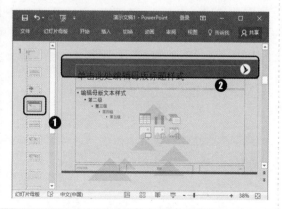

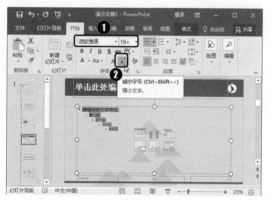

Step21: 经过前面的操作，即完成了该幻灯片母版版式的设计，单击"幻灯片母版"选项卡"关闭"组中的"关闭母版视图"按钮，退出母版设计，如右图所示。

14.3.2 制作幻灯片内容

前面对幻灯片的母版进行了设置，所以幻灯片中所有采用同一个版式新建的幻灯片的效果都是相同的。下面为本案例中的 PPT 制作各幻灯片内容，具体操作方法如下。

Step01: 返回制作幻灯片的普通视图中，❶单击"开始"选项卡"幻灯片"组中的"版式"按钮；❷选择"自定义版式"选项，如下图所示。

Step02: ❶单击"插入"选项卡"文本"组中的"文本框"按钮；❷选择"横排文本框"选项，如下图所示。

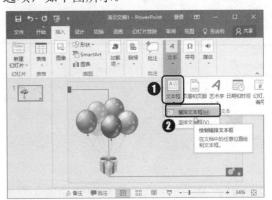

Step03: ❶在文本框中输入相应的文本；❷在"开始"选项卡的"字体"组中设置合适的字体格式；❸单击"段落"组中的"行距"按钮；❹选择"1.5"选项，如下图所示。

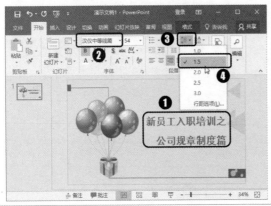

Step04: ❶使用相同的方法在幻灯片的右下角绘制一个文本框，并输入相应的文本；❷在"开始"选项卡的"字体"组中设置合适的字体格式；❸单击"段落"组中的"右对齐"按钮，如下图所示。

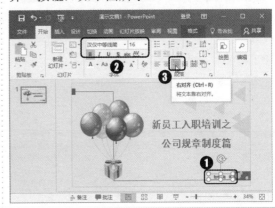

Step05: ❶将演示文稿以"规章制度培训"为名进行保存；❷单击"开始"选项卡"幻灯片"组中的"新建幻灯片"按钮；❸选择"空白"选项，如下图所示。

Step06: 在新建的空白幻灯片中插入两个矩形，并填充为蓝色，如下图所示。

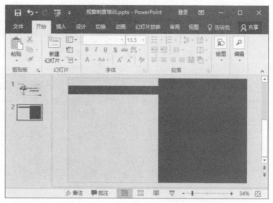

Step07: 在幻灯片中插入素材文件中提供的地图图片，并调整位置和大小至如下图所示的效果。

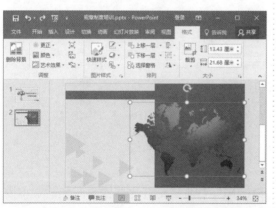

Step08: ❶单击"图片工具-格式"选项卡"调整"组中的"颜色"按钮；❷分别设置图片的颜色饱和度、色调和重新着色效果，如下图所示。

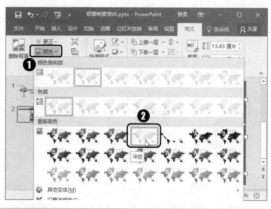

Step09: 在地图图片的上方插入一个指示图片，调整位置和大小至如下图所示的效果。

Step10: 继续在该幻灯片中插入艺术字和文本框，制作出如下图所示的效果。

Step11: ❶选择第 2 张幻灯片；❷按住〈Ctrl〉键的同时向下拖动复制一张幻灯片；❸删除多余的对象，并在文本框中输入如下图所示的文本，并进行简单的格式设置。

Step12: ❶选择第 3 张幻灯片；❷按〈Enter〉键新建一张同样版式的幻灯片；❸通过插入文本框制作出如下图所示的效果：

Step13: 通过插入形状，在各文本框周围绘制图形，完成后的效果如下图所示。

Step14: ❶单击"开始"选项卡"幻灯片"组中的"新建幻灯片"按钮；❷选择"标题和内容"选项，如下图所示。

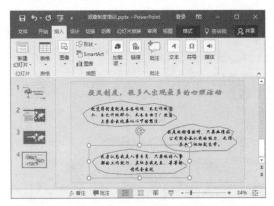

Step15: ❶在各占位符中输入相应的文本，并设置合适的字体格式；❷单击"段落"组中的"行距"按钮；❸选择"1.5"选项，如下图所示。

Step16: ❶新建幻灯片并输入其中的文本内容，完成第 6 张幻灯片的制作；❷新建第 7 张幻灯片；❸单击"插入"选项卡"插图"组中的"SmartArt"按钮，如下图所示。

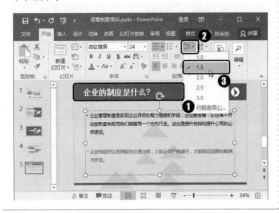

Step17: 打开"选择 SmartArt 图形"对话框；❶在左侧列表框中选择"流程"选项；❷在中间选择需要的流程图；❸单击"确定"按钮，如下图所示。

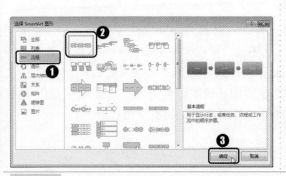

Step18: 在插入的 SmartArt 图形中输入如下图所示的文本，并调整位置和大小到合适状态。

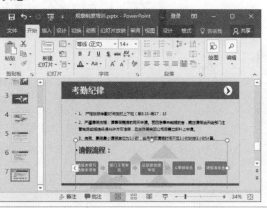

Step19: 使用相同的方法，继续制作其他幻灯片内容，这里因为篇幅的关系，就不再详述具体的操作步骤了，完成后的效果如下图所示。

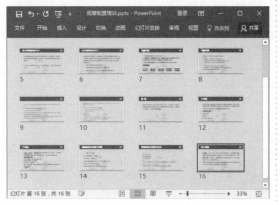

Step20: 新建第 17 张幻灯片，并在其中插入文本框，输入如下图所示的文本内容，完成本案例的制作。

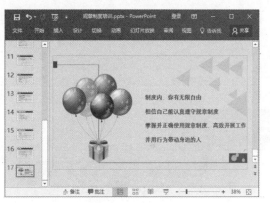

▷▷ 本章小结

本章的重点在于掌握使用 Office 2016 制作文秘和行政办公人员日常办公中常用文档的操作。他们虽然需要制作的文档比较多，类型也各异，但是总体来讲都还算是一些简单的文档。主要应掌握制作文档的先后顺序、一般页面设置、文本输入与编辑、表格框架制作与美化、PPT制作等，为了方便工作中的具体使用，还应将后期经常需要使用的 Word 文档制作为模板文件，在规划 PPT 时也应该学会制作幻灯片母版来提高工作效率。

第 15 章 实战应用——Word/Excel/PPT 在人力资源管理中的应用

本章导读

　　人力资源管理作为企业的一个重要组成部分，对提高企业管理质量有着非常重要的作用。企业人员管理的工作量和数据量都很大，不过，目前大部分企业的日常工作都基本实现了信息化，管理起来也就简单多了。本章主要综合利用 Office 相关知识，介绍 Office 在人力资源管理中的典型应用实例。希望通过这些实例的讲解，能够加深读者对 Word、Excel、PowerPoint 三大组件不同知识点的深入理解并能将其综合运用到实际工作中。

知识要点

➢ 制作劳动合同文档
➢ 制作企业人力资源管理系统
➢ 制作年度工作总结 PPT

效果展示

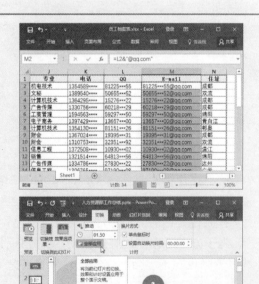

▷▷ 15.1 制作劳动合同文档

　　劳动合同是用人单位和劳动者之间签订的合同，是人力资源管理部门管理的重要文本。本实例将从新建文档开始逐步讲解劳动合同的制作过程。使用 Word 编辑文档前，首先要清楚文档中应主要包含的内容，分条罗列并进行归纳总结各要点，然后采用正式的编辑格式对文本内容进行编辑。本案例最终的效果如下图所示。

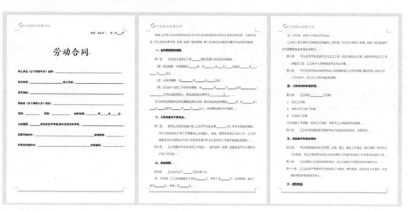

同步文件

视频文件：视频文件\第 **15** 章\15-1.mp4

15.1.1　输入文档内容

　　在制作纯文本类的文档时，整理文档的具体内容是非常关键的，也是花费时间较多的。因为劳动合同首页上的内容基本上有统一的规范和要求，本例直接通过新建"劳动合同"文档并输入首页内容的方法来完成，劳动合同的主要内容为各条款的罗列，本例事先已经在其他文档中准备好了，这里直接从外部文件调用已经编写好的条款内容并进行编辑即可。具体操作方法如下。

Step01： ❶新建一个空白文档，并以"劳动合同"为名进行保存；❷将输入法切换到一种常用的中文输入法，输入如下图所示的首页文本。

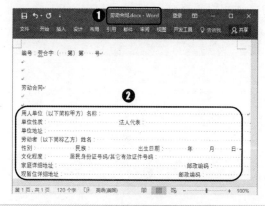

Step02： ❶将文本插入点定位在最后一行文本之后；❷单击"布局"选项卡"页面设置"组中的"插入分页符和分节符"按钮；❸选择"分页符"选项，如下图所示。

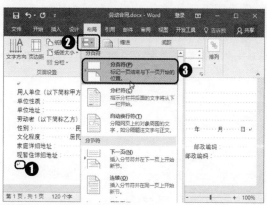

Step03: 打开素材文件"劳动合同内容.docx"，❶按〈Ctrl+A〉组合键全选文档内容；❷单击"开始"选项卡"剪贴板"组中的"复制"按钮，如下图所示。

Step04: 切换到"劳动合同"文档中，单击"开始"选项卡"剪贴板"组中的"粘贴"按钮，如下图所示。

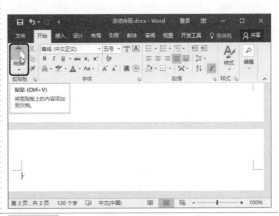

Step05: 经过上一步的操作，即可将剪贴板中的内容复制到文档中。❶将文本插入点定位在文档开始处；❷单击"开始"选项卡"编辑"组中的"替换"按钮，如下图所示。

Step06: 打开"查找和替换"对话框的"替换"选项卡，❶在"查找内容"文本框中输入"合约"；❷在"替换为"文本框中输入"合同"；❸单击"全部替换"按钮；❹打开提示对话框提示用户已经对文档完成搜索，并按照要求替换了文档内容，单击"确定"按钮；❺返回"查找和替换"对话框单击"关闭"按钮，如下图所示。

15.1.2 编排文档版式

文档内容输入完成后，就可以对文档版式进行设置了。为避免后期页面版式的大幅度调整，可以先设置页面的整体效果，然后再设置各部分的字体和段落格式等细节。具体操作方法如下。

Step01: ❶单击"布局"选项卡"页面设置"组中的"页边距"按钮；❷选择"适中"选项，如右图所示。

 新手注意

为提高文档输入与编排的工作效率，通常可以将所有文档内容输入完毕后再统一进行编辑和格式设置。

Step02： ❶单击"插入"选项卡"页眉和页脚"组中的"页眉"按钮；❷选择"空白"选项，如下图所示。

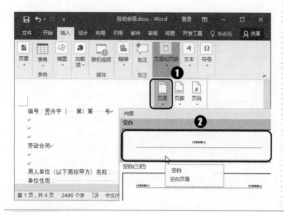

Step03： ❶在插入的页眉文本框内输入需要的文字内容；❷将文本插入点定位在文本框外的页眉中；❸单击"页眉和页脚工具-设计"选项卡"插入"组中的"图片"按钮，如下图所示。

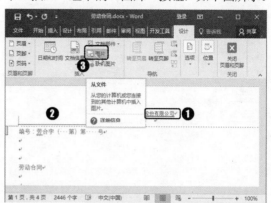

Step04： ❶打开"插入图片"对话框，选择插入素材文件中提供的"标志"图片；❷单击"图片工具-格式"选项卡"排列"组中的"环绕文字"按钮；❸选择"浮于文字上方"选项，如下图所示。

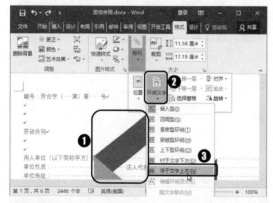

Step05： ❶拖动调整图片的大小和位置；❷选择输入的页眉文本；❸单击"开始"选项卡"字体"组中的对话框启动按钮，如下图所示。

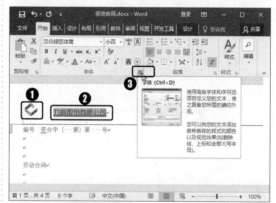

Step06： 打开"字体"对话框，❶单击"高级"选项卡；❷在"间距"下拉列表框中选择"加宽"选项，并将其后的数值框设置为"1.5 磅"；❸单击"确定"按钮，如右图所示。

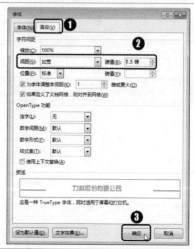

Step07: ❶选择刚刚插入的页眉图片；❷单击"图片工具-格式"选项卡"大小"组中的"裁剪"按钮；❸拖动设置图片要裁剪的部分，如下图所示。

Step08: ❶选择页眉中的内容；❷单击"开始"选项卡"段落"组中的"边框"按钮；❸选择"无框线"选项，如下图所示。

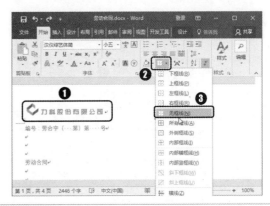

Step09: ❶单击"页眉和页脚工具-设计"选项卡中"页眉和页脚"组中的"页脚"按钮；❷选择"怀旧"选项，如下图所示。

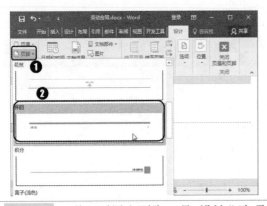

Step10: 经过上一步的操作，即可在文档的页脚处添加选择的页脚效果。选择页脚左侧的"作者"内容控件，按〈Delete〉键将其删除，如下图所示。

Step11: ❶将"页眉和页脚工具-设计"选项卡"位置"组中的"页脚底端距离"数值框设置为"0.5 厘米"；❷单击"关闭"组中的"关闭页眉和页脚"按钮，退出页眉页脚编辑状态，如下图所示。

Step12: ❶选择文档首页中的第一行文本；❷在"开始"选项卡"字体"组中设置合适的字体格式；❸单击"段落"组中的"右对齐"按钮，如下图所示。

Step13: ❶选择标题文本；❷在"开始"选项卡的"字体"组中设置合适的字体格式；❸单击"段落"组中的"居中"按钮，如下图所示。

Step14: ❶选择首页内容中标题文本下方的所有文本；❷在"开始"选项卡的"字体"组中设置合适的字体格式；❸单击"段落"组中的对话框启动按钮，如下图所示。

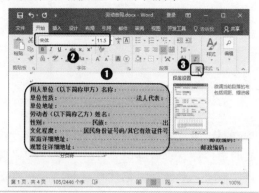

Step15: 打开"段落"对话框，❶在"间距"选项组中设置行距为"3 倍行距"；❷单击"确定"按钮，如下图所示。

Step16: ❶选择第一处需要添加下划线的空格文本；❷单击"字体"组中的"下划线"按钮，如下图所示。

Step17: 使用相同的方法为其他需要添加下划线的空格文本添加下划线，如下图所示。

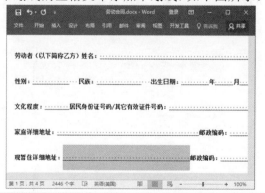

Step18: ❶选择文档首页外的所有段落；❷单击"段落"组中的对话框启动按钮，如下图所示。

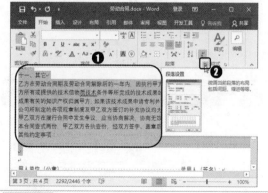

Step19: 打开"段落"对话框，❶设置缩进为"首行缩进 2 字符"；❷在"间距"选项组中设置行距为"1.5 倍行距"；❸单击"确定"按钮，如下图所示。

Step20: 保持段落的选择状态，在"开始"选项卡中设置字体为"小四"，如下图所示。

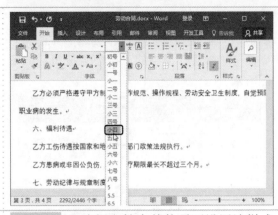

Step21: ❶选择文档中的小标题，并设置合适的字体样式；❷单击"样式"组中的"样式"按钮；❸选择"创建样式"选项；❹在弹出的对话框中设置样式名称为"合同项"；❺单击"确定"按钮，如下图所示。

Step22: ❶选择文档中其他需要设置该样式的文本；❷在"样式"组中选择"合同项"样式，如下图所示。

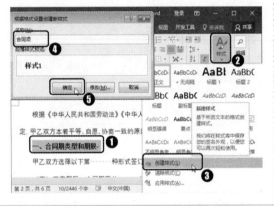

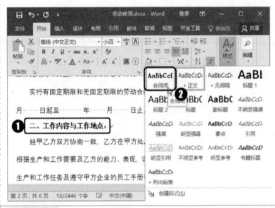

Step23: ❶在"样式"组中的"合同项"样式上单击鼠标右键；❷在弹出的快捷菜单中选择"修改"命令，如下图所示。

Step24: 打开"修改样式"对话框，❶单击"格式"按钮；❷选择"段落"选项，如下图所示。

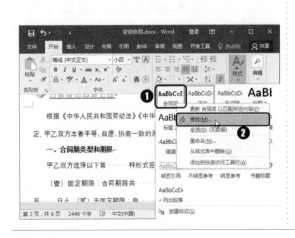

Step25: 打开"段落"对话框，❶在"间距"选项组中设置段前和段后的距离为"0.5 行"；❷在"行距"下拉列表框中设置行距为"2 倍行距"；❸单击"确定"按钮；❹返回"修改样式"对话框，单击"确定"按钮，如下图所示。

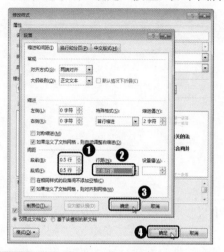

Step26: ❶选择文档中第一处需要添加编号的段落；❷单击"段落"组中的"编号"按钮；❸选择"定义新编号格式"选项，如下图所示。

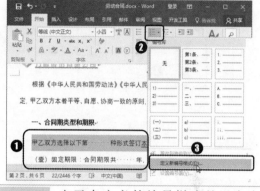

Step27: 打开"定义新编号格式"对话框，❶在"编号样式"下拉列表框中选择"一、二、三"选项；❷在"编号格式"文本框中的编号示例文本前后输入需要的文本；❸单击"确定"按钮，如下图所示。

Step28: 由于自定义的编号样式并没有应用到所选段落上，保持段落的选择状态，❶单击"编号"按钮；❷选择刚刚定义的编号格式，如下图所示。

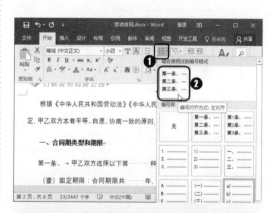

Step29: ❶选择文档中其他需要添加编号的段落；❷单击"编号"按钮；❸选择刚刚定义的编号格式，如右图所示。

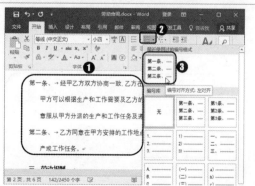

Step30: 由于新添加的编号会自动从 1 开始编号，而文档中需要连续编号。❶选择刚刚添加了编号的段落，并在其上单击鼠标右键；❷在弹出的快捷菜单中选择"继续编号"命令，如下图所示。

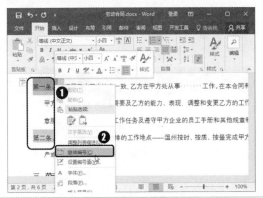

Step31: 经过上一步的操作后，段落编号就变得连续了。使用相同的方法为文档中的其他段落进行连续编号，如下图所示。

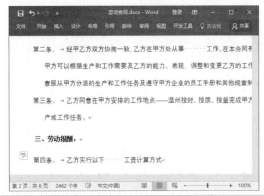

Step32: ❶选择文档中需要设置为下一级的编号段落；❷单击"编号"按钮；❸选择需要的编号样式，如下图所示。

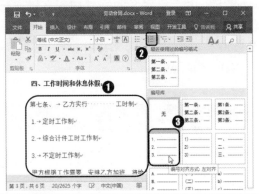

Step33: ❶选择文档中第二处需要设置为下一级的编号段落；❷单击"编号"按钮；❸选择需要的编号样式，如下图所示。

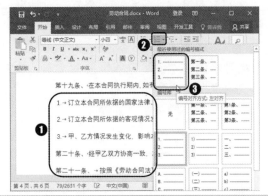

Step34: ❶选择文档中所有需要手动填写而预留的空格处；❷单击"字体"组中的"下划线"按钮，如下图所示。

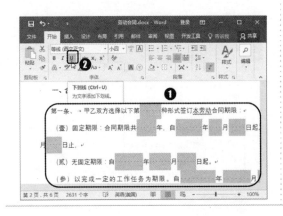

Step35: 由于 Word 会将段落末尾的空格作为多余符号处理，所以为部分空格添加的下划线不能显示。此时，可按〈Shift+Enter〉组合键强制换行，让其显示出来，如下图所示。

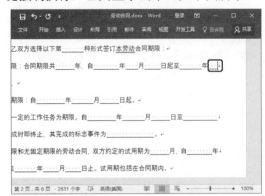

>> 15.2 制作企业人力资源管理系统

人力资源管理过程中涉及员工各方面信息的记录，数据量很大。这些数据是用人单位了解员工情况的非常重要的资料，也是单位或企业了解员工的重要手段。本节首先将完善一个员工档案表中的数据，作为企业管理和分析人力资源信息的原始数据表，然后对这些基本数据进行统计，最后制作一个便于查询相关数据的查询表。最终效果如下图所示。

同步文件

视频文件：视频文件\第 15 章\15-2.mp4

15.2.1 完善员工档案表数据

一个企业在进行人事管理时，首先需要制作员工档案表，这样才能提供人员调动和分配的基本参考资料，使企业人员得到合理分配。企业的员工档案表包含的数据大同小异，只须将员工各方面的数据信息罗列在相应的列中就可以了。由于员工档案表中某些信息之间具有一定的联系，当某一信息已填入后，与之有关联的信息即可通过特定的计算方式将其计算出来。本小节就来讲解通过公式和函数完善员工档案表的方法。

Step01: 打开素材文件"员工档案表.xlsx"，❶选择 A2 单元格；❷在英文输入法状态下输入单引号"'"，接着输入要显示的数字，输入完成后按〈Enter〉键即可显示为如下图所示的效果。

Step02: ❶选择 A2 单元格；❷向下拖动填充至 A35 单元格，填充该列数据为等差为 1 的员工编号，如下图所示。

Step03: 由于身份证号中第 17 位数为性别编码,奇数为男,偶数为女。因此,可以根据身份证号中第 17 位数的奇偶性来判断员工的性别。❶选择 C2 单元格;❷输入公式"=IF(MOD(MID(H2,17,1),2)=0,"女","男")",即可在选择的单元格中判断出该员工的性别,如下图所示。

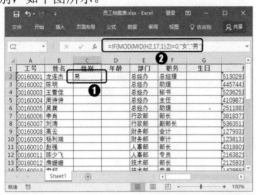

Step04: 身份证号的第 7～14 位为出生年月日信息,故可以利用 Excel 中的函数提取出身份证号码中的出生日期信息并填入表格中。❶选择 G2 单元格;❷输入公式"=DATE(MID(H2,7,4),MID(H2,11,2),MID(H2,13,2))",即可在选择的单元格中提取该员工的出生日期,如下图所示。

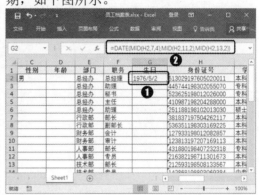

Step05: 在员工档案表中需要明确地体现出年龄数据,根据表中的出生日期数据与当前日期进行计算可得到员工的年龄。❶选择 D2 单元格;❷输入公式" =INT((NOW()-G2)/365)",即可在选择的单元格中计算出该员工的当前年龄,如下图所示。

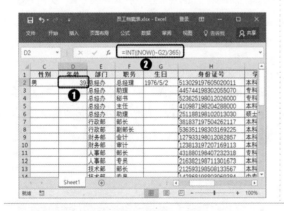

Step06: 通常 QQ 号加上"@qq.com"就是 QQ 邮箱的地址,因此可应用公式快速在"E-mail"列中填入相应的邮箱地址。❶选择 M2 单元格;❷输入公式"=L2&"@qq.com"",即可在选择的单元格区域中得到员工的邮箱地址;❸选择 M2 单元格,向下拖动填充输入其他员工的相关数据,如下图所示。

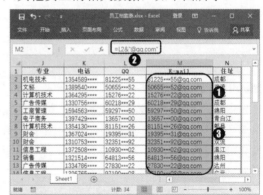

15.2.2 制作人员结构分析表

为了让上级了解企业人力配置情况,常常需要对员工的信息进行一些统计和分析。例如,各部门人数统计、男女比例分析、学历分布情况等。本节将对员工档案表中的数据进行此类分析和统计。

Step01: ❶在"Sheet1"工作表标签上右击;❷选择"移动或复制"命令;❸打开"移动或复制工作表"对话框,在下拉列表框中选

Step02: 经过上一步的操作,即可将工作表复制到新工作簿中,❶将新工作簿以"人力资源管理系统"为名进行保存;❷重命名工作表为

择"（新工作簿）"；❹勾选"建立副本"复选框；❺单击"确定"按钮，如下图所示。

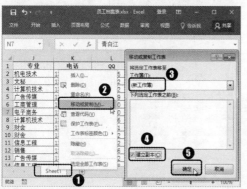

"员工档案信息"；❸单击工作表标签右侧的"新工作表"按钮，如下图所示。

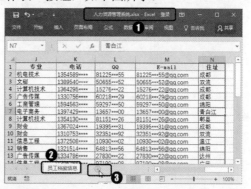

Step03: ❶将新建的工作表命名为"统计表"；❷在相应单元格中输入要统计数据的信息，并进行适当的修饰，如下图所示。

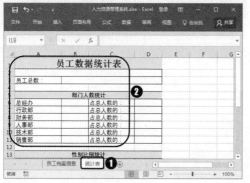

Step04: 在 B3 单元格中输入公式"=COUNTA(员工档案信息!A2:A35)"，统计员工总人数，如下图所示。

Step05: 在 B6 单元格中输入公式"=COUNTIF(员工档案信息!E2:E35,A6)"，统计总经办人数，如下图所示。

Step06: ❶修改 B6 单元格中的公式为"=COUNTIF(员工档案信息!\$E\$2: \$E\$35,A6)"；❷选择 B6 单元格；❸向下拖动填充至 B11 单元格，复制公式，统计出其他部门的人数，如下图所示。

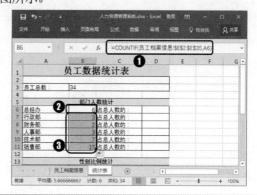

Step07: 在 D6 单元格中输入公式"=B6/\$B\$3"，计算出总经办人数占总人数的比例，如下图所示。

Step08: ❶选择 D6 单元格；❷向下拖动填充至 D11 单元格，复制公式，计算出各部门人数占总人数的比例；❸单击"开始"选项卡"数

字"组中的"百分比样式"按钮,如下图所示。

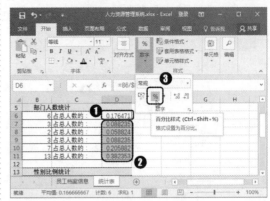

Step09: 在 B14 单元格中输入公式 "=COUNTIF(员工档案信息!C2:C35,"男")", 统计出男员工人数,如下图所示。

Step10: 在 B15 单元格中输入公式 "=COUNTIF(员工档案信息!C2:C35,"女")", 统计出女员工人数,如下图所示。

Step11: ❶在 D14 单元格中输入公式 "=B14/$B$3",统计男员工占总人数的比例; ❷复制 D14 单元格公式到 D15 单元格中,得 到女员工占总人数的比例,如下图所示。

Step12: ❶选择 D14:D15 单元格区域;❷单 击"开始"选项卡"数字"组中的"百分比 样式"按钮,如下图所示。

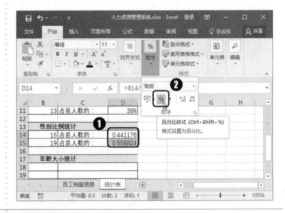

Step13: 在 C18 单元格中输入公式 "=AVERAGE(员工档案信息!D2:D35)",计算 员工的平均年龄,如下图所示。

Step14: 在 C19 单元格中输入公式 "=MAX(员工档案信息!D2:D35)",返回员工 的最大年龄,如下图所示。

Step15: 在 C20 单元格中输入公式"=MIN(员工档案信息!D2:D35)",返回员工的最小年龄,如下图所示。

Step16: ❶选择 C18 单元格;❷单击"开始"选项卡"数字"组中的"减少小数位数"按钮,让单元格中数字的小数位最终显示为整数,如下图所示。

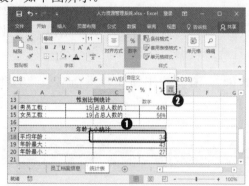

Step17: 要统计本科以上学历人数,需要对本科学历的人数和硕士学历的人数进行求和。在 B23 单元格中输入公式"=COUNTIF(员工档案信息!I2:I35,"本科")+COUNTIF(员工档案信息!I2:I35, "硕士")",统计出本科以上学历人数,如下图所示。

Step18: 在 D23 单元格中输入公式"=B23/B3",即可计算出本科及本科以上学历的人数占总人数的比例,如下图所示。

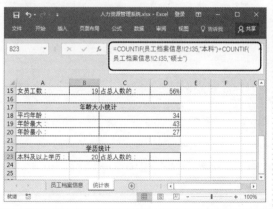

Step19: ❶选择 D23 单元格；❷单击"开始"选项卡"数字"组中的"百分比样式"按钮，如右图所示。

15.2.3 制作人员管理查询表

随着企业规模的扩大，职工管理工作量进一步增加，其复杂性也越来越大，为了快速提高人力资源管理效率，还应制作一个方便查询的表格。应用 Excel 中的查询和引用函数，即可快速查看到需要的重要数据信息，同时可将查找到的结果再次进行公式运算，转换为更为直观的数据进行显示。

Step01: ❶新建工作表并重命名为"查询表"；❷输入如下图所示的内容，并进行适当修饰，如下图所示。

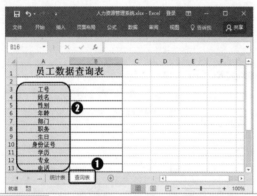

Step02: ❶选择 B3、B10、B13 和 B14 单元格；❷在"开始"选项卡"数字"组中的"数字格式"下拉列表框中选择"文本"选项，如下图所示。

Step03: ❶选择 A1 单元格；❷单击"审阅"选项卡"批注"组中的"新建批注"按钮，如下图所示。

Step04: 在新建的批注文本框中输入如下图所示的批注内容。

Step05: ❶选择 B4 单元格；❷在编辑栏中输入公式 " =VLOOKUP(B3,员工档案信息!A1:N35,2,FALSE)",如下图所示。

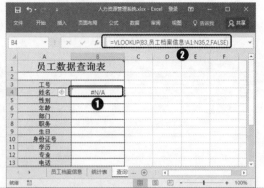

Step06: ❶选择 B5 单元格；❷在编辑栏中输入公式 " =VLOOKUP(B3,员工档案信息!A1:N35,3,FALSE)",如下图所示。

Step07: ❶选择 B6 单元格；❷在编辑栏中输入公式 " =VLOOKUP(B3,员工档案信息!A1:N35,4,FALSE)",如下图所示。

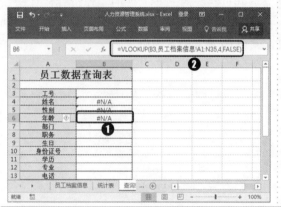

Step08: ❶选择 B7 单元格；❷在编辑栏中输入公式 " =VLOOKUP(B3,员工档案信息!A1:N35,5,FALSE)",如下图所示。

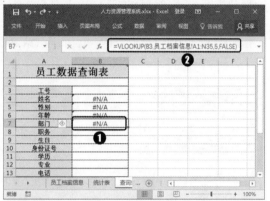

Step09: 使用相同的方法，依次在下方的单元格中输入公式，如下图所示。

Step10: 在 B3 单元格中输入任意员工的工号，即可在下方的单元格中查看到各项对应的数据，顺便验证一下公式输入的正确性，如下图所示。

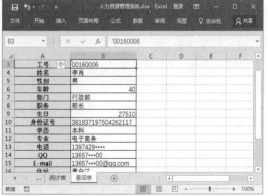

Step11: ❶选择 B9 单元格；❷在"开始"选项卡"数字"组中的"数字格式"下拉列表框中选择"短日期"选项，如下图所示。

Step12: 删除 B3 单元格中的数据，方便下次使用，完成本例的制作，如下图所示。

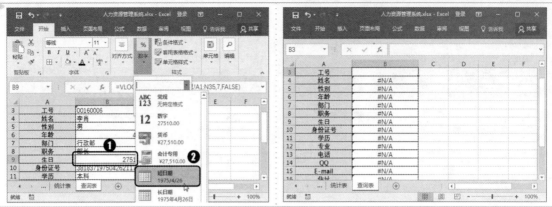

▷▷ 15.3　制作年度工作总结 PPT

　　每到年底工作告一段落时，每个公司员工都需要回过头来对一年所做的工作进行认真、系统地总结，并形成书面形式的总结报告。现在，很多企业内部要求员工以演示文稿的形式来制作工作总结。本节将制作一个年度工作总结 PPT，最终的效果如下图所示。

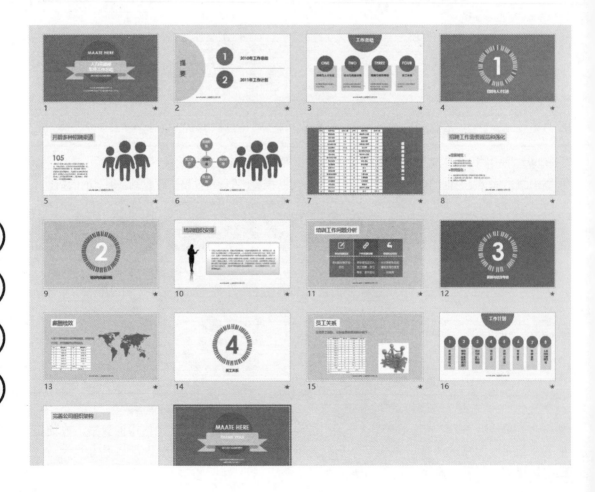

同步文件

视频文件：视频文件\第 15 章\15-3.mp4

15.3.1　设置页面切换效果

为制作好的幻灯片添加页面切换效果是最简单的动态演示文稿制作方法，而且不会花费太多的精力就能完成。本例将为已经制作好内容的"人力资源部工作总结"演示文稿添加页面切换效果。首先为多数幻灯片都采用的切换效果进行统一设置，然后针对部分需要不同切换效果的幻灯片进行单独设置，具体操作方法如下。

Step01: 打开"人力资源部工作总结"演示文稿，❶选择第 2 张幻灯片；❷单击"切换"选项卡"切换到此幻灯片"组中的"切换效果"按钮；❸选择"平移"选项，如下图所示。

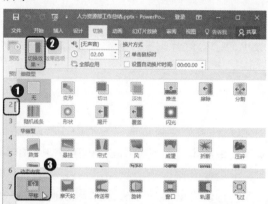

Step02: ❶在"计时"组中的"声音"下拉列表框中选择"推动"选项；❷在"持续时间"数值框中输入"01.50"；❸单击"全部应用"按钮，如下图所示。

Step03: ❶选择第 1 张幻灯片；❷单击"切换"选项卡"切换到此幻灯片"组中的"切换效果"按钮；❸选择"帘式"选项，如下图所示。

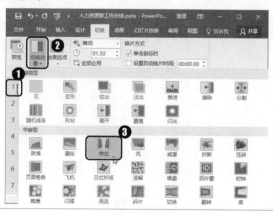

Step04: ❶选择所有数字页的幻灯片；❷单击"切换"选项卡"切换到此幻灯片"组中的"切换效果"按钮；❸选择"形状"选项，如下图所示。

Step05: ❶在"计时"组中的"声音"下拉列表框中选择"风铃"选项；❷在"持续时间"数值框中输入"01.00"，如下图所示。

Step06: ❶选择所有内容介绍页的幻灯片；❷单击"切换"选项卡"切换到此幻灯片"组中的"效果选项"按钮；❸选择"自左侧"选项，如下图所示。

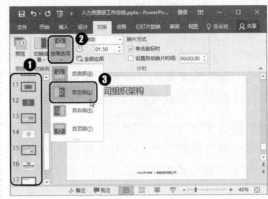

 新手注意

为幻灯片设置页面切换动画后，单击视图栏中的"幻灯片浏览"按钮，可以在每张幻灯片的右下方看到对应的切换时间。

15.3.2 设置内容动画

在应用幻灯片对企业进行宣传、对产品进行展示以及在各类会议或演讲过程中进行演示时，为使幻灯片内容更有吸引力，使幻灯片中的内容和效果更加丰富，常常需要为幻灯片中的内容添加各类动画，最终组合成一个强大的动画效果。由于篇幅有限，下面只给出本案例首页动画的制作步骤，其他页面的动画用户可以根据结果文件自行研究其实现方法。首页动画的具体制作方法如下。

Step01: ❶选择第1张幻灯片中第1个需要设置动画的图形；❷单击"动画"选项卡"动画"组中的"动画样式"按钮；❸选择"更多进入效果"选项，如下图所示。

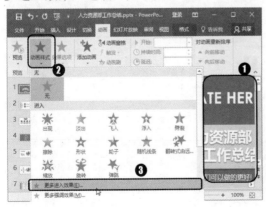

Step02: 打开"更改进入效果"对话框，❶选择"温和型"选项组中的"基本缩放"选项；❷单击"确定"按钮，如下图所示。

Step03: ❶单击"动画"组中的"效果选项"按钮；❷选择"从屏幕中心放大"选项，如下图所示。

Step04: ❶在"计时"组中的"开始"下拉列表框中选择"上一动画之后"选项；❷在"持续时间"数值框中设置动画的持续时间为"00.50"；❸在"延迟"数值框中设置延迟播放动画的时间为"00.50"，如下图所示。

Step05: ❶选择第 1 张幻灯片中第 2 个需要设置动画的丝带形状；❷单击"动画"选项卡"动画"组中的"动画样式"按钮；❸选择"进入"选项组中的"擦除"选项，如下图所示。

Step06: ❶单击"动画"组中的"效果选项"按钮；❷选择"自顶部"选项；❸在"计时"组中的"开始"下拉列表框中选择"上一动画之后"选项；❹在"持续时间"数值框中设置动画的持续时间为"00.50"，如下图所示。

Step07: 选择第 1 张幻灯片中第 3 个需要设置动画的文本框，❶单击"动画"选项卡"动画"组中的"动画样式"按钮；❷选择"进入"选项组中的"随机线条"选项，如右图所示。

Step08: ❶单击"效果选项"按钮；❷选择"按段落"选项；❸在"计时"组中的"开始"下拉列表框中选择"上一动画之后"选项；❹在"持续时间"数值框中设置动画的持续时间为"00.75"；❺在"延迟"数值框中设置延迟播放动画的时间为"00.25"，如下图所示。

Step09: ❶单击"高级动画"组中的"添加动画"按钮；❷选择"强调"选项组中的"放大/缩小"选项，如下图所示。

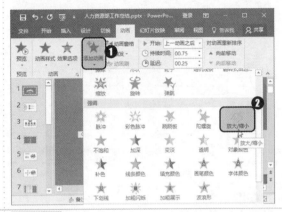

Step10: ❶单击"效果选项"按钮；❷选择"水平"选项；❸在"计时"组中的"开始"下拉列表框中选择"上一动画之后"选项；❹在"持续时间"数值框中设置动画的持续时间为"02.00"，如下图所示。

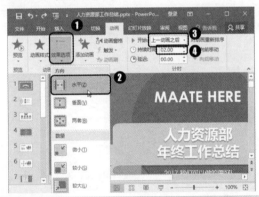

Step11: ❶选择第 1 张幻灯片中第 4 个需要设置动画的文本框；❷单击"动画"选项卡"动画"组中的"动画样式"按钮；❸选择"进入"选项组中的"飞入"选项，如下图所示。

Step12: ❶单击"效果选项"按钮；❷选择"自顶部"选项；❸在"计时"组中的"开始"下拉列表框中选择"上一动画之后"选项；❹在"持续时间"数值框中设置动画的持续时间为"00.50"；❺在"延迟"数值框中设置延迟播放动画的时间为"00.25"，如右图所示。

Step13: ❶选择刚刚设置了动画的文本框；❷双击"高级动画"组中的"动画刷"按钮，如下图所示。

Step14: 依次选择幻灯片中需要复制该动画效果的其他两个文本框对象，完成后按〈Esc〉键退出复制动画效果状态，如下图所示。

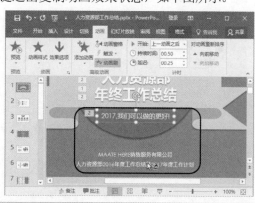

Step15: ❶依次选择刚刚复制动画效果的两个对象；❷单击"动画"组中的"效果选项"按钮；❸选择"自底部"选项，如下图所示。

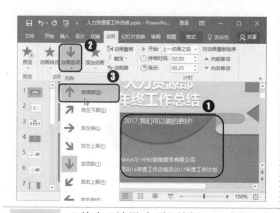

Step16: ❶选择第 2 张幻灯片中的第一个圆形；❷单击"动画"组中的"动画样式"按钮；❸选择"进入"选项组中的"飞入"选项，如下图所示。

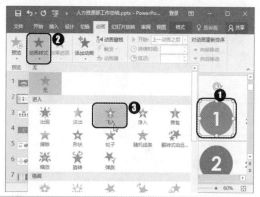

Step17: ❶单击"效果选项"按钮；❷选择"自顶部"选项；❸在"计时"组中的"开始"下拉列表框中选择"上一动画之后"选项；❹在"持续时间"数值框中输入"00.75"；❺在"延迟"数值框中输入"00.25"，如下图所示。

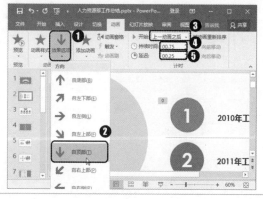

Step18: ❶选择刚刚设置了动画的圆形；❷单击"高级动画"组中的"动画刷"按钮；❸在要复制该动画效果的第二个圆形上单击，如下图所示。

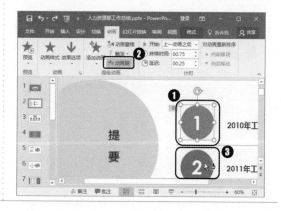

Step19: ❶单击"动画"组中的"效果选项"按钮；❷选择"自底部"选项，如下图所示。

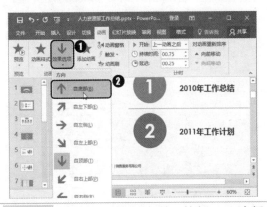

Step20: ❶选择上方的文本框；❷单击"动画"组中的"动画样式"按钮；❸选择"进入"选项组中的"擦除"选项，如下图所示。

Step21: ❶单击"效果选项"按钮；❷选择"自左侧"选项；❸在"计时"组中的"开始"下拉列表框中选择"单击时"选项；❹在"持续时间"数值框中输入"00.75"，如下图所示。

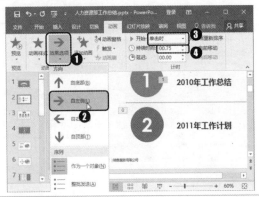

Step22: ❶选择刚刚设置了动画的文本框；❷单击"高级动画"组中的"动画刷"按钮；❸在要复制该动画效果的第二个文本框上单击，如下图所示。

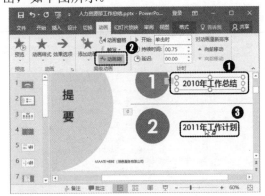

Step23: ❶单击"高级动画"组中的"动画窗格"按钮；❷在打开的"动画窗格"任务窗格中选择需要移动顺序的文本框动画选项；❸单击任务窗格上方的 按钮，直到将该动画选项移动到如下图所示的位置。

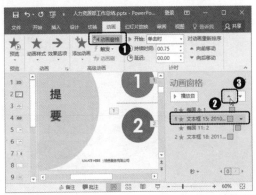

Step24: 至此，已经完成该幻灯片的全部动画设置。单击"预览"组中的"预览"按钮，即可预览该张幻灯片的全部动画效果，如下图所示。

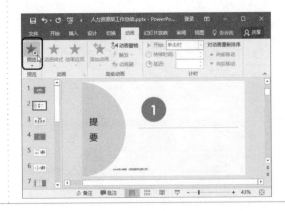

15.3.3　制作互动按钮

在放映演示文稿的过程中，为方便放映者对幻灯片进行操作，可以在幻灯片中适当地添加一些交互功能，具体操作方法如下。

Step01: ❶选择第 3 张幻灯片中的"招聘与人才引进"文本框；❷单击"插入"选项卡"链接"组中的"动作"按钮，如下图所示。

Step02: 打开"操作设置"对话框，❶选择"超链接到"单选按钮；❷在其下的下拉列表框中选择"下一张幻灯片"选项；❸勾选"单击时突出显示"复选框；❹单击"确定"按钮，如下图所示。

Step03: ❶选择第 3 张幻灯片中的"培训与拓展训练"文本框；❷单击"插入"选项卡"链接"组中的"动作"按钮，如下图所示。

Step04: 打开"操作设置"对话框，❶选择"超链接到"单选按钮；❷在其下的下拉列表框中选择"幻灯片"选项，如下图所示。

Step05: 打开"超链接到幻灯片"对话框，❶在列表框中选择要链接到的第 9 张幻灯片；❷单击"确定"按钮，如右图所示。

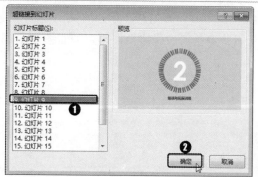

Step06: 返回"操作设置"对话框，❶勾选"单击时突出显示"复选框；❷单击"确定"按钮，完成动作设置，如下图所示。

Step07: ❶选择第 3 张幻灯片中的"薪酬与绩效考核"文本框；❷单击"插入"选项卡"链接"组中的"动作"按钮，如下图所示。

Step08: 打开"操作设置"对话框，❶选择"超链接到"单选按钮；❷在其下的下拉列表框中选择"幻灯片 12"选项，设置链接到第 12 张幻灯片；❸勾选"单击时突出显示"复选框；❹单击"确定"按钮，如下图所示。

Step09: ❶选择第 3 张幻灯片中的"员工关系"文本框；❷单击"插入"选项卡"链接"组中的"动作"按钮，如下图所示。

Step10: 打开"操作设置"对话框，❶选择"超链接到"单选按钮；❷在其下的下拉列表框中选择"幻灯片 14"选项，设置链接到第 14 张幻灯片；❸勾选"单击时突出显示"复选框；❹单击"确定"按钮，如右图所示。

Step11: ❶选择最后一张幻灯片；❷单击"插入"选项卡"插图"组中的"形状"按钮；❸选择"动作按钮"选项组中的"动作按钮：第一张"选项，如下图所示。

Step12: ❶在幻灯片的右下角拖动绘制一个按钮；❷释放鼠标左键时将自动打开"操作设置"对话框，勾选"播放声音"复选框；❸在下方的下拉列表框中选择"鼓掌"选项；❹单击"确定"按钮，如下图所示。

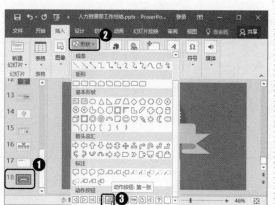 

▷▷ 本章小结

    人力资源管理是在企业战略引领下，通过招聘、面试和测评等获得企业所需要的人力资源，进而通过绩效管理、薪酬管理、职业管理、培训管理，让员工在企业中不断成长和进步，从而实现公司的战略要求。因此，人力资源管理的日常事务相对比较烦琐，相关管理人员可以借助 Word 对日常事务进行登记和规划，借助 Excel 对涉及的表格和数据进行分析，借助 PPT 制作演示文稿方便培训或宣传内容，从而配合现代企业高效的运转机制。

第 16 章　实战应用——Word/Excel/PPT 在市场营销管理中的应用

本章导读

　　市场营销不仅仅是销售，它还包含着对商品销售过程的改进与完善。市场营销是一个过程，在这个过程中某个人或某集体通过交易其创造的产品或价值，以获得所需之物，实现双赢或多赢。本章主要综合利用 Office 相关知识，介绍 Word、Excel、PowerPoint 三大组件在市场营销管理中的典型应用实例。希望通过这些实例的演示，能够帮助相关人员分析市场信息、揭示趋势和机遇，从而在市场占得先机。

知识要点

➢ 完善营销策划书
➢ 分析产品销售数据
➢ 制作销售技巧培训 PPT

效果展示

▷▷ 16.1　完善营销策划书

营销策划是为了完成营销目标，借助科学方法与创新思维，立足于企业现有营销状况，对企业未来的营销发展做出战略性的决策和指导，带有前瞻性、全局性、创新性和系统性。营销策划的核心要点是有机组合策划各要素，最大化提升品牌资产。首先要确定营销概念，其次是在营销理念基础上的策划。快速发展的互联网时代让各大中小型企业不再忽视网络互动营销的潜在市场，本例就来制作一个品牌的营销策划书。最终的效果如下图所示。

 同步文件

　　视频文件：视频文件\第 **16** 章**16-1.mp4**

16.1.1　丰富文档内容

本例将在已经制作好文本内容的文档上插入图片对象进行补充说明，具体操作方法如下。

Step01： 打开素材文件"品牌营销策划书.docx"，❶将文本插入点定位在需要插入图片的位置；❷单击"插入"选项卡"插图"组中的"图片"按钮，如下图所示。

Step02： 打开"插入图片"对话框，❶选择需要插入图片保存的位置；❷在下方的列表框中选择需要插入的多张图片；❸单击"插入"按钮，如下图所示。

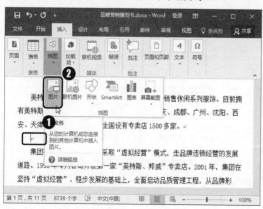

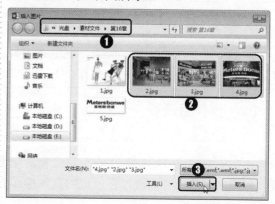

Step03: ❶选择插入的第一张图片；❷在"图片工具-格式"选项卡"大小"组中的"形状高度"数值框中输入"3.1 厘米"；❸使用相同的方法为后面的两张图片设置高度，如下图所示。

Step04: ❶在文档的合适位置插入标志图片；❷单击"图片工具-格式"选项卡"图片样式"组中的"图片轮廓"按钮；❸选择"黑色"；❹再次单击"图片轮廓"按钮，选择"粗细"选项；❺选择"1.5 磅"选项，如下图所示。

Step05: ❶单击"大小"组中的"裁剪"按钮；❷选择"填充"选项，如下图所示。

Step06: 拖动调整图片各边的位置，直到调整为需要的图片长度和宽度单击任意空白处退出裁剪状态即可，如下图所示。

🔍 新手注意

裁剪功能下的"填充"命令就是让图片以白色填充增大图片的大小，通常会增大图片四周的白色部分，用于增大图片的大小。

16.1.2 制作目录页

在日常工作中制作比较正式的文档时，尤其是内容比较有条理性的、又稍微大一点的文档，一般会在正文内容开始前制作一个目录页，便于阅读者快速了解本文的框架和知识点，能快速找到相应内容的位置。制作目录页的具体操作方法如下。

Step01: ❶将文本插入点定位在文档开始处，单击"引用"选项卡"目录"组中的"目录"按钮；❷选择"自动目录 1"选项，如下图所示。

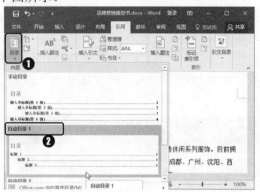

Step02: 经过上一步的操作，即可在文档最前方插入相应的目录。❶单击"布局"选项卡"页面设置"组中的"插入分节符与分页符"按钮；❷选择"分页符"选项，如下图所示。

Step03: ❶单击"插入"选项卡"页眉和页脚"组中的"页眉"按钮；❷选择"奥斯汀"选项，如下图所示。

Step04: ❶在页眉中输入需要的文本；❷在"开始"选项卡中设置合适的字体和段落格式，如下图所示。

Step05: ❶单击"页眉和页脚工具-设计"选项卡"页眉和页脚"组中的"页码"按钮；❷选择"页面底端"选项；❸选择"强调线 1"选项，如下图所示。

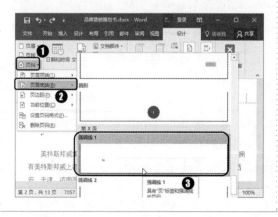

Step06: 经过上一步的操作，即可看到页脚处插入的页码效果。单击"页眉和页脚工具-设计"选项卡"关闭"组中的"关闭页眉和页脚"按钮，退出页眉和页脚的编辑状态，如下图所示。

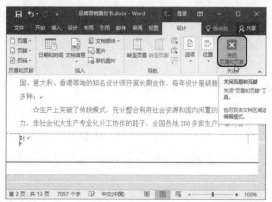

Step07: ❶将文本插入点定位在目录内容的下方，单击"布局"选项卡"页面设置"组中的"插入分节符与分页符"按钮；❷选择"下一页"选项，如下图所示。

Step08: ❶在页脚处双击，进入页眉和页脚的编辑状态；❷单击"页眉和页脚工具-设计"选项卡"页眉和页脚"组中的"页码"按钮；❸选择"设置页码格式"选项；❹打开"页码格式"对话框，在"编号格式"下拉列表框中选择需要的编号样式；❺在"页码编号"选项组中选择"起始页码"单选按钮，并在其后的数值框中输入"1"；❻单击"确定"按钮，如下图所示。

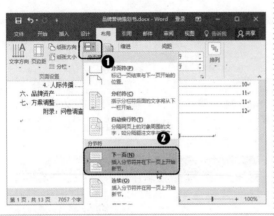

Step09: 单击目录内容上方的"更新目录"按钮，如下图所示。

Step10: 打开"更新目录"对话框，❶选择"更新整个目录"单选按钮；❷单击"确定"按钮，即可看到目录内容得到了更新，如下图所示。

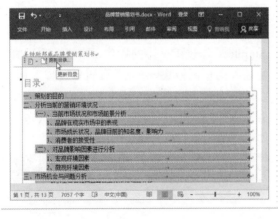

16.1.3 制作封面效果

正式一点的文档一般都带有封面，有个性的封面效果一般通过 Word 系统自带的封面效果是制作不出来的，还需要通过自定义方式来完成。本例中的封面比较简单，就是在 Word 预置的封面效果上添加文档名称，并将产品图片放置在合适的位置上进行简单处理，具体操作方法如下。

Step01: ❶将文本插入点定位在文档开始处，单击"插入"选项卡"页面"组中的"封面"按钮；❷选择需要的封面样式，如下图所示。

Step02: 经过上一步的操作，即可在文档最前面插入选择的封面效果。❶在"标题"控件中输入文档标题；❷选择"副标题"控件，按〈Delete〉键将其删除，如下图所示。

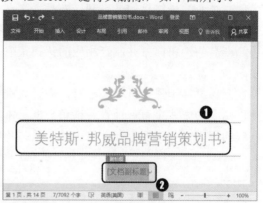

Step03: 删除多余空行，并在页面下方插入合适的图片，调整图片的大小和位置，如下图所示。

Step04: ❶单击"图片工具-格式"选项卡"调整"组中的"颜色"按钮；❷选择需要的颜色饱和度；❸再次单击"颜色"按钮，选择需要的色调，如下图所示。

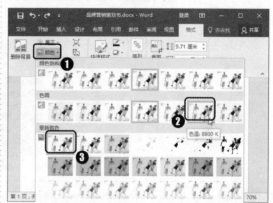

Step05: ❶单击"图片样式"组中的"快速样式"按钮；❷选择需要的图片样式，如下图所示。

Step06: 拖动调整图片的大小，使封面效果得到完善，完成本案例的制作，如下图所示。

▷▷ 16.2 分析产品销售数据

创办企业的最终目的是赢利，而是否赢利与产品的销量有直接关系。通常情况下，营销部门会根据销售记录报表来汇总产品的销量，掌握产品的市场认可度，分析产品的近期走势，合理预测产品的销售前景并制订相应的营销策略，同时，也方便厂家确定下一批产品的生产量或研发新的产品。

在制作产品销量分析类表格时，需要先准备好原始数据，然后通过计算得到相应的数据，并使用图表的方式来直观地查看销售数据。本案例将根据某家电销量分析表的原始数据表制作出相应的图表，并根据已经计算出的销量趋势制作数据透视图。最终效果如下图所示。

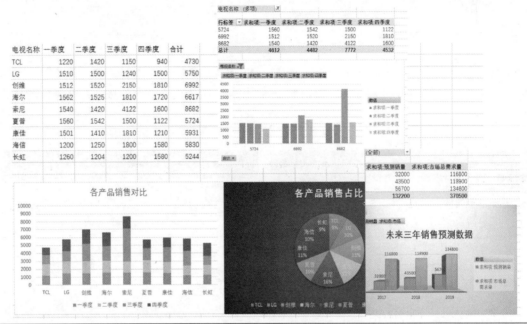

同步文件

视频文件：视频文件\第 16 章\16-2.mp4

16.2.1 使用图表分析销量

Excel 的主要功能是存储和计算数据，因此日常办公中常用的表格多为纯数据存储和计算的表格，销售报表就是这类表格中的一员。本节将为销售报表中的数据创建图表，以图表形式展示表格中的数据，以方便用户查看不同数据间的关系并对比数据。

 新手注意

Excel 中的"推荐的图表"和"推荐的数据透视表"功能已经足够强大了，在对表格数据进行分析时，可以先使用推荐功能看看有没有需要的图表效果，然后使用推荐功能快速创建图表或数据透视表，再进行简单的修改或美化操作即可得到理想的图表效果，这样能大大提高工作效率。

Step01: 打开素材文件"家电销售分析表.xlsx"，❶选择"电视销售报表"工作表；❷选择 A1:E10 单元格区域；❸单击"插入"选项卡"图表"组中的"推荐的图表"按钮，如下图所示。

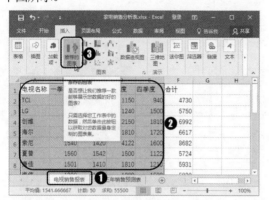

Step02: 打开"插入图表"对话框，❶在"推荐的图表"选项卡中左侧的列表框中选择一种合适的图表效果；❷单击"确定"按钮，如下图所示。

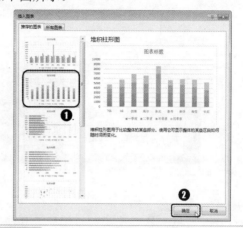

Step03: 经过前面的操作，即可在文档中插入相应的图表。拖动鼠标调整图表的位置到表格数据的下方，在图表标题文本框中输入如下图所示的文本。

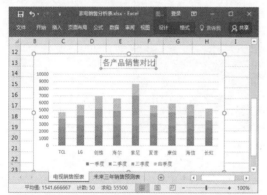

Step04: ❶单击"图表工具-设计"选项卡"图表样式"组中的"更改颜色"按钮；❷选择需要的配色方案，如下图所示。

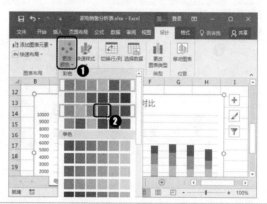

Step05: ❶选择 A1:F10 单元格区域；❷单击"插入"选项卡"图表"组中的"饼图"按钮；❸选择需要的图表类型，如下图所示。

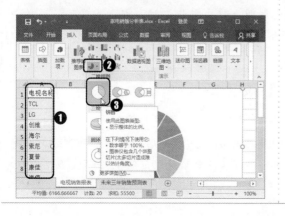

Step06: 经过前面的操作即可根据选择的图表数据和图表类型创建图表。拖动调整图表的位置到表格数据的下方，在图表标题文本框中输入如下图所示的文本。

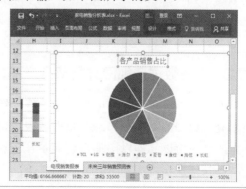

Step07: ❶单击"图表工具-设计"选项卡"图表样式"组中的"快速样式"按钮；❷选择需要的图表样式，如下图所示。

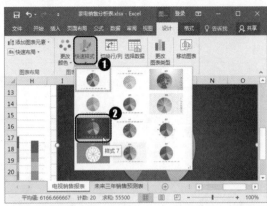

Step08: ❶单击"图表布局"组中的"添加图表元素"按钮；❷选择"数据标签"选项；❸选择"最佳匹配"选项，如下图所示。

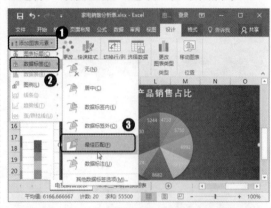

Step09: ❶再次单击"添加图表元素"按钮；❷选择"数据标签"选项；❸选择"其他数据标签选项"选项，如下图所示。

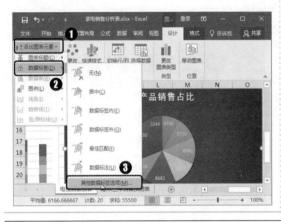

Step10: 在"设置数据标签格式"窗格的"标签选项"选项组中勾选"类别名称"和"百分比"复选框，修改数据标签的显示效果，如下图所示。

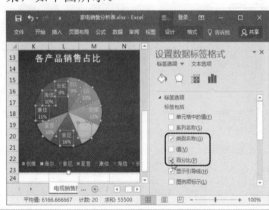

新手注意

通过上面的方法可以对图表中的所有数据系列的数据标签进行设置，如果只想对某一个数据系列设置数据标签，可以在该数据系列或数据标签上连续几次单击先选择需要设置的数据系列，然后再进行设置。另外，在数据系列上单击鼠标右键，在弹出的快捷菜单中选择"添加数据标签"命令，可以添加数据标签；选择"设置数据标签格式"命令，可以设置数据标签格式。

16.2.2 使用数据透视图分析部分产品的销量数据

本例中列举了多个品牌电视机各季度的销量，为了方便分析不同品牌部分季度的数据，最好根据分析数据的类型制作一个数据透视图,后期再根据需要对数据透视图中的数据进行筛选，筛选后的结果可以立即以图形形式显示在图表中。下面以查看某几个品牌的各季度数据为例进行讲解，具体操作方法如下。

Step01: ❶选择 A1:F10 单元格区域；❷单击"插入"选项卡"图表"组中的"数据透视图"按钮；❸选择"数据透视图"选项，如下图所示。

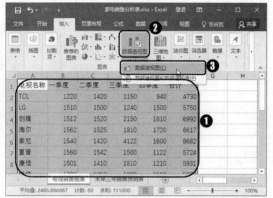

Step02: 打开"创建数据透视图"对话框；❶选择数据区域；❷选择"新工作表"单选按钮；❸单击"确定"按钮，如下图所示。

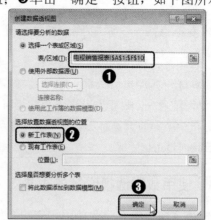

Step03: 在"数据透视图字段"窗格的列表框中勾选所有的复选框，作为添加的字段，如下图所示。

Step04: ❶单击"轴"列表框中"电视名称"选项右侧的下拉按钮；❷选择"移动到报表筛选"选项，如下图所示。

Step05: ❶单击"值"列表框中"求和项：合计"选项右侧的下拉按钮；❷选择"移到轴字段（分类）"选项，如下图所示。

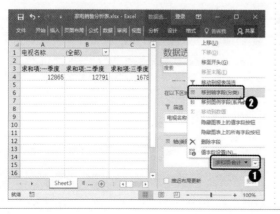

Step06: ❶单击数据透视图中的"电视名称"按钮；❷勾选"选择多项"复选框；❸在列表框中勾选"创维""索尼"和"夏普"复选框；❹单击"确定"按钮，如下图所示。

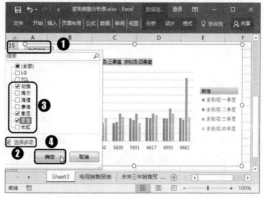

Step07: 经过前面的操作，即可筛选出创维、索尼和夏普的 4 个季度销量的数据透视图，如右图所示。

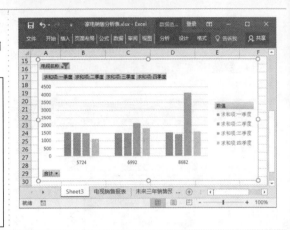

 专家点拨——添加/删除数据标签

选择图表中的数据系列后，在其上单击鼠标右键，在弹出的快捷菜单中选择"添加数据标签"命令，也可为图表添加数据标签。若要删除添加的数据标签，可以选择数据标签后按〈Delete〉键。

16.2.3 使用数据透视图预测未来 3 年的销售情况

数据透视图通常有一个使用相应的布局相关联的数据透视表，两个报表中的字段相互对应，如果更改了其中一个报表的某个字段位置，则另一个报表中的相应字段也会发生改变。本节先根据已经统计好的数据制作未来三年销售情况的数据透视表，然后根据这个数据透视表创建相应的透视图，具体操作如下。

Step01: ❶选择 "未来三年销售预测表" 工作表；❷选择 A1:H13 单元格区域；❸单击 "插入" 选项卡 "表格" 组中的 "推荐的数据透视表" 按钮，如下图所示。

Step02: 打开"推荐的数据透视表"对话框，❶在左侧列表框中选择需要的数据透视表效果；❷单击 "确定" 按钮，如下图所示。

Step03: 在 "数据透视表字段" 任务窗格的列表框中勾选如右图所示的复选框，作为添加的字段。

 新手注意

先创建数据透视表，再根据透视表创建透视图有一个好处就是在创建时可以根据需要展示的数据关系选择相应类型的图表。

Step04: 将"值"列表框中的"求和项：价格定位"选项拖动到"筛选"列表框中，如下图所示。

Step05: 单击"数据透视表工具-分析"选项卡"工具"组中的"数据透视图"按钮，如下图所示。

Step06: 打开"插入图表"对话框，❶在左侧选择"柱形图"选项；❷在右侧选择需要插入的图表子类型；❸单击"确定"按钮，如下图所示。

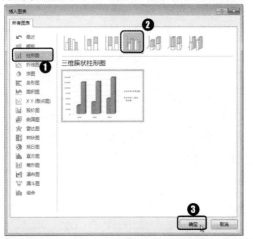

Step07: 经过前面的操作，即可根据数据透视表创建数据透视图；❶单击"数据透视图工具-设计"选项卡"图表布局"组中的"添加图表元素"按钮；❷选择"图表标题"选项；❸选择"图表上方"选项，如下图所示。

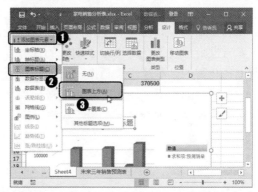

Step08: 经过上一步的操作，为数据透视图添加标题文本框，在其中输入如下图所示的文本。

Step09: ❶选择数据透视图；❷单击"数据透视图工具-设计"选项卡"图表样式"组中的"快速样式"按钮；❸选择需要的图表效果，如下图所示。

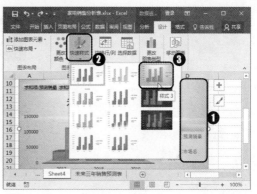

Step10: ❶单击"图表布局"组中的"添加图表元素"按钮；❷选择"数据标签"选项；❸选择"其他数据标签选项"选项，如下图所示。

Step11: 在"设置数据标签格式"任务窗格的"标签选项"选项组中勾选"值"复选框，添加相应效果的数据标签样式，如下图所示。

▷▷ 16.3 制作销售技巧培训 PPT

要想企业销售成绩有所提高，除了销售过程的各环节需要提前策划到位，每个销售人员的业务素质也很重要。众所周知，销售的任务很重，对销售人员的素质也要求颇高，所以适当的培训也是必需的。本例就来制作一个销售技巧培训 PPT，没有大篇幅的文字，只是将 PPT 作为一个演讲提纲的作用。制作过程中通过使用相册功能快速创建了一个纯图片的演示文稿，再通过重用幻灯片功能进行导入，最后设置一个适用的幻灯片播放效果。最终效果如下图所示。

同步文件

视频文件：视频文件\第 16 章\16-3.mp4

16.3.1　根据模板快速制作演示文稿

本例制作的是一个对销售人员进行培训的演示文稿，所以对整体效果要求不高，为了提高制作效率，通过模板来新建演示文稿。具体操作方法如下。

Step01: ❶单击"文件"选项卡，在"文件"菜单中选择"新建"命令；❷在右侧的文本框中输入搜索关键字"营销"；❸单击"开始搜索"按钮 🔍；❹在下方搜索到的相关文件列表框中选择需要的模板文件，如下图所示。

Step02: ❶在打开的界面中查看所选演示文稿中部分幻灯片的效果；❷满意后单击"创建"按钮，如下图所示。

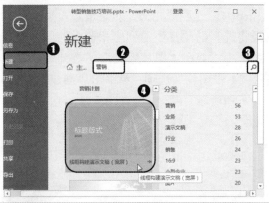

Step03: ❶经过前面的操作，即可根据所选模板创建一个演示文稿，将其以"销售技巧培训"为名进行保存；❷在首页幻灯片中的占位符中输入如下图所示的文本。

Step04: 使用相同的方法，依次制作其他幻灯片中的内容，完成后的效果如下图所示。

16.3.2　制作相册演示文稿

本例后期将给出一系列销售产品，然后模拟销售产品的不同环节，让大家来思考如何寻找销售卖点。由于都是一些图片，就直接将其制作成相册，并设置一些相册参数，使得创建的电子相册更加美观。本例中制作相册的具体操作方法如下。

Step01: ❶单击"插入"选项卡"图像"组中的"相册"按钮；❷选择"新建相册"选项，如下图所示。

Step02: 打开"相册"对话框，单击"文件/磁盘"按钮，如下图所示。

Step03: 打开"插入新图片"对话框，❶选择图片所在的文件夹位置；❷在列表框中选择需要作为相册展示的图像文件；❸单击"插入"按钮，如下图所示。

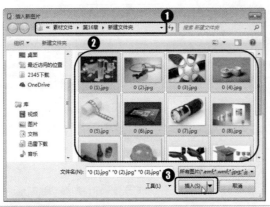

Step04: 返回"相册"对话框，可以看到已经将选择的图片添加到"相册中的图片"列表框中；❶在"图片版式"下拉列表框中选择"1 张图片"选项；❷单击"创建"按钮，如下图所示。

Step05: 经过前面的操作，即可制作出相应的相册演示文稿，但默认的背景颜色为黑色，在"设计"选项卡"变体"组中选择 Office 的白色主题，如下图所示。

Step06: 经过上一步的操作，即可将所有幻灯片的背景设置为白色，选择第 1 张幻灯片，并按〈Delete〉键将其删除，如下图所示。

16.3.3　重用幻灯片

制作好相册后，要将这些幻灯片内容调用到前面制作的技巧培训 PPT 中，就需要使用重用幻灯片功能了。具体操作方法如下。

Step01: 在"销售技巧培训"演示文稿中，❶单击"开始"选项卡"幻灯片"组中的"新建幻灯片"按钮；❷选择"重用幻灯片"选项，如下图所示。

Step02: 打开"重用幻灯片"任务窗格，❶单击"浏览"按钮；❷选择"浏览文件"选项，如下图所示。

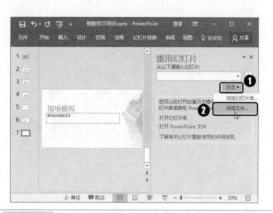

Step03: 打开"浏览"对话框，❶选择需要重用幻灯片所在的文件夹位置；❷在列表框中选择需要重用的演示文稿；❸单击"打开"按钮，如下图所示。

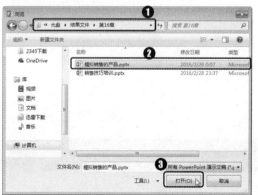

Step04: 经过前面的操作，将在窗格中显示出所选演示文稿中的所有幻灯片。在需要应用到当前演示文稿中的幻灯片缩略图上单击即可，如下图所示。

16.3.4　设置播放效果

完成演示文稿的制作后，为了在播放时更加贴合演讲需求，可以设置演示文稿的播放效果。本例中将设置演示文稿的放映类型为演讲者放映方式；然后使用排练计时功能使幻灯片播放的时间，更接近真实的演讲状态；最后将文件另存为放映文件类型，以实现直接打开文件时，幻灯片立即开始播放的效果。具体操作方法如下。

Step01: 单击"幻灯片放映"选项卡"设置"组中的"设置幻灯片放映"按钮，如下图所示。

Step02: 打开"设置放映方式"对话框，❶在"放映类型"选项组中选择"演讲者放映（主屏幕）"单选按钮；❷在"放映选项"选项组中勾选"循环放映，按 ESC 键终止"复选框；❸单击"绘图笔颜色"按钮，❹选择需要的颜色；❺单击"确定"按钮完成放映方式的设置，如下图所示。

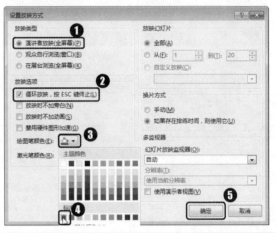

Step03: 单击"幻灯片放映"选项卡"设置"组中的"排练计时"按钮，即可进入排练计时的放映状态，如下图所示。

Step04: 在幻灯片放映过程中根据实际情况进行放映预演，直至幻灯片放映完成，如下图所示。

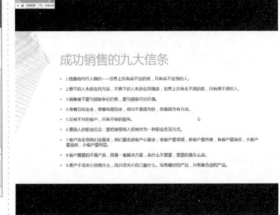

Step05: 打开提示对话框，单击"是"按钮保存排练时间，如下图所示。

新手注意

排练计时过程中在屏幕左上角提供的"录制"工具栏中可查看到整个演示文稿的放映时间以及当前幻灯片显示的时间，同时可通过工具栏中提供的控制功能对排练计时进行控制。当应用排练计时功能录制完整个幻灯片后，直接放映幻灯片即可应用录制的排练时间自动放映幻灯片。

Step06: ❶在"文件"菜单中选择"另存为"命令；❷在右侧双击"这台电脑"选项，如下图所示。

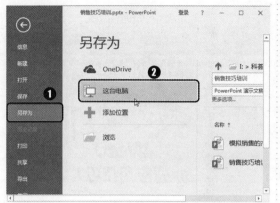

Step07: 打开"另存为"对话框，❶设置文件的保存名称，并选择文件保存类型为"PowerPoint 放映（*.ppsx）"；❷单击"保存"按钮保存文件，如下图所示。

▷▷ 本章小结

　　本章以市场营销工作为基础，从市场营销人员应用软件的需要出发，涉及营销策划书、产品销售数据的管理与分析、销售技巧培训 3 个案例，能帮助相关人员迅速掌握 Office 软件在市场营销领域的高级应用技能，提高工作效率。读者还可以自行设计案例背景，针对客户信息管理、营销文档制作、市场预测、产品演示文稿的制作等方面进行巩固，以便在工作中能随心所欲地运用 Office 软件帮助自己更好完成工作。

推荐阅读

《Word/Excel 办公应用技巧大全》
书号：978-7-111-51537-1　定价：69.80 元（1DVD）

《Word 办公应用技巧大全》
书号：978-7-111-52314-7　定价：69.80 元（1DVD）

《Word/Excel/PowerPoint 办公应用技巧大全》
书号：978-7-111-52382-6　定价：69.80 元（1DVD）

《Excel 办公应用技巧大全》
书号：978-7-111-52902-6　定价：69.80 元（1DVD）